Hoch | Wachmann – Insekten

Hannelore Hoch | Ekkehard Wachmann

Insekten

Was Sie schon immer fragen wollten –
222 Antworten für Neugierige

Quelle & Meyer Verlag Wiebelsheim

Die Angaben in diesem Buch sind von den Autoren und dem Verlag sorgfältig erwogen und geprüft, dennoch kann keine Garantie übernommen werden. Eine Haftung der Autoren bzw. des Verlags und seiner Beauftragten für Personen-, Sach- und Vermögensschäden ist ausgeschlossen.

Bibliografische Information der Deutschen Nationalbibliothek
Die Deutsche Nationalbibliothek verzeichnet diese Publikation in der Deutschen Nationalbibliografie; detaillierte bibliografische Daten sind im Internet über http://dnb.d-nb.de abrufbar.

www.quelle-meyer.de

Umschlagabbildungen: U1: Lubos Houska (Gottesanbeterin), U4: E. Wachmann (o. l.: Distelfalter; o. r.: Wandelndes Blatt, u. l.: Skorpionsfliege), Urs Wyss (u. r.: Erbsenblattlaus)
Druck und Verarbeitung: Print Consult GmbH, München
Printed in Europe/Imprimé en Europe
ISBN 978-3-494-01880-5

Inhalt

1. Zwei Fragen zuvor

Warum spielen Insekten eine große Rolle in unserem Leben?

Ob wir uns dessen voll bewusst sind oder nicht, wir menschlichen Wesen sind eingetaucht in eine Welt der Insekten.
(Thomas Eisner & Edward O. Wilson)

Würde der Mensch verschwinden, würde auf der Erde ein Gleichgewicht zwischen den Arten wiederhergestellt, wie es vor zehntausend Jahren existierte. Würden die Insekten verschwinden, würde die lebendige Welt ins Chaos verfallen
(Edward O. Wilson)

Auf den ersten Blick mögen diese beiden Zitate verblüffen. Insekten sind in unserem Alltag lange nicht so präsent wie Vögel oder Säugetiere. Wir bemerken sie oft erst, wenn sie uns lästig werden. Dabei sind Insekten die artenreichste Tiergruppe der Welt und aller Zeiten. Insekten besiedeln alle Kontinente und Klimazonen, sie kommen in fast allen Ökosystemen der Erde vor, in allen Höhenlagen und allen Vegetationsschichten. Selten sind sie nur auf dem offenen Ozean und in Kältewüsten. Trotzdem erscheinen sie uns fremd und meistens lästig, wir fürchten sie, und bis auf wenige Ausnahmen wie Bienen oder Schmetterlinge empfinden wir sie oft als hässlich. Insekten rufen bei Menschen ganz unterschiedliche Gefühle hervor: Ekel, Angst, aber auch Bewunderung und vereinzelt sogar Sympathie. Jenseits vom Klischee der Biene Maja, der Raupe Nimmersatt oder den Schmetterlingen, die Hochzeitspaare als Symbol für Glücksversprechen aufsteigen lassen, existieren viele Vorurteile und Missverständnisse über die Rolle, die Insekten auf unserem Planeten und in unserem Leben spielen.

Dabei haben Insekten viel mit uns gemeinsam: Sie müssen schwierige Jugendzeiten durchleben, den richtigen Partner oder die richtige Partnerin finden und ihre Nachkommen aufziehen. Sie kommunizieren miteinander, kooperieren und setzen sich gegen ihre Widersacher zur Wehr. Insekten empfinden Schmerz und sind lernfähig. Insekten leben unter teilweise widrigen Bedingungen und haben Anpassungen an extreme Umweltbedingungen entwickelt. Hautflügler (z. B. Bienen und Ameisen) und Termiten haben sogar hochkomplex organisierte Staatsgebilde hervorgebracht. Die mehr als eine Million Insektenarten schaffen es, zu koexistieren, nicht immer friedlich, aber sie rotten einander nicht aus. Dabei nutzen sie jede organische Nahrungsquelle, ohne ihre Umwelt zu zerstören. Wir verdanken ihnen viel – z. B. die Bestäubung einiger unserer wichtigsten Nutzpflanzen und Produkte wie Honig oder Seide. Die Honigbiene ist nach Rind und Schwein unser drittwichtigstes Nutztier. Insekten halten die Erdoberfläche sauber, indem sie Dung und Aas beseitigen. Insekten bieten Inspiration für die Kunst und spielen in der Geschichte und den Kulturen des Menschen eine große Rolle. Gleichzeitig vernichten sie unsere Ernten und verursachen so viele Todesfälle wie keine andere Tiergruppe. Die Forschung an Insekten als Modellorganismen erbringt immer neue und wichtige Erkenntnisse über Genetik, Evolution und das Funktionieren von Ökosystemen. Insekten liefern Vorbilder für die Lösung technischer Herausforderungen (Bionik), dienen der Erschließung alternativer Energiequellen für unsere Nahrung, liefern den Rohstoff für neuartige Textilien und Baustoffe und sind „biochemische Schatztruhen" für die Medizin. Trotzdem nehmen wir ihre Existenz kaum war. Wie wichtig sie tatsächlich für unser Leben sind, merken wir spätestens, wenn sie verschwunden sind.

Arbeiterin der Honigbiene *Apis mellifera* beim Pollensammeln an einer Krokusblüte

Warum sind Aussagen, die auf alle Insekten gleichermaßen zutreffen, kaum möglich?

Im Tierreich sind Insekten die Problemlöser und Überlebenskünstler schlechthin – es gibt kaum eine Nahrungsquelle, kaum einen Lebensraum, den nicht mindestens eine Insektenart zu nutzen weiß (Kapitel 8, S. 91). Jede der mehr als eine Million dokumentierten Arten hat ihre ganz eigenen Anpassungen und Verhaltensstrategien entwickelt, um den Herausforderungen ihrer Umwelt zu begegnen, um zu überleben und sich fortzupflanzen. Entsprechend reagiert jede Art in anderer Weise auf die Veränderungen der Naturräume durch den Menschen, abhängig von ihren ganz speziellen An-

Männchen und Weibchen des Kaisermantels (*Argynnis paphia*) bei der Paarung

passungen und Bedürfnissen. Naturgemäß sind daher verallgemeinernde Aussagen, die über grundlegende Fakten zur Anatomie und Physiologie hinausgehen, zu „den Insekten" kaum möglich. Hinzu kommt, dass nicht alle Aspekte ihrer Biologie bei allen Insektenarten gleichermaßen gut bekannt sind – viele spannende Erkenntnisse wurden durch Untersuchungen an vergleichsweise wenigen Modell-Arten gewonnen. Es gibt noch sehr viel zu entdecken!

2. Was ist ein Insekt? (Anatomie)

Was ist das Besondere an Insekten, und was unterscheidet sie von anderen Gliederfüßern (Arthropoden)?

Insekten bilden gemeinsam mit Krebstieren (Crustacea), Spinnentieren (Arachnida) und den verschiedenen Taxa der Tausendfüßer (früher als Myriapoda zusammengefasst) die große Gruppe der Gliederfüßer (Arthropoda). Alle Arthropoden besitzen ein Außenskelett (Exoskelett), das heißt, die den Körper stützenden Elemente liegen nicht wie die Knochen der Wirbeltiere im Innern des Körpers, sondern werden von der äußeren Hautschicht, der Epidermis, gebildet.

Der Körper aller Arthropoden besteht aus einzelnen Abschnitten, die seriell entlang der Körperlängsachse angeordnet sind (Segmente). Jeder dieser Abschnitte trägt ursprünglich ein Paar Körperanhänge bzw. Gliedmaßen. Ebenso sind einige innere Organe seriell angelegt, wie z. B. das Atmungssystem, das Nervensystem,

Die Goldwespe *Chrysis scutellaris* zeigt die für Insekten typische Körpereinteilung in Kopf, Brust und Hinterleib.

die Muskulatur und die Öffnungen des Herzens. Bei den unterschiedlichen Gruppen der Arthropoden sind die Segmente zu mehr oder weniger deutlich abgegrenzten Körperabschnitten (Tagmata) verschmolzen, die jeweils funktionelle Einheiten bilden. Bei den Insekten sind dies Kopf (Caput), Brust (Thorax) und Hinterleib (Abdomen). Aus der sichtbaren Einkerbung zwischen diesen drei Körperabschnitten leitet sich die Bezeichnung „Kerbtiere" ab, der heute eher ungebräuchliche deutsche Name für Insekten. Schon in der Antike prägte Aristoteles für derartige Tiere den Begriff *entoma* (griechisch für „eingeschnitten"), der sich in der Bezeichnung der Insektenkunde (Entomologie) erhalten hat. Der Begriff „Insekten" geht auf das lateinische Wort für „eingeschnitten" – *insecta* – zurück.

Neben der Dreiteilung des Körpers sind die drei Beinpaare am Thorax erwachsener (adulter) Insekten das wichtigste Unterscheidungsmerkmal zwischen Insekten und allen anderen Arthropoden. Entsprechend werden alle sechsbeinigen Arthropoden auch als Hexapoda bezeichnet (aus dem Griechischen *hexa* = sechs, *poda* = Füße).

Was ist ein Außenskelett und was bedeutet es für Insekten?

Der Körper der Insekten wird von einer einschichtigen Epidermis umgeben. Diese enthält verschiedene Zelltypen: Deckzellen, Drüsenzellen, Haarbildungszellen und Sinneszellen.

Das Außen- oder Exoskelett der Insekten entsteht dadurch, dass die Deckzellen der Epidermis nach außen eine sogenannte Cuticula (auch Kutikula) abscheiden. Epidermis und Cuticula bilden zusammen das Integument, d. h. die Außenhülle der lebenden Gewebe eines Insekts. Die Cuticula besitzt besondere Eigenschaften, die für die Evolution der Insekten von großer Bedeutung sind – sie ist stabil, jedoch elastisch und leicht, dabei wasserdicht, reißfest, widerstandsfähig gegenüber chemischen Einflüssen und hält großen Druckbelastungen stand. Sie kann hart sein, aber auch weich und dehnbar. Um diese Eigenschaften zu verstehen, lohnt sich ein Blick auf den Feinbau der Cuticula.

Hauptbestandteil der Cuticula ist Chitin. Chitin ist ein stickstoffhaltiges Polysaccharid, genauer N-Acetyl-D-Glukosamin. Aufgrund seiner Molekülstruktur bildet Chitin lange Ketten, die sich zu flexiblen Mikrofibrillen gruppieren. Benachbarte Chitinketten sind durch Wasserstoffbrücken miteinander verbunden. In ihrer Gesamtheit bilden die Mikrofibrillen ein dreidimensionales Netzwerk, in das Proteine eingelagert werden. Diese Struktur verleiht der Cuticula eine hohe Reißfestigkeit. Im Mikroskop zeigt die Cuticula eine deutliche Schichtung: eine innere, weiche Schicht (Endocuticula)

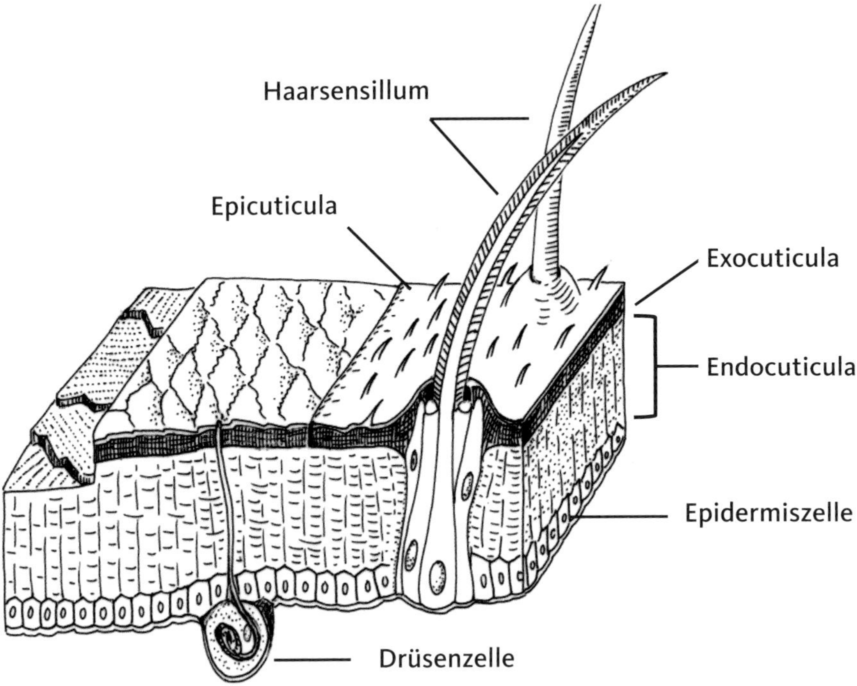

Ausschnitt aus der Insektenhaut (schematisch). Schichtung der Endocuticula (links) sichtbar durch teilweise Entfernung von Exo- und Epicuticula

und eine äußere, gehärtete Schicht (Exocuticula). Die Härtung kommt durch Sklerotisierung zustande, ein irreversibler Vorgang, der auf der Verbindung von Proteinketten und Gerbungsprozessen beruht. Mit zunehmender Härtung färbt sich die Cuticula dunkler, da auch der Farbstoff Melanin eingelagert wird. Besonders beanspruchte Bereiche der Cuticula, wie z. B. die Mundwerkzeuge einiger Insekten mit Vorlieben für harte Nahrung, wie beispielsweise Samenschalen, sind zusätzlich durch die Einlagerung von Zink und Mangan verstärkt. Diejenigen Bereiche der Cuticula, die besonders stark sklerotisiert sind, werden als Sklerite bezeichnet, diejenigen, die eine nur dünne Exocuticula aufweisen und entsprechend dehnbar und flexibel bleiben, als Membran.

Abhängig vom Grad der Sklerotisierung kann das Integument zart und häutig sein wie bei einer Blattlaus, oder so hart, dass beim Präparieren der (konservierten) Körper bestimmter Käferarten die Nadel nur mit dem Hammer durchgetrieben werden kann.

Die Cuticula bleibt mit den Epidermiszellen, oder Deckzellen fest verbunden. Sie ist jedoch keine solide, undurchdringliche Masse, sondern wird durchzogen von Ausläufern der Epidermiszellen, den Porenkanälen. Diese, ebenso wie die Kanäle von epidermalen Drüsenzellen, durchziehen die Cuticula bis zur Wachsschicht. Dort verzweigen sich die Porenkanäle und geben Wachs oder eine Vorstufe davon nach außen ab. Jede Deckzelle bildet zwischen 50 und 200 Porenkanäle aus, d.h. pro Quadratmillimeter Epidermis sind das 15.000 bis zu 1 Million. Der Inhalt der Porenkanäle bleibt entweder plasmatisch, oder wird mit Chitinfäden ausgefüllt und sorgt so für weitere Vertikalverstrebungen der Cuticula.

Neben der Art des besonderen Materials, des Chitins, weist auch die Architektur des Exoskeletts besondere Eigenschaften auf. Die einzelnen Glieder des Insektenkörpers sowie auch der Extremitäten sind Hohlzylinder, die hohe Stabilität bei geringem Gewicht erreichen.

Die einzelnen Hohlzylinder des Exoskeletts sind durch Membranen, also Bereiche mit dünner Exocuticula, miteinander verbunden. Zwischen den einzelnen Gliedern der Extremitäten sind Gelenke ausgebildet, ebenso sind die Extremitäten gelenkig mit den jeweiligen Tagmata verbunden.

Die stabilen Gliedmaßen erlauben es, den Körper vom Boden abzuheben, wodurch eine schnellere Fortbewegung möglich wird als bei Tieren ohne Gliedmaßen, wie z. B. Schnecken und Würmern. Eine Geschwindigkeit von 10 cm/sec (360 m/h) ist nicht ungewöhnlich. Die schnellsten Läufer unter den Insekten sind die Schabe *Periplaneta americana* (5,4 km/h) und der australische Sandlaufkäfer *Cicindela hudsoni*, der pro Sekunde 2,5 m zurücklegen kann. Er erreicht damit eine Geschwindigkeit von 9 km/h, ungefähr so viel wie ein trainierter Mensch beim Joggen.

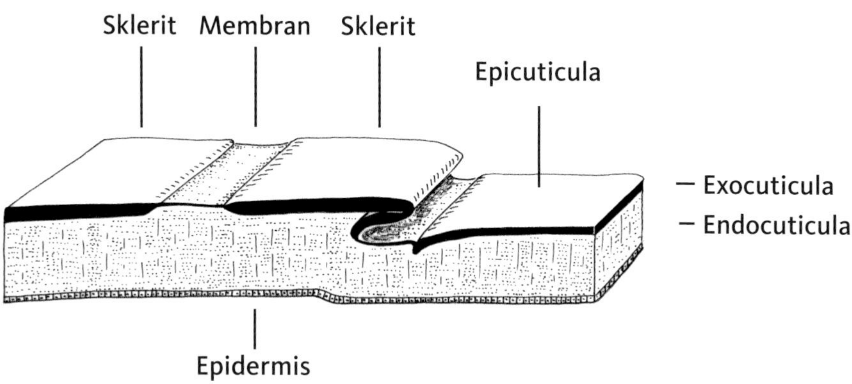

Verteilung von Endo- und Exocuticula zwischen hartem Sklerit und biegsamer Membran; rechts: einfaches Gelenk

Der Mensch macht sich das Prinzip des Außenskeletts zunutze, sobald sein Innenskelett versagt oder geschützt werden muss. Beispiele dafür sind Ritterrüstungen, Schutzschilde, kugelsichere Westen sowie Gipsverbände und Kunststoff-Orthesen bei Arm- und Beinbrüchen.

Wie wachsen Insekten?

Bei allen Vorteilen, die ein Außenskelett aus Chitin bietet, gibt es auch einen gravierenden Nachteil: Es kann nicht wachsen. Das Wachstum verläuft bei Insekten nicht kontinuierlich, sondern ist durch Häutungen in konkrete Stadien unterteilt. Dazu wird die alte Cuticula zuerst von den Epidermiszellen abgelöst und anschließend neu gebildet. Schließlich wird die alte Cuticula vollständig, d.h. inklusive der Atemröhren (Tracheen) und der Aus-

Häutung der Kleinzikade *Allygidius* spec. zum erwachsenen Tier

kleidung des Vorder- und Hinterdarms, abgestreift. Der Prozess der Häutung beginnt mit der Apolyse, d.h. im Zuge der Teilung der Epidermiszellen ziehen sich diese von der alten Cuticula zurück, und der Raum zwischen Epidermiszellen und alter Cuticula füllt sich mit Flüssigkeit. Diese enthält chitin- und proteinauflösende Enzyme, die allerdings erst aktiviert werden, nachdem die Epidermiszellen eine neue Cuticulaschicht gebildet haben. Dann wird die innere Schicht (Endocuticula) der alten Cuticula aufgelöst und vermutlich resorbiert. Die neue Cuticula wird vorerst als weiche, undifferenzierte Procuticula abgeschieden. Von der alten Cuticula bleibt dann nur noch eine dünne „Haut" aus den unverdaulichen Anteilen der Exo- und Epicuticula zurück. Diese reißt unter der Ausdehnung der gewachsenen Larve entlang einer Längsnaht auf dem Rücken auf. Das frisch gehäutete Insekt schluckt entweder Luft oder Wasser und/oder erhöht den Druck der Körperflüssigkeit (Hämolymphe), und schlüpft aus der alten Haut (Exuvie). Anschließend wird die neue Cuticula in Endo- und Exocuticula differenziert. Die Häutungsvorgänge werden durch ein komplexes Wechselspiel von Hormonen gesteuert, welche auf die Epidermiszellen und auf das Nervensystem einwirken, um einerseits die Veränderungen in der Cuticula, andererseits die entsprechenden Verhaltensweisen der Entwicklungsstadien zu koordinieren (siehe Kapitel 14, S. 218). Während der Häutung, d.h. im Zeitraum zwischen der Ablösung der alten und dem Aushärten der neuen Cuticula, ist das betroffene Insekt extrem verwundbar, da der Schutz, den die Cuticula z.B. gegen Austrocknung oder Fressfeinde bietet, vorübergehend ausgesetzt ist. Die Aushärtung der neuen Cuticula kann mehrere Stunden dauern.

Wie sieht die Körpergrundgestalt aller Insekten aus?

Diese enorme Vielfalt, die wir heute bei Insekten beobachten, geht zurück auf eine gemeinsame Stammart. Die Merkmalskombination dieser Stammart wird als Grundmuster bezeichnet.

Auffälligstes Merkmal ist die Unterteilung des Körpers in die Abschnitte Kopf, Thorax und Abdomen, die jeweils aus einer ganz bestimmten Anzahl aus Segmenten bestehen: der Kopf aus fünf Segmenten und der Kopfspitze (Acron), der Thorax aus drei, und das Abdomen ursprünglich aus elf Segmenten und dem aftertragenden Körperabschnitt (Telson).

Die Abschnitte, oder Tagmata, sind nicht nur morphologische, sondern auch funktionelle Einheiten. Der Kopf dient der Nahrungsaufnahme und der Orientierung, der Thorax der Fortbewegung und das Abdomen der Verdauung und der Fortpflanzung. Entsprechend sind die Gliedmaßen der jeweiligen Tagmata als Mundwerkzeuge und Sinnesorgane (Kopf) oder als Laufbeine (Thorax) ausgebildet, während die Extremitäten des Abdomens eine Rolle bei der Paarung und Eiablage spielen.

Der Besitz von Flügeln gehört nicht zur Merkmalsausstattung der Stammart der Insekten, da die Flugfähigkeit wurde erst im Laufe der Evolution erworben.

Ursprüngliche Insekten und die Jugendstadien einiger geflügelter Insekten tragen noch Gliedmaßen oder deren Rudimente an den Segmenten des Abdomens, bei adulten geflügelten Insekten finden sich Extremitäten am Hinterleib in abgewandelter Form nur noch an denjenigen Segmenten, die die Genitalorgane bilden (Segmente 9–11).

Warum sehen eine Blattlaus, ein Käfer und ein Schmetterling so unterschiedlich aus?

Anhand des modularen Aufbaus der Körpergrundgestalt lassen sich Abwandlungen und Spezialisierungen gut veranschaulichen. Im Laufe der Evolution entstanden in den einzelnen Insektengruppen vielfältige Abwandlungen des gesamten Exoskeletts oder einzelner Teile davon, jeweils in Anpassung an die unterschiedlichsten Lebensräume und Nahrungsquellen. Die daraus resultierende Vielfalt wird von keiner anderen Organismengruppe erreicht, Insekten sind zweifellos „das" Erfolgsmodell der Evolution.

Abwandlungen im Bereich des Kopfes betreffen vor allem die Ausprägung der Mundwerkzeuge und der Antennen. Ausgehend von kauend-beißenden Mundwerkzeugen, wie wir sie heute noch bei den meisten Käfern finden, entstanden – mehrfach unabhängig, also in verschiedenen Evolutionslinien – stechend-saugende Mundwerkzeuge wie die der Blattlaus und leckend-saugende wie die des Schmetterlings. Die Antennen, ursprünglich einfache Gliederantennen, entwickelten die verschiedensten Wege zur Vergrößerung der sensorentragenden Oberfläche – bis hin zu riesigen fächer- oder geweihförmigen Gebilden, die empfindlich genug sind, ein einziges Molekül eines bestimmten Duftstoffes wahrzunehmen. Die Extremitäten des Thorax, ursprünglich einfache Schreit- oder Laufbeine, wurden zu Grab-, Sprung-, Schwimm-, Sammel- oder Putzbeinen, die des Abdomens evoluierten unter dem Einfluss sexueller Selektion eine riesige Formenfülle der Verklammerungsorgane bei der Paarung sowie des Eiablageapparates. Auch die Tagmata selber unterlagen der evolutiven Abwandlung: So kann z. B. die Kopfkapsel zahlreiche, teils bizarre Formen annehmen, entweder enorm verlängert oder stark verbreitert sein, der Thorax, v. a. dessen erstes Segment (der Prothorax), kann dornen-ähnliche Fortsätze oder komplizierte Auswüchse tragen, das Abdomen in seiner Größe

Beispiele für die Abwandlung des Grundmusters bei verschiedenen Insektengruppen

und Form stark variieren. Die deutliche Dreiteilung des Körpers in Kopf, Thorax und Abdomen kann zugunsten von kugeligen Formen aufgegeben werden, wie z. B. bei Marienkäfern, oder überbetont werden, wie bei einer Teilgruppe der Hautflügler. Allerdings sitzt die typische „Wespentaille“ nicht zwischen Thorax und Abdomen, sondern zwischen dem 1. und 2. Segment des Abdomens; das 1. Abdominalsegment ist mit dem Thorax auf breiter Fläche verwachsen.

Warum haben manche Insekten Flügel und manche nicht?

Die Stammart der Insekten, also der früheste gemeinsame Vorfahr aller heute lebenden Insekten, besaß keine Flügel. Die heute noch existierenden primär flügellosen Insekten wurden traditionell als „Apterygota“, oder „Urinsekten“ bezeichnet und den geflügelten Insekten, den Pterygota, gegenübergestellt. Diese Klassifikation entspricht jedoch nicht den tatsächlichen Verwandtschaftsverhältnissen. Innerhalb der „Urinsekten“ lassen sich zwei Gruppen erkennen. Die eine Grup-

Links oben: Erbsen-Blattlaus (*Acyrthosiphon pisum*) mit stechend-saugenden Mundwerkzeugen, Mitte: Laufkäfer (*Carabus auratus*) mit kauend-beißenden Mundwerkzeugen, unten: Schmetterling mit Leck-Saugrüssel, (Beispiel: *Charaxes lasius*, Erdbeerbaumfalter)

pe umfasst die Collembola (Springschwänze), die Protura (Beintastler) und die Diplura (Doppelschwänze). Allesamt kleine, bodenbewohnende Arten, die sich von Detritus, Pilzen und sich zersetzender Pflanzensubstanz ernähren. Ihr gemeinsames Merkmal ist eine Hauttasche, die die Mundwerkzeuge umgibt. Der Besitz dieses Merkmals begründet ihre nähere Verwandtschaft. Entsprechend werden sie als „Endognatha" (aus dem Griechischen *endo* = innen oder innerhalb, *gnatha* = Kiefer) bezeichnet. Die beiden anderen Gruppen der „Urinsekten", die Felsenspringer (Archaeognatha) und die Silberfischchen (Zygentoma) haben einige Merkmale mit den Pterygota gemeinsam, die auf eine nähere Verwandtschaft hinweisen: bestimmte Stützelemente im Innern der Kopfkapsel (das Tentorium), die Ausbildung einer Geißelantenne mit einem hochkomplexen Sinnesorgan, dem Johnstonschen Organ (siehe Kapitel 7, S. 77, 78), und das Vorhandensein einer Eiablageröhre (der Ovipositor).

Da das Verwandtschaftsverhältnis zwischen Archaeognatha und Zygentoma plus Pterygota als sehr gut gesichert gilt, bezeichnet man sie als „Insekten im engeren Sinne". Der Begriff löst die früher verbreitete Bezeichnung „Ectognatha" (aus dem Griechischen *ecto* = außen, *gnatha* = Kiefer) ab, da sie sich aus einem Merkmal ableitet, das zwar bei allen Vertretern dieser Gruppe vorhanden und leicht erkennbar ist, aber nicht deren nähere Verwandtschaft begründet (siehe Kapitel 4, S. 43). Endognatha und Insekten im engeren Sinne, also alle sechsbeinigen Arthropoden, werden zusammen als Hexapoda bezeichnet (siehe oben).

Es gilt als gesichert, dass Flügel in der Evolution der Insekten nur ein einziges Mal entwickelt wurden. Die Pterygota, also alle Insekten, die Flügel besitzen, können damit als geschlossene (d.h. auf einen einzigen gemeinsamen Vorfahren zurückgehende) Abstammungsgemeinschaft (Monophylum) bezeichnet werden. Ursprünglich war aufgrund von Fossilbefunden angenommen worden, dass sich die Flügel aus seitlich angelegten Hautlappen der Thorakalsegmente, den Paranota, entwickelt haben könnten. Verschiedene Fossilien zeigen Paranota an allen drei Thoraxsegmenten, wobei die Flügel rezenter Insekten lediglich an den beiden hinteren Thorakalsegmenten vorhanden sind. Eine alternative Hypothese vermutete den Ursprung der Flügel dagegen in den seitlichen Anhängen der Beinbasis. Neuere embryologische Untersuchungen und Analysen der Expression bestimmter Gene konnten zeigen, dass die Flügel zum Teil aus Hautduplikaturen zwischen Rückenplatte und Seitenwand der Thorakalsegmente zwei und drei entstehen, jedoch auch Elemente aus den Basissegmenten der Beine beteiligt sind. Die beiden Hypothesen müssen also kombiniert werden, um die evolutionäre Entstehung der Flügel zu erklären.

Die Flügel bestehen in ihrer Anlage aus zwei Lagen Epidermis, die ganz regulär nach außen eine Cuticula absondert. Diese ist im Bereich der Adern verstärkt. Die Hauptadern durchziehen die Flügel von der Basis zur Spitze und enthalten Tracheen, Nerven und Zwischenräume, in denen Hämolymphe fließt. Bei erwachsenen, geschlechtsreifen Tieren, d. h. nach der letzten Häutung, bildet sich die Epidermis zurück; lebendes Gewebe findet sich dann nur noch in den Adern. Eine Ausnahme bilden die Eintagsfliegen (Ephemeroptera) – hier häutet sich das erste geflügelte Stadium, die noch nicht geschlechtsreife Subimago, noch einmal zum adulten Tier. Die Flügel der Subimagines enthalten noch lebende Epidermiszellen und sind entsprechend milchig trüb, während die Flügel der Imagines glasklar und durchsichtig sind.

Die Aderung aller fossilen und rezenten flügeltragenden Insekten kann auf ein gemeinsames Grundmuster zurückgeführt werden, und umfaßt insgesamt acht Längsadern, die durch Queradern verbunden sein können. Innerhalb der einzelnen Gruppen der flügeltragenden Insekten ist das Grundmuster im Laufe der Evolution vielfach abgewandelt worden: von Flügeln mit reicher Netzaderung bis zu solchen mit fast völliger Reduktion der Adern. Die Merkmale der Aderung sind daher ein wichtiges Merkmal für die Bestimmung der Taxa.

Beide Flügelpaare sind an der Basis durch ein Gelenk mit dem Thorax verbunden. Es gilt als das komplizierteste Gelenk im Tierreich und besteht aus zahlreichen Skleriten und membranösen Abschnitten, die direkt oder indirekt mit Muskulatur im Thorax in Verbindung stehen. Die komplexe Architektur des Gelenks und der mit ihm interagierenden Muskeln ermöglicht enorme Flugleistungen (siehe Kapitel 9, S. 120).

Außer den Palaeoptera (Eintagsfliegen und Libellen) verfügen alle Pterygota über ein spezielles Rückklappgelenk, d. h. die Flügel können in Ruhestellung auf dem Rücken abgelegt werden.

Vorder- und Hinterflügel können sehr unterschiedlich ausgeprägt sein. So sind bei den Zweiflüglern (Diptera: Fliegen und Mücken) die Hinterflügel zu Schwingkölbchen umgewandelt, die keine Ähnlichkeit mit Flugorganen haben. Die Schwingkölbchen oder Halteren sind ein hochempfindliches Sinnesorgan und dient der Stabilisierung des Fluges. Bei Ohrenkneifern (Dermapteren), Fächerflüglern (Strepsipteren) und Kurzflügelkäfern (Staphylinidae) dagegen sind die Vorderflügel zu kleinen Schuppen reduziert, die Hinterflügel übernehmen die Hauptfunktion beim Flug.

Manche Insekten besitzen Flügel nur in bestimmten Phasen ihres Lebens. So werfen z. B. Ameisen und Termiten nach dem Schwärmen, bzw. dem Hochzeitsflug, ihre Flügel ab. Auch die Hirschlausfliege (*Lipoptena cervi*, Hippoboscidae), die als Ektoparasit an Wildtieren in Wäldern der nördlichen Erdhalbkugel leben, werfen die Flügel

Ausprägung der Flügel bei verschiedenen Insektenordnungen

Kleinlibelle (Zygoptera) mit in Ruhestellung aufgerichteten Flügeln, ohne Rückklappgelenk (Beispiel: *Calopteryx haemorrhoidalis*, Weibchen, Calopterygidae)

Steinfliege (Plecoptera) mit Rückklappgelenk (Beispiel: *Nemoura cinerea*)

Ohrwurm (Dermaptera) mit verkürzten Vorderflügeln, die die mehrfach gefalteten Hinterflügel bedecken (Beispiel: *Forficula auricularia*)

Zweiflügler (Diptera), Hinterflügel zu Schwingkölbchen (Halteren) reduziert (Beispiel: *Empis tesselata*, Empididae)

Netzflügler (Neuroptera) mit großen, reich geäderten Vorder- und Hinterflügeln (Beispiel: *Libelloides macaronius*)

Schmetterling (Lepidoptera) mit schuppenbedeckten Flügeln (Beispiel: *Iphiclides podalirius*, Papilionidae)

nahe der Basis ab, sobald sie einen geeigneten Wirt erreicht haben.

Innerhalb einzelner Ordnungen der Pterygota wurden die Flügel völlig reduziert, und zwar überall dort, wo auf Flugfähigkeit verzichtet werden kann, u. a. bei Taxa, die zu einer parasitischen Lebensweise übergegangen sind (z. B. Läuse, Flöhe, Bettwanzen), und bei Höhlenbewohnern (z. B. Höhlenkäfer, Höhlenzikaden).

Wie kommt die Färbung zustande?

Die Farben der Insekten werden entweder durch Pigmente, Strukturen oder einer Kombination von beiden verursacht. Farben entstehen durch die teilweise Reflektion sichtbaren Lichts durch die Cuticula oder der darunterliegenden Zellen und Gewebe.

Pigmente sind chemische Substanzen, die Licht einer bestimmten Wellenlänge reflektieren.

Die bei Insekten häufigste Färbung – Braun oder Schwarz – kommt durch Einlagerung von Melaninen, die bei der Oxidation der Aminosäure Thyro-

Pigment- und Strukturfarben bei Insekten

Pigmentfarben bei der Heuschrecke (Acrididae) *Dactylotum* spec., Arizona

sin synthetisiert werden, in die Exocuticula während des Aushärtungs- bzw. Sklerotisierungsprozesses zustande.

Gelbe Pigmente gehen vor allem auf Carotinoide, Flavonoide und Pteridine zurück, während Tetrapyrrole rote, blaue und grüne Färbung verursachen.

Auffällige himmelblaue Strukturfarbe beim Blatthornkäfer (Scarabaeoidea) *Hoplia coerulea*, Europa

Metallisch glänzende Strukturfarben beim Kirschprachtkäfer *Anthaxia candens* (Buprestidae), Mitteleuropa

Strukturfarbe durch lichtbrechende Schuppen beim Diamantkäfer *Entimus imperialis* (Curculionidae), Brasilien

Quinone und Anthraquinone sind für die Rot-, respektive Gelbfärbung u.a. von Schildläusen verantwortlich, wie dem berühmten Farbstoff Karminrot (siehe Kapitel 19, S. 280). Spezielle Chromatophor-Organe, also Pigmentzellen mit radial anliegenden Muskelfasern, die durch Kontraktion die Pigment enthaltende Vakuole in der zentralen Zelle vergrößern und damit eine rasche Verbreitung des Pigments erreichen können, sind bei Insekten selten.

Pigmente werden entweder vom Insekt selbst gebildet oder durch den Verzehr entsprechender Pflanzengewebe aufgenommen (Carotinoide, Flavonoide). Der Pigmentstoffwechsel ist hormongesteuert. Während der Ontogenese kann es zu Farbwechsel kommen, d.h. im Verlauf aufeinanderfolgender Häutungen kann es zu Auf- bzw. Abbau von bestimmten Pigmenten kommen, sodass die unterschiedlichen Larvenstadien unterschiedliche Farbmuster aufweisen (siehe Kapitel 14, S. 214).

Anders als Pigmentfarben beruhen Strukturfarben auf der besonderen physikalischen Beschaffenheit der Körperoberfläche, die das einfallende Licht selektiv reflektiert. Diese Effekte, wie Beugung, Brechung und Überlagerung von Lichtwellen, ergeben sich aus den zwei- und dreidimensional angeordneten Feinstrukturen der Exocuticula (bei einigen Käfern auch der Epicuticula) oder cuticulärer Bildungen, wie Schuppen oder Borsten. So sind z.B. die Schuppen auf den Flügeln vieler Schmetterlinge mit feinen, parallelen Riefen versehen. Die Zwischenräume dieser Riefen werden von Lamellen ausgefüllt, die in komplexen Mustern angeordnet sein können. Die Strukturen umfassen eine Größenordnung von bis zu mehreren Hundert Nanometern (1 nm = 1 millionstel mm), was ungefähr einem Viertel des Wellenlängenspektrums sichtbaren Lichtes entspricht. Auf den Flügel von Schmetterlingen finden sich neben Strukturschuppen, die Pigmente enthalten können, auch reine Pigmentschuppen. Der für viele Käfer charakteristische Metallglanz und hohe Leuchtkraft der Farben entsteht durch Interferenz, d.h. durch Überlagerung der reflektierten Lichtwellen an verschiedenen Grenzflächen der Exocuticula. Ein besonders eindrucksvolles Beispiel für Strukturfarben und irisierende Effekte sind die in allen Regenbogenfarben schillernde Schuppen des südamerikanischen Diamantkäfers *Entimus imperialis* (Curculionidae).

Durch die Absorption von Lichtwellen durch Poren unterschiedlicher Größe in der Cuticula können sehr dunkle Färbungen entstehen, wie z.B. das „schwärzeste Schwarz“ (siehe Kapitel 18, S. 267)

Pigmentfarben verblassen nach dem Tod des Tieres allmählich, während Strukturfarben erhalten bleiben. Samtfarben und -effekte ergeben sich durch den dichten Besatz der Cuticula mit feinen Borsten, die senkrecht von der Körperoberfläche abstehen.

Die Farbgebung der Cuticula erfüllt ganz verschiedene Funktionen, wie z. B. Tarnung durch optische Verschmelzung des Tieres mit dem Unter- oder Hintergrund. Auffällige Muster können eine Warnung für potenzielle Fressfeinde sein (siehe Kapitel 15, S. 230) oder ein Signal für die Partnererkennung (siehe Kapitel 13, S. 192). Dunkelfärbung durch Melanine bietet einen wirksamen Schutz gegen die zellschädigende ultraviolette Strahlung und unterstützt die Thermoregulation, indem sie Lichtenergie in Wärme verwandelt (siehe Kapitel 3, S. 34). Bei Insekten, die ihren gesamten Lebenszyklus in der Bodenstreu, im Boden, oder sogar im Dauerdunkel von Höhlen verbringen, ist die Färbung der Cuticula nur schwach ausgeprägt. Diese Arten sind in der Regel weiß bis hellgelb gefärbt.

Farbmuster sind genetisch festgelegt, können aber auch durch Einwirkung von Umweltfaktoren (Temperatur, Licht, Nahrung) beeinflusst werden.

Saisondimorphismus beim Landkärtchen *Araschnia levana* (Nymphalidae, Edelfalter)

Die Art bringt im Sommer eine zweite Generation (rechts) hervor, die deutlich anders gefärbt ist als die Frühlingsgeneration (links).

3. Wie funktioniert ein Insekten-Organismus? (Physiologie)

Wie atmen Insekten?

Das Atmungsorgan der Insekten besteht aus einem fein verzweigten Röhrensystem (den Tracheen und Tracheolen), das den ganzen Körper durchzieht. Es entsteht durch Einstülpung der Epidermis, die Chitin abscheidet und dadurch die Röhren stabilisiert. Das Tracheensystem wird bei jeder Häutung mit abgestreift oder aufgelöst und neu gebildet. Der Luftsauerstoff gelangt über Öffnungen an der Körperoberfläche, die Stigmen, direkt bis in die Organe und Gewebe, wo er gebraucht wird. Die Stigmen sind paarig angelegt, und befinden sich an den beiden hinteren Thoraxsegmenten und den meisten Segmenten des Abdomens. Der Kopf selbst hat keine Stigmenöffnungen; die Gewebe des Kopfes werden durch Tracheenäste aus dem Thorax mit Sauerstoff versorgt. Die Stigmen sind ursprünglich einfache Einstülpungen der Körperoberfläche, die im Laufe der Evolution unter das Oberflächenniveau versenkt wurden. Sie sind mit einem Verschlussapparat ausgestattet, wodurch der Ein- und Austritt der Atemgase reguliert werden kann. Oft ist auch eine Art Reuse ausgebildet, die verhindert, dass Fremdkörper oder Parasiten in das Tracheensystem eindringen können. Von jedem Stigma aus zieht ein Tracheenstamm ins Körperinnere, der sich in immer feinere Äste verzweigt. Die feinsten Verzweigungen (Tracheolen) enden in einer sogenannten Tracheen-Endzelle. Diese Zellen sind sternförmig und bilden in ihrer Gesamtheit ein Netz um die Organe und Gewebe. Von dort diffundiert der Sauerstoff in die Gewebe, vermutlich aktiv unterstützt durch Oxidationsprozesse in den Tracheenendzellen.

Der Gastransport durch Diffusion erfolgt – zumindest über kurze Strecken – wesentlich schneller als über die Bindung an ein Atempigment, z. B. dem Hämoglobin im Blut der Wirbeltiere (siehe unten: Körpergröße, S. 27).

Können Insekten unter Wasser atmen?

Das Tracheensystem und die Atmung von Luftsauerstoff war in der Evolution eine wesentliche Voraussetzung für das Leben an Land. Die Stammart der Insekten (i.e.S.) war vermutlich bereits terrestrisch (siehe auch Kapitel 4, S. 41). Dennoch sind mehrere Insektengruppen sekundär wieder zu einer aquatischen Lebensweise übergegangen. So sind z. B. die

Jugendstadien von Libellen, Eintagsfliegen, Steinfliegen, Schlammfliegen und Köcherfliegen fast ausschließlich wasserlebend, ebenso wie die vieler Zweiflügler, z. B. Mücken. Zahlreiche Arten der Käfer und Wanzen verbringen sogar ihre gesamte Entwicklung im Wasser, nur die erwachsenen Tiere unternehmen Verbreitungsflüge. Alle aquatischen Vertreter der Insekten atmen ebenfalls über das Tracheensystem, haben aber unterschiedliche Anpassungen entwickelt, um in ihrem speziellen Lebensraum zu bestehen. Die einfachste Möglichkeit des Atmens im und unter Wasser ist durch die Mitnahme eines Luftvorrates in Form einer Luftblase oder einer Luftschicht gewährleistet. Viele Käfer halten eine Luftblase zwischen Rückendecke und Deckflügel; die Stigmen sind entsprechend zum Rücken hin verlagert. Eine von der Oberfläche mitgenommene Luftblase enthält die gleichen Anteile Sauerstoff und Stickstoff wie die Atmosphäre und wirkt als physikalische Kieme: In dem Maße, in dem Sauerstoff durch die Atmung verbraucht wird, diffundiert Sauerstoff aus dem umgebenden Wasser in die Luftblase nach. Allerdings wird die Blase koninuierlich kleiner, da vor allem Stickstoff an das Wasser abgegeben wird. Das Insekt muss also von Zeit zu Zeit auftauchen und einen neuen Luftvorrat anlegen.

Tauchender Wasserkäfer (*Hyphydrus ovatus*) mit Luftblase am Hinterleib. Um dem Auftrieb entgegenzuwirken, hält sich das Tier am Bein eines anderen Wasserkäfers (*Colymbetes fuscus*) fest.

Viele Wasserkäfer und Wasserwanzen atmen nicht über eine Luftblase, sondern besitzen eine Luftschicht, die sich um einen Großteil des Körpers legt. Diese Arten sind leicht an ihrer silbrig erscheinenden Außenhaut zu erkennen, wie z. B. der Rückenschwimmer. Auch eine solche großflächige Luftschicht (Plastron) funktioniert wie eine physikalische Kieme. Die morphologische Grundlage eines Plastrons sind feine Cuticula-Strukturen, durch die eine Art Luftmantel auf der Körperoberfläche festgehalten wird. Dieser ist so stabil, dass er auch in größeren Tiefen nicht komprimierbar ist.

Wasserwanze *Nepa cinerea* („Wasserskorpion“) mit Atemrohr am Hinterleib

Die in ihm enthaltenen Gase diffundieren daher nicht ins Wasser ab. Der Luftvorrat eines Plastrons muss also nicht erneuert werden. Dies ermöglicht Plastronatmern, völlig unabhängig von der Wasseroberfläche zu leben.

Einige aquatische Insektenarten haben regelrechte Schnorchel ausgebildet, mit denen sie permanent Luftsauerstoff aus der Atmosphäre atmen können. So haben z. B. der Wasserskorpion (*Nepa cinerea*) und die adulten Individuen der Wassernadel (*Ranatra linearis*), beide einheimische Wasserwanzen-Arten, an ihrem Hinterleib jeweils zwei halbröhrenförmige Fortsätze entwickelt, die eine Luftrinne bilden. Diese steht mit schlitzförmigen Stigmen am Thorax bzw. Hinterleib in Verbindung.

Bei den Jugendstadien vieler wasserlebender Insekten dagegen sind die Stigmen geschlossen. Stattdessen atmen diese mit Tracheenkiemen. Dabei handelt es sich um dünnwandige Ausstülpungen der Körperoberfläche, die entweder platten- oder schlauchförmig sein können. Sie sind von stark verzweigten Tracheenästen durchzogen, die jedoch nicht durch Stigmen an die Oberfläche münden, sondern blind enden. Die Aufnahme von Sauerstoff und der Austausch der Atemgase erfolgt über Diffusion durch die dünne Membran der Tracheenkieme. Tracheenkiemen befinden sich entweder seitlich an den Hinterleibssegmenten (wie z. B. bei Eintagsfliegen- oder Schlammfliegenlarven), an der Spitze des Hinterleibs (wie z. B. bei Kleinlibellenlarven), oder sitzen in Büscheln an der Basis der Beine und an den Mundwerkzeugen (z. B. bei Steinfliegenlarven). Auch das Enddarmepithel kann als Kieme ausgebildet sein (Darmkieme), d. h. es ist ebenfalls von einem stark verzweigten Tracheennetz durchzogen. Hier wird durch die Enddarmmuskulatur Wasser im Wechsel eingesaugt und wieder ausgepresst. Einige Insektentaxa, wie z. B. die Larven der Großlibellen nutzen den Ausstoß des verbrauchten Atemwassers zur Fortbewegung (siehe Kapitel 9, S. 115).

Schlammfliegen (Megaloptera) der Art *Sialis lutaria*

Wasserlebende Larve mit Tracheenkiemen an den Hinterleibssegmenten

Erwachsenes, landlebendes Tier

Warum sind Insekten so klein?

Die Körpergröße der Insekten hängt eng mit der Beschaffenheit des Atmungssystems durch das Röhrensystem der Tracheen zusammen. Der Transport von Luftsauerstoff durch Diffusion ist zwar effektiv, funktioniert aber nur über kurze Strecken – die Diffusionsgeschwindigkeit in engen Röhren nimmt über längere Entfernungen (> 0,5 cm) sehr schnell ab. Aus diesem Grund ist bei den meisten Insekten der Körperdurchmesser geringer als 1 cm. Bei Insektenarten mit größeren Körpern oder erhöhtem Sauerstoffbedarf, z. B. durch hohe Flugaktivität, sind einzelne Tracheen zu – wenigen großen oder vielen kleinen – Luftsäcken erweitert, sodass der Sauerstoff jeweils geringere Strecken zurücklegen muss.

Das größte heute lebende Insekt, eine Stabheuschrecke aus Neuguinea, erreicht immerhin eine Körperlänge von 38 cm, ist aber so schmal, dass der Luftsauerstoff nur kurze Wege in den Tracheen zurücklegen muss.

Warum gab es in früheren Erdzeitaltern größere Insekten?

In früheren Erdzeitaltern, z. B. dem Karbon (also vor ca. 358–289 Millionen Jahren) existierten Riesenlibellen mit einer Flügelspannweite von ca. 70 cm; deren Rumpfdurchmesser war allerdings auch kaum größer als ca. 3 cm. Zudem war der Sauerstoffgehalt der Luft damals deutlich höher als heute (siehe Kapitel 4, S. 47). Die vergleichsweise geringe Körpergröße der Insekten, bedingt durch eine physikalische Limitierung eines Organsystems, hat sich in der Evolution als durchaus vorteilhaft erwiesen (siehe Kapitel 6, S. 67).

Rekonstruktion einer fossilen Libellen-Verwandten aus dem Unteren Ober-Karbon: *Namurotypus sippeli* beim Absetzen eines Spermapaketes. Flügelspannweite 32 cm.

Warum ist das Blut von Insekten nicht rot?

Das „Blut" der Insekten wird als Hämolymphe bezeichnet. Es ist nicht vergleichbar mit dem Blut der Wirbeltiere. Der Hauptunterschied besteht darin, dass der für die Lebensvorgänge benötigte Sauerstoff direkt durch die Tracheen in die entsprechenden Gewebe gelangt. Er muss also nicht in molekularer Form an ein Transportprotein wie dem Hämoglobin, das Wirbeltierblut die rote Farbe verleiht, gebunden werden. Eine Ausnahme machen die Jugendstadien von Zuckmücken (Chironomiden): Bei den Larven einiger Arten, die in sauerstoffarmen Gewässern oder Schlamm leben, wird die Sauerstoff-Speicherung durch in der Hämolymphe gelöstes Hämoglobin unterstützt. Deren Hämolymphe ist in der Tat rot (siehe Abbildung S. 29). Auch bei Steinfliegen (Plecoptera) kommt ein Atempigment in der Hämolymphe vor, das sogenannte Hämocyanin, das bläulich gefärbt ist.

Bei Insekten macht das Blut (die Hämolymphe) etwa 5–40 % der Körpermasse aus, je nachdem, ob es sich um ein voll sklerotisiertes, erwachsenes Tier oder um eine weichhäutige Larve handelt. Bei letzteren fungiert die Körperflüssigkeit auch als Hydroskelett (siehe Kapitel 9, S. 110). Das Blut der Insekten besteht aus flüssigem, farblosem Blutplasma (der Lymphe) und den darin enthaltenen Zellen (Hämocyten), die unterschiedliche Funktionen erfüllen, z. B. Aufnahme von Stoffwechselprodukten, Einkapselung von Parasiten und anderer körperfremder Partikel, Gerinnung der Hämolymphe als einfacher Wundverschluss, und Speicherung von Nährstoffen. Die Hauptaufgaben der Hämolymphe sind der Transport von Nährstoffen aus dem Darm an die verschiedenen Gewebe und der Transport von Hormonen sowie der Abtransport von Stoffwechselendprodukten zu den Exkretionsorganen. Die Hämolymphe dient auch als Wasserspeicher und trägt zum Kälteschutz bei (siehe Frage „Wie überleben Insekten im Winter?“, S. 36). Lokale Veränderungen des Hämolymphdrucks unterstützen die Ventilation in den Tracheen und bewirken das Aufplatzen der alten Cuticula bei der Häutung.

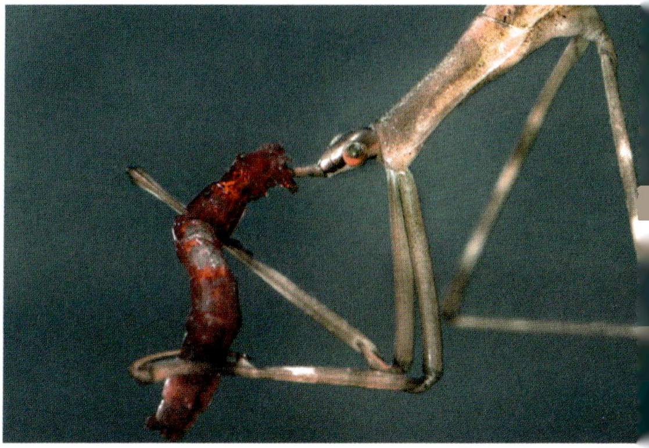

Die Stabwanze *Ranatra linearis* saugt an einer Mückenlarve, deren Rotfärbung durch Hämoglobin verursacht wird.

Wie funktioniert der Blutkreislauf bei Insekten?

Insekten haben ein „offenes“ Blutgefäßsystem, d. h. das Blut fließt nicht in geschlossenen Venen oder Adern wie bei Wirbeltieren, sondern frei in der Leibeshöhle. Angetrieben wird der Blutfluss von einem röhrenförmigen Gefäß, das im Rückenbereich des Hinterleibs liegt. Es besteht aus dem eigentlichen Herzen und der Aorta. Das Herz ist nach hinten blind geschlossen und trägt an jeder Seite segmental angeordnete Spalten (Ostien), die sich nach innen mit Klappventilen öffnen. Richtung Thorax und Kopf schließt sich ein Gefäß an, die sogenannte Aorta, die den Thorax durchzieht und im Bereich des Kopfes offen endet. Das Herz ist von einer kräftigen Ringmuskulatur umgeben, deren Kontraktionen meist von hinten nach vorn, aber auch in umgekehrter Richtung verlaufen. Es ist mit der Rückendecke durch Bindegewebe verbunden und liegt ventral einer dünnen Bindegewebsschicht (dem Diaphragma) auf, das die Leibeshöhle unvollständig in einen oberen und einen unteren Bereich unterteilt. Das Diaphragma enthält Muskelfasern, die von der Körperwand ausgehend, seitlich am Herzen enden. Diese Muskeln sind ebenfalls segmental angeordnet und werden aufgrund ihrer Form „Flügelmuskeln" genannt (nicht zu verwechseln mit der Flugmuskulatur). Diese Flügelmuskeln agieren als Gegenspieler der Ringmuskulatur des Herzgefäßes. Bei der Systole des Herzens, also der Kontraktion der Ringmuskulatur, wird das Blut durch die Aorta Richtung Kopf in die Leibeshöhle getrieben. Die Ventilklappen der Ostien sind dabei geschlossen. Durch Kontraktion der Flügelmuskeln erfolgt die Diastole, das Herzgefäß dehnt sich, und die Ostien öffnen sich, sodass das Blut in das Herz einströmt. In der Peripherie des Körpers, an der Basis der Antennen, der Beine und der Flügel, sorgen zusätzliche „pulsierende Organe" für einen gerichteten und effektiven Blutumlauf. Dabei handelt es sich um zungenförmige Einstülpungen des Außenskeletts, die durch die Kontraktionen ansetzender Muskeln schnell hin- und herbewegt werden und so den Blutfluss steuern.

Wie oft schlägt ein Insektenherz?

Die Herzfrequenz variiert zwischen den einzelnen Entwicklungsstadien einer Art und zwischen den Arten, sodass kaum generalisierte Aussagen möglich sind. Die Herzfrequenz ist hormonabhängig, und durch die Außentemperatur beeinflusst. Das Herz einer erwachsenen Schmeißfliege (*Calliphora vomitoria*) erreicht 376 Kontraktionen pro Minute (von hinten nach vorne) und 175 Schläge pro Minute von vorne nach hinten. Sehr hohe und extrem niedrige Temperaturen führen zu temporärem Herzstillstand. Bei Puppenstadien wurde häufig beobachtet, dass das Dorsalgefäß für einige Sekunden seine Tätigkeit einstellt, um dann mit umgekehrter Peristaltik von vorne nach hinten zu kontrahieren, vermutlich wenn der Hämolymphdruck im Vorderkörper zu hoch geworden ist.

Wie funktioniert die Verdauung bei Insekten?

Der röhrenförmige Darm der Insekten durchzieht den gesamten Körper von der Mundöffnung bis zum meist terminal gelegenen After. Er ist in Vorder-, Mittel-, und Hinterdarm unterteilt, wobei Vorder- und Hinterdarm von der ursprungsgleichen Epidermis wie die Körperaußenhaut ausgekleidet sind und entsprechend eine Cuticula abscheiden. Der Vorderdarm ist weiter untergliedert in die Abschnitte Schlund (Pharynx), Speiseröhre (Ösophagus), Kropf (Ingluvies), Kaumagen (Proventriculus) und – am Übergang zum Mitteldarm – eine Ringfalte (Valvula cardiaca). Die Mundöffnung ist ins Innere des Kopfes verlagert und wird nach außen von den Mundwerkzeugen umgeben, und zwar zur Bauchseite hin von der unpaaren Unterlippe (Labium), seitlich von den paarigen Maxillen und Mandibeln, und zur Rückenseite hin von der unpaaren Oberlippe (Labrum). Die Mundwerkzeuge sind die Extremitäten der Kopfsegmente II–V (siehe Kapitel 2 und 11, S. 15 u. 140ff). Die Unterlippe und die Maxillen tragen seitlich schlanke Taster (Palpen), die mit Sinnesorganen besetzt sind. Diese prüfen Art und Qualität der Nahrung, bevor diese in den Mundvorraum befördert wird. In diesen münden paarige Speicheldrüsen, die bei unterschiedlichen Insekten oft sehr unterschiedliche Funktionen übernehmen (neben der Speichelproduktion auch die Produktion von z.B. Spinnseide, wie bei den Larven der Köcherfliegen). Von dort gelangt die von Mandibeln und Maxillen grob zerkleinerte Nahrung in den Schlund, der von starker Ringmuskulatur umgeben ist. Durch peristaltische Schluckbewegungen wird die Nahrung über die Speiseröhre in den Kropf befördert. Dieser ist von einem dehnbaren Muskelnetz umgeben, sodass hier Nahrung gespeichert werden kann. An den Kropf schließt sich der Kaumagen an, der bei Arten, die feste Nahrung bevorzugen, kräftige Muskulatur aufweist. Im Innern sind verstärkte Leisten, Zähne oder Reibeisen-artige chitinöse Strukturen ausgebildet, die durch die Kontraktionen der Kaumagen-Muskulatur gegeneinander bewegt werden und die Nahrung weiter zerkleinern. Anschließend wird der Nahrungsbrei durch die Valvula cardiaca, die als Rückstauventil fungiert, in den Mitteldarm geleitet. Am Übergang von Kaumagen zu Mitteldarm sind Blindsäcke (Coeca) ausgebildet. Diese variieren in Größe und Zahl zwischen verschiedenen Insekten, dienen aber der Vergrößerung der inneren Oberfläche des Mitteldarmepithels. Dessen Zellen sondern Verdauungssekrete ab und resorbieren die aufgeschlossene Nahrung. Ihre Oberfläche ist durch die Ausbildung zahlreicher feiner stäbchenförmiger Auswüchse (Mikrovilli) stark vergrößert. Das Mitteldarmepithel enthält zwar viele Drüsen-, jedoch keine Schleimzellen, also keinen Schutz vor scharfkantigen Nahrungs-

Kaumagen (Proventriculus) der Hausgrille („Heimchen“) *Acheta domesticus:* Innenwand mit Chitinstrukturen (mikroskopisches Präparat, ca. 3 x 4 mm)

partikeln. Arten, die sich von festen, harten Substanzen ernähren, bilden daher eine sogenannte peritrophische Membran aus. Diese besteht aus einem Netz feiner Chitinfibrillen. Sie wird im vorderen Mitteldarmbereich, nahe der Valvula cardiaca, gebildet, nach hinten ins Lumen des Mitteldarms abgegeben und umgibt die Nahrungspartikel wie ein Korb oder ein großmaschiges Netz. Durch die peritrophische Membran wird das Lumen des Mitteldarms in verschiedene Bereiche gegliedert, was die Verteilung einerseits der Verdauungssekrete, andererseits der aufgeschlossenen Nahrung erleichtert. Vermutlich spielt die peritrophische Membran auch eine Rolle bei der Bildung von Kotballen.

An den Mitteldarm schließt sich der Hinterdarm an, der ebenfalls in mehrere Abschnitte mit jeweils unterschiedlichen Funktionen gegliedert ist, und zwar (von vorne nach hinten), den Pylorus, die Valvula pylorica, den Dünndarm (Ileum), den Dickdarm (Colon), die Valvula rectalis, und den End- oder Mastdarm (Rectum). In den Pylorus münden schlauchförmige Gebilde, die Malpighischen Gefäße, die als Exkretionsorgane dienen. Im Pylorus sammeln sich die Exkrete aus der Hämolymphe. Er ist durch eine mit kräftiger Muskulatur versehene Ringfalte (Valvula pylorica) vom Dünndarm getrennt. Hier wird die peritrophische Membran mechanisch zerstört, indem durch Kontraktion der Ringmuskulatur Portionen vom Kotschlauch abgetrennt werden. Der Kot wird durch Dünn- und Dickdarm weitergeleitet bis zur Valvula rectalis, einer Verengung zwischen Dick- und Enddarm, wo die peritrophische Membran weiter abgebaut wird. Der Enddarm ist oft blasig erweitert; seine Epithelzellen zu sogenannten Rectalpapillen ausgebildet. Hier wird intensiv Wasser resorbiert (siehe nächste Frage, S. 33). Die hintere Öffnung des Enddarms ist der After, der oft mit einem Ringmuskel versehen ist.

Die Anatomie des Darmkanals wird in Anpassung an die Ernährungsweise in den unterschiedlichen Insektengruppen entsprechend modifiziert, so sind z. B. bei pflanzen- oder blutsaugenden Arten Kaumagen und peritrophische Membran reduziert oder fehlen ganz. Stattdessen kann beispielsweise bei bestimmten Zikaden ein Filtermagen ausgebildet sein, der quasi einem Kurzschluss zwischen Mitteldarmanfang und Mitteldarmende bildet. Im Überfluss aufgenommene Bestandteile des Pflanzensaftes, z. B. Wasser und Saccharose, können so rasch ausgeschieden werden, ohne den eigentlichen verdauenden Teil des Darms zu belasten. Ebenso ist bei saftsaugenden Arten eine sogenannte Cibarialpumpe ausgebildet. Hier setzen am Vorderdarm (am Pharynx oder am Oesophagus) radiale Muskelstränge an, die mit der Kopfwand verbunden sind. Durch deren Kontraktion wird durch eine Erweiterung des Vorderdarmlumens ein Unterdruck erzeugt und so die flüssige Nahrung eingesaugt.

Haben Insekten Nieren?

Insekten verfügen in der Tat über Organe, die den Nieren der Wirbeltiere zwar nicht im Bau und Wirkprinzip (Filtration durch Wasserdruck), jedoch in ihrer Funktion stark ähneln: die sogenannten Malpighischen Gefäße. Sie sind – neben dem Verdauungstrakt – verantwortlich für die Ausscheidung von Stoffwechselendprodukten, vor allem des Eiweißstoffwechsels, und – eng damit verknüpft – der Osmoregulation. Beim Abbau von Aminosäuren, den Bausteinen der Eiweiße, fällt Stickstoff an, der im lebenden Organismus schnell in Ammoniak umgewandelt wird. Ammoniak wirkt in höheren Konzentrationen toxisch auf das Nervensystem sowie auf den Kohlehydrat- und Fettstoffwechsel und muss daher entweder stark verdünnt oder so rasch wie möglich eliminiert werden. Wasserlebenden Insekten, wie z. B. Libellenlarven, steht genügend Wasser zur Verdünnung zur Verfügung, landlebende Insekten müssten pro 1 Gramm Ammoniak, das im Körper entsteht, 400 Milliliter Wasser aufnehmen, um eine nicht-toxische Konzentration zu erreichen. Stattdessen binden viele landlebende Arten den Stickstoff in Harnstoff oder Harnsäure, Substanzen, die im Organismus sehr viel weniger toxisch wirken und nur ungefähr 1/10 bis 1/50 des Wassers für eine nicht-toxische Konzentration benötigen.

Bei den Malpighischen Gefäßen handelt es sich um lange, meist dünne, röhrenartige Auswüchse des Verdauungskanals am Übergang von Mittel- und Enddarm. Ihr Lumen wird von einer einschichtigen Zellschicht umgeben und endet blind. Die Malpighischen Gefäße flottieren frei in der Leibeshöhle und filtern gelöste Stoffe aus der Hämolymphe. Ihre Zahl variiert stark zwischen den Insektengruppen: von 2 (bei Schildläusen, Hemiptera: Coccidae) bis zu über 200 (bei großen Heuschrecken, Orthoptera: Tettigoniidae). In einem ersten Schritt der Exkretion nehmen die Malpighischen Gefäße Flüssigkeit, Ionen und Stoffwechselendprodukte in einem teilweise aktiven Prozess aus der Hämolymphe in ihr Lumen auf. Dieser wenig konzentrierte Primärharn gelangt schließlich in den Verdauungstrakt, wo er sich mit den Produkten aus der Verdauung im Mitteldarm vermischt. Im Enddarm werden sowohl Wasser als auch Aminosäuren und bestimmte Ionen durch spezialisierte Epithelzellen, die Rektalpolster oder -papillen bilden, resorbiert. Der nun stärker konzentrierte Sekundärharn wird durch den Anus ausgeschieden.

Ein weiteres wichtiges Stoffwechselorgan der Insekten ist der Fettkörper. Dabei handelt es sich um locker miteinander verbundene Gewebelappen, die bis zu 65 % des gesamten Körpergewichts eines Insekts ausmachen können und als weißlich-gelbliche Masse fast das gesamte Abdomen ausfüllen können. In bestimmten Zellen des Fettkörpers können – alternativ zur Ausscheidung – Stoffwechselendprodukte wie z. B. die in Wasser schwer lösliche Harnsäure gespeichert werden. Bei eventuellen Nahrungsengpässen steht diese dann wieder dem Eiweißstoffwechsel zur Verfügung.

Weitere Funktionen des Fettkörpers sind die Speicherung von Reservestoffen, Entgiftung toxischer Stoffwechselprodukte, Synthese und Speicherung von Pigmenten, z. B. Melanin, Aktivierung des Häutungshormons Ecdyson, Beherbergung von symbiontischen Mikroorganismen. Bei einigen Insektenarten sind Teile des Fettkörpers als Leuchtorgan ausgebildet.

Wie regulieren Insekten ihre Körpertemperatur?

Insekten sind wechselwarme Tiere, d. h. ihre Körpertemperatur schwankt in Abhängigkeit von der Außentemperatur. Die meisten Insektenarten sind in einem Temperaturbereich zwischen ca. 10 °C und 35 °C aktiv; es gibt jedoch Ausnahmen (siehe unten). Viele Arten verfügen über Mechanismen, ihre Körpertemperatur zu regulieren, und zwar sowohl über als auch unter die Temperatur der Umgebung.

Die Erhöhung der Körpertemperatur kann entweder durch bestimmte Verhaltensweisen erfolgen, durch die externe Wärme aufgenommen wird, oder durch physiologische Prozesse, bei der Wärme im Körper selbst generiert wird.

Bei der Thermoregulation spielt der Zusammenhang zwischen Wärme und Körpermaße, bzw. Körpervolumen, eine wichtige Rolle: Wärmeverlust und Aufnahme externer Wärme vollziehen sich um so schneller, je kleiner der Insektenkörper ist, da größere Körpermasse quasi als Puffer für den Wärmeaustausch wirkt. Aufgrund der großen Unterschiede in ihrer Körpergröße haben landlebende Insekten zahlreiche Strategien evoluiert, ihre Körpertemperatur entsprechend den speziellen Temperaturverhältnissen ihres Lebensraums zu regulieren. Wasserlebende Insekten verfügen dagegen kaum über Möglichkeiten, ihre Körpertemperatur abweichend von der Temperatur des umgebenden Wassers zu beeinflussen.

Viele tagaktive Insekten „tanken" Wärme, indem sie sich der Sonnenstrahlung oder einer anderen Wärmequelle aussetzen. Dabei spielt u. a. die Flügelhaltung eine Rolle, da je nach Anstellwinkel die exponierte Fläche vergrößert oder verkleinert, und damit die Menge der aufgenommenen Wärme reguliert werden kann. Unterstützt wird die Wärmeaufnahme bei Sonnenstrahlung durch dunkle Färbung des Exoskeletts. Umgekehrt suchen viele Insekten bei zu großer Hitze Schattenplätze auf, etwa unter Steinen oder Blättern.

Die wichtigste Quelle von im Körper selbst generierter Wärme ist die Flugmuskulatur. Im Thorax kann daher eine konstant hohe Temperatur aufrechterhalten werden, zumal zusätzlich Schuppen oder Borsten den Körper gegen Wärmeverlust isolieren. Gleichzeitig muss überschüssige Wärme abgeführt werden, um eine Überhitzung zu vermeiden. Dies wird z.B. durch alternierenden Phasen aktiven Flugs und Gleiten erreicht, wie es beim „Flattern" vieler Schmetterlinge zu beobachten ist, oder durch verstärktes Einpumpen von Hämolymphe aus dem Thorax in das weniger stark isolierte Abdomen. Bei kühler Umgebungstemperatur wärmen sich viele Insekten auf, indem sie durch Flugmuskelaktivität Vibrationen, also eine Art Zittern, erzeugen. Hummeln verfügen über einen raffinierten Gegenstrom-Wärmetauscher: Bei ihnen sind Thorax und Abdomen durch eine schmale Passage getrennt, durch die sich auf engen Raum Dorsalgefäß, Nervenstränge, Tracheenstämme und Hämolymphraum ziehen. Bei niedrigen Außentemperaturen wird die kühle Hämolymphe aus dem Abdomen durch das Herz Richtung Kopf gepumpt. Beim Durchfließen der Aorta passiert die Hämolymphe im Thorax die Flugmuskulatur und wird dabei durch deren Aktivität erwärmt. Beim Zurückfließen in das Abdomen gibt die Hämolymphe in der engen Passage zwischen Thorax und Abdomen einen Teil ihrer Wärme an das Dorsalgefäß ab und wärmt so die vom Abdomen einströmende Hämolymphe vor, bevor sie in den Thorax eintritt. Auf diese Weise kann eine konstant höhere Körpertemperatur auch bei kühleren Umgebungstemperaturen aufrechterhalten werden.

Zahlreiche Arten haben spezielle Anpassungen an extreme Umgebungstemperaturen entwickelt (siehe unten und Kapitel 8, S. 97, 100).

Beispiele für die Überwinterung einiger heimischer Schmetterlingsarten

als Ei	als Larve/Raupe	als Puppe	als erwachsenes Tier
Apollofalter (*Parnassius apollo*)	viele einheimische Tagfalter, z.B. Arten der Bläulinge (Lycaenidae)	Schwalbenschwanz (*Papilio machaon*)	Zitronenfalter (*Gonepteryx rhamni*)
Nierenfleckfalter (*Thecla betulae*)	Großer Schillerfalter (*Apatura iris*)	Aurorafalter (*Anthocaris cardamines*)	Tagpfauenauge (*Aglais io*)
	Schachbrett (*Melanargia galathea*)	Landkärtchen (*Araschnia levana*)	Kleiner Fuchs (*Aglais urticae*)
			Großer Fuchs (*Nymphalis polychloros*)
			Trauermantel (*Nymphalis antiopa*)

Wie überleben Insekten im Winter?

Starke jahreszeitliche Temperaturschwankungen stellen Insekten vor vielfältige Herausforderungen. In gemäßigten Klimazonen überstehen Insekten die kalte Jahreszeit in unterschiedlichen Entwicklungsstadien, entweder als Ei, als Larve, als Puppe oder als adultes Tier. Bei Eiüberwinterern werden die Eier an geschützten Stellen abgelegt, etwa in der Erde, unter der Rinde von Bäumen, in Pflanzengewebe. Auch Larven vieler Arten suchen aktiv geeignete Verstecke zum Überwintern auf, z. B. in der Laubstreu, oder – bei Gruppen mit vollständiger Verwandlung (Holometabola, oder Endopterygota) – verpuppen sich vor Einbruch des Winters in geeigneten Quartieren. Einige Arten verbringen die kalten Jahreszeit sogar in menschlichen Behausungen, wie z. B. Marienkäfer, Schmetterlingsarten wie z. B. das Tagpfauenauge und Netzflügler. Viele Arten drosseln bei niedrigen Außentemperaturen die Stoffwechselaktivität und überdauern so die ungünstigen Bedingungen. Bei steigenden Temperaturen wird die Entwicklung unmittelbar fortgesetzt bzw. die Aktivität wieder aufgenommen. Einem solchen als Quieszenz bekannten Überdauerungsmodus steht die sogenannte Diapause gegenüber. Hier kommt es zu einer ausgeprägten Entwicklungsruhe, die endogenen Rhythmen unterliegt. Auslösende Faktoren sind die (abnehmende) Tageslänge, Temperatur und ungünstige Ernährungsbedingungen.

Das größte Problem für den Stoffwechsel bei Umgebungstemperaturen unter 0 °C ist die Bildung von Eiskristallen innerhalb von Zellen, was zum Absterben von Geweben führen kann. Zahlreiche Arten haben daher Mechanismen entwickelt, die einen wirksamen Kälteschutz bieten. So wird z. B. Wasser ausgeschieden, und die Tiere verfallen in eine Trockenstarre. Außerdem produzieren manche Arten bei sinkenden Temperaturen bestimmte Proteine oder andere kristalline Substanzen, wie z. B. Harnstoff, die eine kontrollierte Eiskristallbildung außerhalb der Zellen befördern, u. a. in der Hämolymphe, den Malpighischen Gefäßen oder im Darmkanal. Ein weiterer wirksamer Kälteschutz ist das Einlagern von Glycerin oder ähnlichen Substanzen in Zellen und in der Hämolymphe, die den Gefrierpunkt bis weit unter 0 °C absenken. So können Zitronenfalter, die als adulte Tiere überwintern – frei in Büschen und Sträuchern aufgehängt –, Temperaturen bis zu -20 °C überleben.

Meist kommen kälteadaptierte Arten mit durchgehend kalten Wintern besser zurecht als mit milden Wintern und unregelmäßigen Frostphasen, da bei steigenden Temperaturen wieder Wasser aufgenommen wird, das bei plötzlich auftretendem Frost gefriert.

In Mitteleuropa relativ häufige „Schneeinsekten“ sind zwei Arten der Gattung *Boreus*. Die Boreidae (Winterhafte) sind eine Familie der Schnabelfliegen (Mecoptera). Ihr Kopf ist schnabelartig verlängert, an der Spitze sitzen kräftige Kaumandibeln. *Boreus* ist wenig kälteempfindlich; die Tiere können ihre Körpertemperatur bis auf -6 °C absenken. Sie ernähren sich vorwiegend von Moos. Die Flügel sind beim Männchen zu sichelförmigen Stummeln reduziert, beim Weibchen fehlen sie völlig. Beide Geschlechter zeigen ein ausgeprägtes Sprungvermögen (Sprünge bis zu 1,5 m!), weswegen sie auch „Schneefloh" genannt werden. Die Paarung findet im Herbst oder Winter statt, und bei Temperaturen um den Gefrierpunkt sind die (nur ca. 3,5–5 mm großen) aktiven Tiere auf Schnee gut zu beobachten.

Der Winterhaft *Boreus* spec. (Mecoptera) auf Schneekristall (*B. hyemalis*-Gruppe)

Der Zitronenfalter *Gonepteryx rhamni* (Pieridae, Weißlinge) überwintert als erwachsenes Tier.

Können Insekten schwitzen?

Eine weitgehend wasserdichte Körperbedeckung aus Chitin steht dem Schwitzen, also der Kühlung durch Verdunstung von ausgeschiedenem Wasser, prinzipiell entgegen. Bisher ist Transpiration nur bei wenigen Arten bekannt geworden; allerdings sind nicht alle Insektengruppen gleichermaßen gut untersucht.

Zahlreiche Arten der Singzikaden (Cicadidae), die in heißen, trockenen Gebieten vorkommen besitzen Poren in der Cuticula des Thorax und des Abdomen, aus denen aktiv direkt aus der Hämolymphe stammendes Wasser ausgeschieden wird. Dieses verdunstet an der Körperoberfläche und sorgt für Kühlung. Auf diese Weise können die entsprechenden Arten die heißeste Zeit des Tages nutzen, um mit ihren lauten Gesängen Weibchen anzulocken. Potenzielle Fressfeinde, meist Vögel, suchen um diese Zeit Schattenplätze auf und sind wenig aktiv. Singzikaden beginnen bei ca. 39–40 °C Außentemperatur zu schwitzen und können Temperaturen bis zu 48 °C aushalten. Das ausgeschiedene, verdunstete Wasser muss ständig durch Saugen von Pflanzensaft ersetzt werden.

Auch Fliegen können schwitzen, verfolgen jedoch eine andere Strategie.

So lässt z. B. die Schmeißfliege *Chrysomya megacephala* (Calliphoridae) aus Brasilien einen Speicheltropfen aus dem Mund hängen. Dieser verdunstet und kühlt sich dabei innerhalb von 15 Sekunden bis zu 8 °C unter die Umgebungstemperatur ab. Der abgekühlte Tropfen wird wieder in die Mundöffnung eingesaugt. Durch wiederholtes Ausscheiden und Einsaugen des Speicheltropfens fällt die Innentemperatur des Kopfes um 13 °C ab, was vermutlich der Kühlung des Gehirns dient (s. S. 39).

Thermoregulation durch Verdunstungskühle bei der Schmeißfliege *Chrysomyia megacephala* (Calliphoridae)

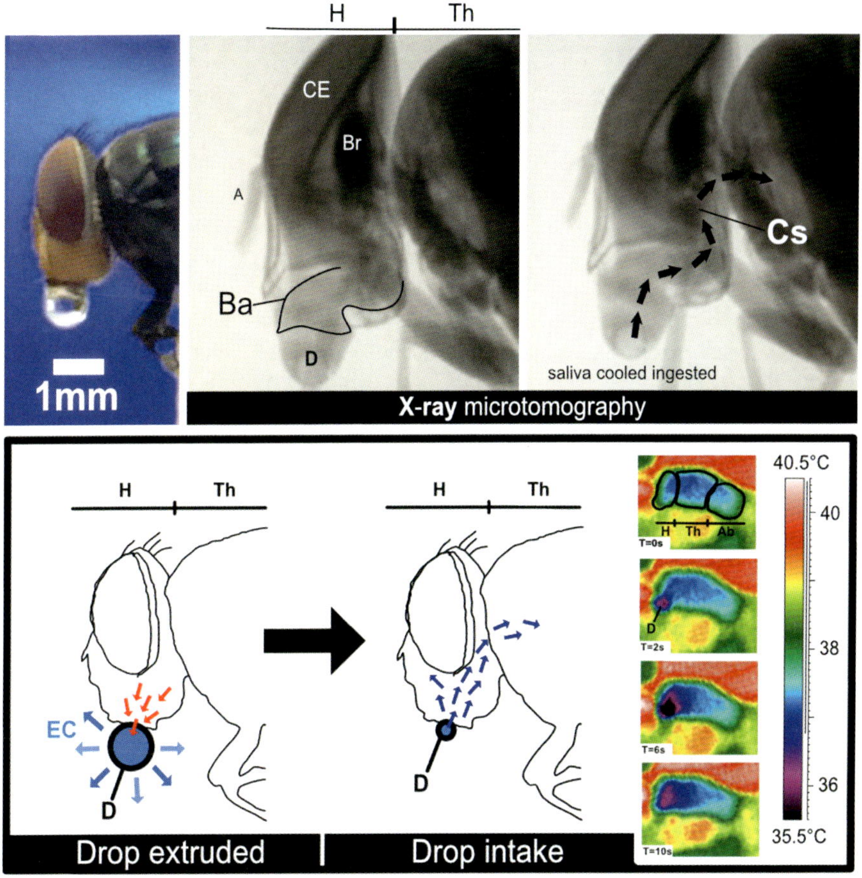

Obere Reihe: Links, Kopf (H) mit Speicheltröpfchen und vorderer Thoraxbereich (Th). Mitte und rechts: Röntgen-computertomographische Aufnahmen. Mitte: Ba – Mundraum mit Saugrüssel, D – Speicheltropfen (A – Antenne, CE – Komplexauge, Br – Gehirn). Rechts: gleiche Ansicht wie Mitte. Die Pfeile bezeichnen die Richtung des abgekühlten Speichels (Cs). **Untere Reihe:** Links, schematische Darstellung des Fliegenkopfes mit ausgewürgtem Speicheltropfen (D). Die roten Pfeile bezeichnen die Richtung der abfließenden Wärme aus dem Kopf, die blauen Pfeile die abnehmende Temperatur durch die Verdunstungskühle (EC). Mitte, der abgekühlte Speicheltropfen (D) wird eingesaugt. Die blauen Pfeile bezeichnen die Abnahme der Temperatur im Kopf und im Thorax. Rechts: Aufnahmen einer Wärmebildkamera des gesamten Fliegenkörpers in Seitenansicht verdeutlichen das Temperaturgefälle im Kopf (jeweils links) zu Beginn der Messung (oben) sowie nach 2, nach 3, und nach 10 Sekunden (unten).

4. Woher kommen die Insekten? (Evolution)

Wer sind die nächsten Verwandten der Insekten?

Es gilt als gesichert, dass die Hexapoda (also Urinsekten + Insekten im engeren Sinn) auf eine gemeinsame Stammart zurückgehen, also monophyletisch sind (zur morphologischen Ausstattung der Stammart siehe „Wie sieht die Körpergrundgestalt aller Insekten aus?“, S. 14). Mit welcher Arthropodengruppe sind die Hexapoda nun aber näher verwandt, d. h. welche Arthropodengruppe kommt als Schwestergruppe in Frage? In der Vergangenheit wurden vor allem die „Myriapoda“ (die sogenannten Tausendfüßer, eine nicht-monophyletische Gruppe) oder eine ihrer Teilgruppen als nächste Verwandte der Hexapoda favorisiert. Beide Gruppen wurden aufgrund des Vorhandenseins von Tracheen als „Tracheata“ zusammengefasst. Neuere Befunde aus morphologischen, embryologischen, und genetischen Untersuchungen unterstützen allerdings die Hypothese, dass die Hexapoda aus den Krebstieren (Crustacea) hervorgegangen sind.

Innerhalb der Krebstiere ist die tatsächliche Schwestergruppe der Hexapoda noch nicht sicher festgestellt – es kommen verschiedene Taxa in Frage, am wahrscheinlichsten sind die Remipedia (dt.: Remipeden), die Cephalocarida (dt.: Hufeisengarnelen) und die Branchiopoda (Kiemenfußkrebse). Remipedia und Cephalocarida sind zwar marin, die Arten leben jedoch in Küstennähe; Remipedia bevorzugt in Brackwasserhöhlen. Die Branchiopoda leben im Süßwasser, oft in temporären Wasserkörpern. Ein Übergang zum Landleben ist von beiden Lebensräumen aus denkbar (siehe unten).

Das Vorhandensein von Tracheen sowohl bei „Myriapoden“ als auch bei Hexapoden ist also mit hoher Wahrscheinlichkeit auf konvergente Evolution zurückzuführen, vermutlich im Zuge der Entwicklung einer terrestrischen Lebensweise.

Wann gab es die ersten Insekten?

Die ältesten gesicherten Fossilfunde von Hexapoden sind Collembolen (Springschwänze), z. B. *Rhyniella praecursor*, ca. 400 Millionen Jahre alt, aus dem Unterdevon von Rhynie, Schottland, einer berühmten Fossillagerstätte: Rhynie Chert, etwa 396 Millionen Jahre alt, [nach einer anderen Datierung etwa 407 Millionen Jahre alt]. Nach Schätzungen aus neueren molekularen Analysen scheint es jedoch möglich, dass die Abspaltung der Hexapoden von den Krebstieren bereits schon im Kambrium oder Ordovizium, ca. 100 Millionen Jahre früher, erfolgte. Allerdings begann die Diversifizierung der Hexapoda erst im Silur oder Devon, etwa zeitgleich mit der Landbesiedlung durch Spinnentiere (Cheliceraten) und Tausendfüßer („Myriapoden"), und dem Auftreten der ersten Landpflanzen. Die ältesten geflügelten Insekten sind aus dem jüngsten Unterkarbon bekannt: aus dem Raum Bitterfeld/Delitzsch bzw. Malanzán und Guandacol in NW-Argentinien, ca. 324 Millionen Jahre alt. Die erste reichhaltige Insekten-Fauna stammt aus dem Unteren Oberkarbon von Hagen-Vorhalle, Nordrhein-Westfalen, vor ca. 321 Millionen Jahren. Die ersten Holometabola, oder Endopterygota, sind aus dem Oberkarbon (vor etwa 310 Millionen Jahren) aus USA (Illinois) und Frankreich dokumentiert (ebenfalls vor ca. 321 Millionen Jahren) und möglicherweise auch schon zuvor von Hagen-Vorhalle.

Rekonstruktion des ältesten bekannten Fossils der Entognatha, *Rhyniella praecursor* (Collembola), aus dem Unter-Devon von Rhynie, Schottland

Lebte die Stammart im Wasser oder an Land?

Die Arthropoden entwickelten sich im Meer, wie durch eindeutig marine kambrische, etwa 500 Millionen Jahre alte Fossillagerstätten in Kanada (Burgess) und China (Chengjiang) belegt ist. Die Landbesiedlung erfolgte in den großen Evolutionslinien innerhalb der Arthropoden – also den Chelicerata, den Crustacea+Hexapoda, und den „Myriapoda", unabhängig voneinander. Die Stammart der Hexapoda besiedelte das Land entweder direkt von marinen Vorgängern, oder über das Süßwasser, je nachdem, welche Krebstiergruppe die nächsten Verwandten der Hexapoda darstellt. Für einen terrestrischen Ursprung spricht, dass alle heute lebenden primär ungeflügelten Gruppen (Diplura = Doppelschwänze, Collembola = Springschwänze, Protura = Beintastler sowie Archaeognatha = Felsenspringer und Zygentoma

Rezente Collembolen-Art: *Orchesella flavescens*, Körperlänge 2,5 – 5 mm

= Silberfischchen) terrestrisch sind. Auch *Rhyniella praecursor* (und *Rhyniognatha hirsti*) gehören zu den ältesten bekannten Fossilien der Hexapoda, waren terrestrisch, und lebten in sumpfigen oder moorigen Biotopen mit kleinen Teichen oder Seen, wie die physischen Gegebenheiten der Lagerstätte vermuten lassen.

Was waren die wichtigsten „Meilensteine" in der Evolution der Insekten?

Die Stammesgeschichte der Insekten ist gekennzeichnet durch vielfältige Abwandlungen des Grundmusters (siehe Kapitel 2, S. 14) durch evolutive Neuerungen (Apomorphien). Einige dieser Neuerungen haben als sogenannte „Schlüsselmerkmale" (der Gestalt oder des Verhaltens) dazu geführt, dass völlig neue Dimensionen der Lebensweise, d.h. neue ökologische Zonen, erschlossen werden konnten. Ein bedeutendes Schlüsselmerkmal in der Evolution der Insekten war die Entwicklung von Flügeln (siehe unten). Schlüsselmerkmale eröffnen Möglichkeiten der Spezialisierung durch Organismen. Die Nutzung dieser Möglichkeiten führt zu einer raschen Diversifizierung und Aufspaltung in zahlreiche Folgearten.

Einige der wichtigsten Schlüsselmerkmale in der Evolution der Insekten sind:

Die Entwicklung einer Eiablageröhre (Ovipositor)

Der Besitz eines Ovipositors ermöglicht die Ablage der Eier an geschützten Orten, entweder in der Erde oder in Pflanzengewebe. Die Eier sind so vor Räubern, Parasiten und Parasitoiden besser geschützt und haben entsprechend bessere Chancen, sich zu erwachsenen, fortpflanzungsfähigen Individuen zu entwickeln.

Die Entwicklung einer dikondylen (= zweifach eingelenkten) Mandibel

Die paarigen Anteile des Oberkiefers, die Mandibeln, sind bei den meisten der primär ungeflügelten Insekten mit nur einem einzigen Gelenk mit der Kopfkapsel verbunden (monokondyle Mandibel). Sie ist in verschiedene Richtungen beweglich und dient vorwiegend dem Abschaben von organischen Partikeln von der Unterlage. Ein effektives Beiß- und Kauwerkzeug entstand durch die Entwicklung einer zweiten Artikulation (siehe Kapitel 11, S. 140f). Durch die Beschränkung der Bewegungsfreiheit auf eine Richtung (und die damit verbundene Verstärkung der Beißkraft) und durch die Differenzierung der Innenkante in Kau- und Beißbereich war die gemeinsame Stammart von Silberfischchen (Zygentoma) und allen geflügelten Insekten (Pterygota), in der Lage, auch härtere Nahrung, wie z. B. gröbere Pflanzenteile abzubeißen und zu zerkleinern.

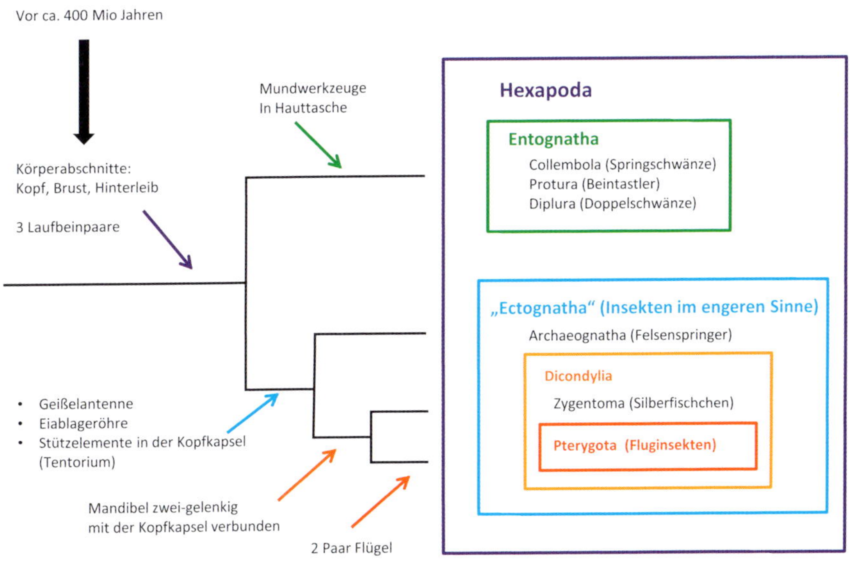

Stammbaum der Hexapoda: frühe Verzweigungen und evolutive Neuerungen

Die Entwicklung von Flügeln

Dieser Evolutionsschritt ermöglichte die Eroberung des Luftraums und damit die Möglichkeit der Verbreitung über größere Entfernungen. Geflügelte Insekten konnten größere Territorien besiedeln und neue Nahrungsquellen (z. B. als Flugjäger, ähnlich den heutigen Libellen) erschließen. Da die frühesten Pterygota vermutlich schon

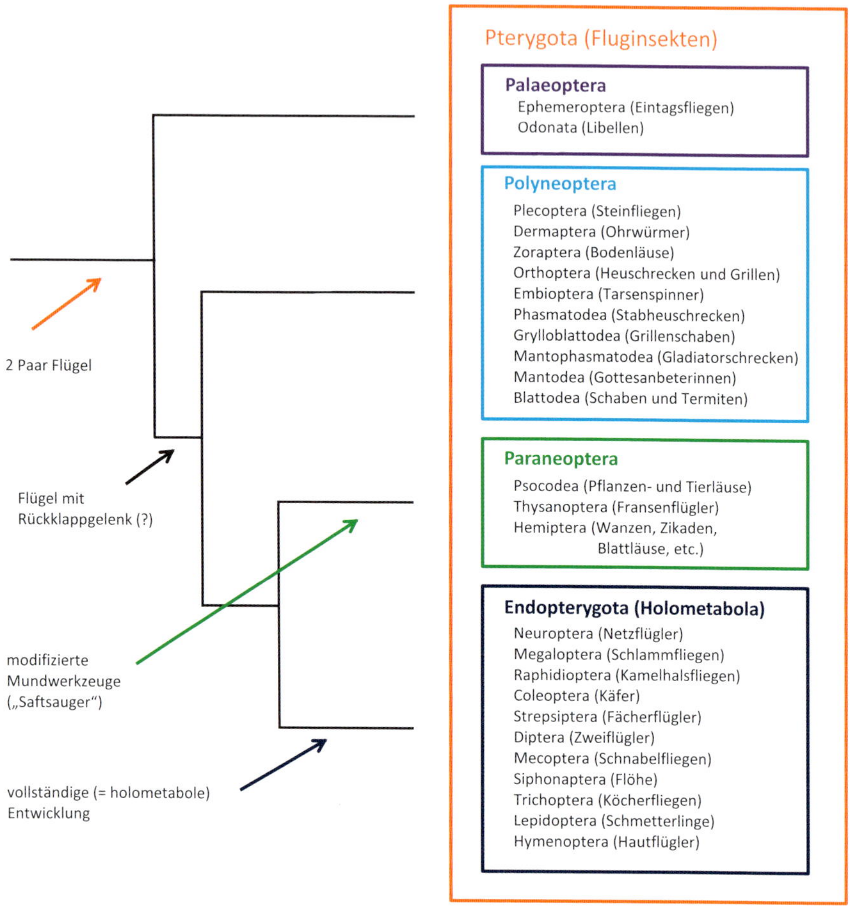

Stammbaum und evolutive Neuerungen innerhalb der Pterygota (Fluginsekten)

im Unterdevon (also seit ca. 400 Millionen Jahren) existierten, waren Insekten über 170 Millionen Jahre lang die einzigen Besiedler dieses Lebensraums, bevor andere flugfähige Tiergruppen auftauchten: die Flugsaurier vor ca. 220 Millionen Jahren, in der Unteren Obertrias, die Vögel vor ca. 150 Millionen Jahren, im Oberen Jura, und schließlich die Fledermäuse vor ca. 52–46 Millionen Jahren, im frühen bis mittleren Eozän.

Rekonstruktion des bisher ältesten Vertreters der Palaeodictyoptera, *Delitzschala bitterfeldensis*, aus dem Unter-Karbon, an einem Sporenzapfen des Bärlappbaums (*Lepidodendron* spec.). Flügelspannweite 2,5 cm.

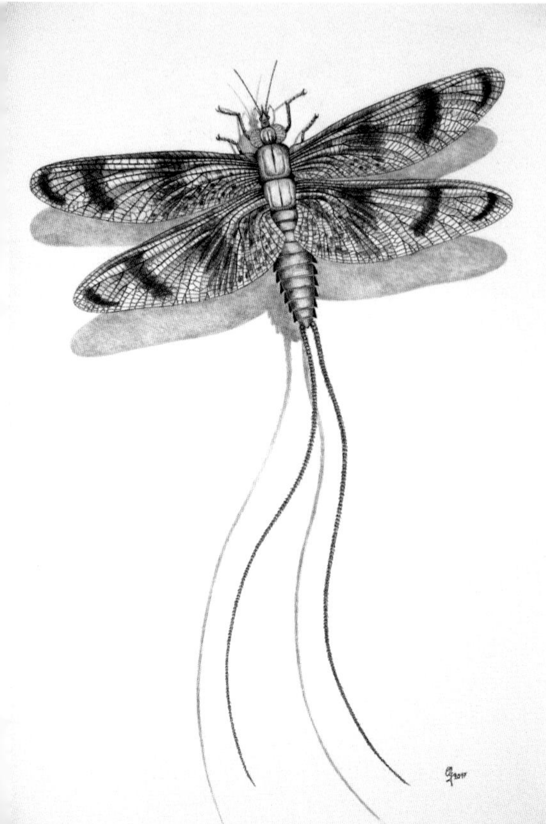

Rekonstruktion der Palaeodictyoptere *Lithomantis varius*, aus dem Ober-Karbon. Flügelspannweite 12 cm.

Die Entwicklung stechend-saugender Mundwerkzeuge

Durch die Abwandlung der Mundwerkzeuge des kauend-beißenden Typs erwarb die gemeinsame Stammart der Tierläuse (Psocodea), der Thysanoptera (Fransenflügler) und der Hemiptera (Schnabelkerfe: u. a. Wanzen, Zikaden, Blattflöhe) die Fähigkeit, flüssige Nahrung aufzunehmen. Ihre stechend-saugenden Mundwerkzeuge (Anteile der Mandibeln und Maxillen als Stechborsten entwickelt; Saugpumpe im Mundvorraum) können in pflanzliches oder tierisches Gewebe eindringen und entsprechend Pflanzensäfte aus den Leitungsbahnen der Pflanze (Phloem, Xylem), Zellinhalte, bzw. Blut und Hämolymphe aufsaugen. Die meisten Arten innerhalb dieser als Paraneoptera zusammengefassten (monophyletischen) Gruppe sind Pflanzensaftsauger; viele Arten leben räuberisch oder als Ektoparasiten an Wirbellosen und Wirbeltieren.

Holometabole Entwicklung (Endopterygotie)

Die Verlagerung der Anlagen von Flügeln und Genitalien ins Körperinnere bei den Jugendstadien gilt – neben dem Auftreten der Flügel – als der wichtigste Schritt in der Evolution der Insekten. Bei endopterygoten Insekten unterscheiden sich Imagines und Jugendstadien (Larven) nicht nur äußerlich, sie sind auch in der Lage, sehr unterschiedliche Lebensräume zu besiedeln und unterschiedliche Nahrungsquellen zu erschließen. Die getrennte Spezialisierung von Larven und Imagines war vermutlich einer der Hauptfaktoren für die Diversifizierung der Endopterygota. Alle megadiversen Ordnungen (solche mit jeweils mehr als 100.000 Arten) zählen zu den Endopterygota.

Herbivorie

Ein entscheidender Faktor für die Entstehung des Artenreichtums der Insekten war sicherlich die Nutzung von Pflanzen als Nahrungsquelle. Ungefähr die Hälfte aller bekannten Insektenarten ernähren sich von Pflanzen (siehe Kapitel 11, S. 147). Dabei werden alle Teile der Pflanze verwertet, von der Wurzel über die oberirdischen Teile wie Stengel, Blätter und Blüten, Pollen, Nektar und Samen, und sogar verholztes Gewebe. Mit dem Auftreten der ersten Angiospermen, oder Bedecktsamern, im weitesten Sinne also den Blütenpflanzen, vermutlich bereits in der Trias (vor 252–247 Millionen Jahren) gewannen Insekten zunehmend an Bedeutung als Bestäuber, indem sie den Pollen von Blüte zu Blüte transportierten (siehe Kapitel 12, S. 182). Durch die Wechselbeziehungen zwischen Pflanzen und Insekten, insbesondere zwischen Blütenpflanzen und ihren Bestäubern kam es in der Folge zu gegenseitigen Anpassungen und Spezialisierungen, die in beiden Gruppen zur Entstehung großen Artenreichtums beitrugen.

Wie hat sich die Insektenfauna im Laufe der Erdgeschichte verändert?

Im Laufe der vergangenen 600 Millionen Jahre gab es in der Erdgeschichte fünf große Massenaussterben. Die größte dieser Katastrophen fand vor 252 Millionen Jahren, an der Grenze der Zeitalter Perm und Trias statt. Innerhalb einer – aus geologischer Perspektive – geringen Zeitspanne von ca. 100.000 Jahren starben ca. 70 % aller Landlebewesen und 90 % aller wasserlebenden Tierarten aus. Verantwortlich dafür soll nach neueren Untersuchungen ein massiver Anstieg des Kohlendioxidgehalts in der Atmosphäre gewesen sein, der infolge starker vulkanischer Aktivität in Sibirien auftrat. Es wird vermutet, dass heißes Magma in Kohleflöze eindrang und diese entzündete, während oberirdische Lavaströme Wälder in Brand setzten. Durch die Verbrennung von fossiler und lebender Biomasse stieg der Kohlendioxidgehalt der Atmosphäre immer weiter an. Zuvor, im Karbon und Perm, hatte der Sauerstoffgehalt der Atmosphäre teilweise 30 % erreicht (heutiger Gehalt: ca 21 %). Es wird vermutet, dass der hohe Sauerstoffpartialdruck die Diffusion in den Tracheen erleichterte, und so die Entstehung von großwüchsigen Arten ermöglichte. Ab dem mittleren Perm (also vor 275–270 Millionen Jahren) nahm der Sauerstoffgehalt in der Atmosphäre koninuierlich ab, parallel dazu auch die Körpergröße einiger Insektengruppen, bis es schließlich am Ende des Perm zum Aussterben zahlreicher Insekten kam, einschließlich der meisten, in denen Gigantismus verbreitet gewesen war. Interessanterweise entstanden nach dem erneuten Anstieg des Sauerstoffgehalts in der Kreidezeit und im frühen Tertiär keine „gigantischen“ Insekten mehr. Der begrenzende Faktor könnte jedoch ein anderer sein, nämlich die Entwicklung von flugfähigen Wirbeltieren, Flugsauriern (früheste Funde aus der unteren Obertrias), Vögeln und Fledermäusen. Diese boten nun Konkurrenz für die flugfähigen Insekten (seit ca. 400 Mio Jahren, Unterdevon), die den Luftraum für mehr als 170 Millionen Jahre alleine beherrscht hatten (siehe oben).

Fossil in Dominikanischem Bernstein: Käfer (Tenebrionoidea?)

Die Mooswanze *Chonos isophysa* (Coleorrhyncha: Peloridiidae) aus Chile, ein „lebendes Fossil“ aus der Verwandtschaft der Wanzen. Mooswanzen sind ab dem Perm fossil überliefert und heute ausschließlich auf der Südhalbkugel verbreitet.

Während der Kreidezeit, insbesondere mit Auftreten der Angiospermen, kam es zu großen Radiationen insbesondere pflanzenfressender Insekten wie z. B. der Käfer und der Schmetterlinge. Die Koevolution von Blütenpflanzen und bestäubenden Insekten führte zur Herausbildung einer Insektenfauna, die zum Ende der Kreidezeit (vor ca. 66–65 Millionen Jahren) der heutigen bereits stark ähnelte.

Im Gegensatz zu den einschneidenden Veränderungen der Insektenfauna am Perm/Trias-Übergang, wirkten sich die Vorgänge an der Kreide/Tertiärgrenze, die zum Aussterben großer Gruppen wie z. B. den Dinosauriern und den Ammoniten (Tintenfische, Cephalopoda) führten, auf Insekten weniger drastisch aus.

Zu Beginn des Tertiärs waren alle Großgruppen (Ordnungen), die heute existieren, bereits vorhanden. Einschlüsse von Insekten aus Baltischem Bernstein (Eozän, rund 43 Millionen Jahre alt) sowie aus Bernstein der Dominikanischen Republik (Miozän, 15–18 Millionen Jahre alt) können meist rezenten Gattungen zugeordnet werden, und Fossilien, die nur wenige Millionen Jahre alt sind, z. B. in der Konservat-Lagerstätte Willershausen, scheinen – zumindest morphologisch – sogar z. T. mit rezenten Arten identisch zu sein.

Wo gibt es Fossillagerstätten für Insekten?

In Deutschland befinden sich bedeutende Fossillagerstätten, die zahlreiche Insektenfunde enthalten, u. a. in Nordrhein-Westfalen (Hagen-Vorhalle: Oberkarbon; Rott bei Bonn: Oligozän), Niedersachsen (Piesberg: Oberkarbon, Willershausen, Harz: Pliozän), Rheinland-Pfalz (Niedermoschel: Unteres Perm; Randecker Maar: Miozän), Thüringen (Tambach-Dietharz: Unteres Perm), Bayern (Plattenkalke von Solnhofen, Eichstätt: Jura), Hessen (Messel: Eozän), Mecklenburg-Vorpommern (Dobbertin: Jura; Baltischer Bernstein: Eozän), Sachsen-Anhalt (Halle/Geiseltal: Eozän).

Bedeutende Fossillagerstätten für Insekten außerhalb Deutschlands befinden sich u. a. in Schottland (Rhynie Chert: Devon), den USA (Mazon Creek: Oberkarbon), Brasilien (Santana bzw. Crato Formation: Kreide), der Dominikanischen Republik (Dominikanischer Bernstein: Miozän), und Myanmar (Burmesischer Bernstein: Kreide).

Die wichtigsten Museen für Insektenfossilien in Deutschland sind das Senckenberg Museum, Frankfurt a.M., das Naturkundemuseum Stuttgart, und das Museum für Naturkunde Berlin.

5. Wieviele Insektenarten gibt es? (Systematik, Taxonomie)

Was bedeuten Taxonomie, Systematik und Nomenklatur?

Aufgabe der Taxonomie und Systematik ist die Benennung und Ordnung der Vielfalt der Organismen. Schon in der Antike gab es Versuche einer solchen Ordnung. Als Ordnungskriterien dienten Ähnlichkeit in der Gestalt oder dem Verhalten der Organismen. Diese Klassifikation entsprach jedoch oft nicht den realen Verwandtschaftsverhältnissen. Allerdings hat bereits Aristoteles (384–322 v. Chr.) gerade für die Insekten Begriffe geprägt, die natürliche Gruppen bezeichnen und die bis heute als Ordnungsnamen Bestand haben, z. B. Coleoptera (Käfer) und Diptera (Zweiflügler). Die moderne Systematik hat den Anspruch, ein „natürliches System" zu schaffen, das die Stammesgeschichte der Organismen widerspiegelt. Voraussetzung ist die eindeutige Benennung und Beschreibung der Arten. Der schwedische Naturforscher Carl von Linné (1707–1778) begründete Mitte des 18. Jahrhunderts die binäre Nomenklatur, d. h. jede Art ist durch zwei Namen charakterisiert. Die Namen sind meist lateinischen oder griechischen Ursprungs. Der erste Name bezeichnet die Gattung; er wird stets großgeschrieben. Der zweite, kleingeschriebene, ist der eigentliche Artname. Beide werden in der Regel kursiv geschrieben. Die korrekte taxonomische Bezeichnung des Alpenbockkäfers lautet also *Rosalia alpina* (Linné, 1758). Bei Arten, die Linné selbst beschrieben hat, wird der vollständige Autorenname auch mit „L." (für Linné, oder „Linnaeus", wie er sich selbst nannte) abgekürzt. Die Jahreszahl bezeichnet das Jahr der Erscheinung der Publikation, in der die Beschreibung erstmals veröffentlicht wurde, im Bespiel das Jahr 1758. Die Klammer um den Autorennamen bedeutet, dass die Art ursprünglich in einer anderen Gattung beschrieben wurde (*Cerambyx*), und erst später in die Gattung *Rosalia* transferiert wurde. Bei der ursprünglichen Gattungs-Art-Kombination steht der Name des Autors nicht in Klammern. Weitere Vorgaben für die nomenklatorische Praxis sind in einem international verbindlichen Regelwerk, dem *International Code of Zoological Nomenclature* (ICZN), festgelegt. Die Einhaltung dieser Regeln garantiert die Beständigkeit von Gattungs- und Artnamen und ermöglicht so eine eindeutige Kommunikation über die betreffenden Organismen. Wurden bis weit in die zweite Hälfte des 20. Jahrhunderts vor allem morphologische Merkmale für die Beschreibung von Arten und höheren Taxa herangezogen, werden Arten inzwischen auch durch genetische Merkmale charakterisiert.

Was ist eine Art?

Biologische Arten sind reale Einheiten in der Natur. Zwischen den Angehörigen einer Art bestehen Wechselbeziehungen, die beobachtet werden können. Diese Wechselbeziehungen betreffen vor allem die Fortpflanzung: Angehörige ein- und derselben Art bilden eine Fortpflanzungsgemeinschaft, das bedeutet, sie bringen unter natürlichen Bedingungen voll fertile, also ihrerseits fortpflanzungsfähige Nachkommen hervor. Entsprechend findet zwischen Angehörigen unterschiedlicher Arten kein Genfluss statt. Die Zugehörigkeit einzelner Individuen zu einer bestimmten Art ist also prinzipiell überprüfbar. Dieses Konzept einer biologischen Art (Biospezies-Konzept) lässt sich auf Organismen, die sich bisexuell (über männliche und weibliche Geschlechtszellen) fortpflanzen, wie die meisten Arten der Insekten, gut anwenden; bei Organismen mit vegetativer (nicht sexueller) Fortpflanzung oder mit nicht zusammenhängenden (disjunkten) Verbreitungsgebieten stößt es an seine Grenzen.

Da das Fortpflanzungskriterium nicht in jedem Fall mit Züchtungsexperimenten überprüft werden kann, werden in der Praxis Hilfskriterien herangezogen, wie z. B. morphologische Merkmale. Diese variieren in der Regel sowohl innerhalb als auch zwischen Arten, und zwar je nach Verwandtschaftsgrad mehr oder weniger. Sofern sich die Variationsbreiten mindestens eines Merkmals in wenigstens einem Geschlecht nicht überschneiden, kann dies als Indiz für unterbrochenen Genfluss zwischen den Arten, denen die verglichenen Individuen angehören, gewertet werden. Die Zuordnung eines Individuums zu einer bestimmten Art durch einen (subjektiv agierenden) Menschen (ob wissenschaftliches Personal oder Laie spielt dabei keine Rolle) ist also immer eine Hypothese. Seit Anfang dieses Jahrhunderts spielen genetische Marker eine zunehmend wichtige Rolle bei der Identifizierung von Arten. Die Methode des *DNA-Barcoding* basiert auf der Annahme, dass die Abfolge der Basenpaare bestimmter Gene – vergleichbar mit den Strichcodes auf Lebensmittelverpackungen – Arten eindeutig kennzeichnet. Als besonders geeignet hat sich eine 648 Basenpaare lange Region des Gens der Untereinheit I der Cytochrom c Oxidase (COI oder cox1) des mitochondrialen Genoms erwiesen, weil dieser Abschnitt zwischen verschiedenen, auch zwischen nahe verwandten Arten stärker variiert als andere mitochondriale Gene.
Da Arten zwar reale, aber in ständigem evolutiven Wandel begriffene Einheiten sind, lassen sich Arten nicht im eigentlichen Sinne über messbare Parameter „definieren“. Vielmehr kann sich der Realität einer Art nur mit Konzepten genähert werden, welche die verschiedenen Aspekte einer Art berücksichtigen. Arten sind nicht nur Fortpflanzungsgemeinschaften, also

genetische Einheiten, sondern auch ökologische und evolutive Einheiten. So entspricht jeder Art eine ökologische Nische (siehe unten).

Was versteht man unter einer ökologischen Nische?

Jede Art hat im Laufe ihrer Evolution bestimmte Eigenschaften entwickelt, die es ihr ermöglichen, die Gegebenheiten ihrer Umwelt zu nutzen. Dies betrifft sowohl Nahrungsquellen, Brut- und Eiablageplätze, als auch z. B. Temperatur, Luftfeuchtigkeit, Bodenqualität, Verfügbarkeit von Wasser, usw. Damit verschiedene Arten nebeneinander existieren können, ist es erforderlich, dass sie die Resourcen ihrer Umwelt unterschiedlich nutzen und somit Konkurrenz vermeiden. Die ökologische Nische einer Art umfasst die Gesamtheit aller Wechselbezüge ihrer Individuen zu ihrer belebten und unbelebten Umwelt. Entsprechend werden ökologische Nischen nicht „besetzt", sondern entstehen erst dadurch, dass Individuen einer Art in vielfältige Beziehungen mit ihrer Umwelt treten. Ökologische Nischen werden also **gebildet** oder **realisiert**. Dabei entspricht jeder Art eine ökologische Nische – die ökologischen Nischen unterschiedlicher Arten können einander teilweise überlappen (etwa durch Nutzung derselben Nahrungsquelle), sind aber niemals deckungsgleich.

Was ist eine Population?

Unter einer Population versteht man die Gesamtheit aller Individuen einer Art, die zu einer gegebenen Zeit in einem gegebenen Gebiet vorkommen und sich daher mit einer höheren Wahrscheinlichkeit miteinander paaren als mit Individuen anderer Populationen derselben Art. Der Begriff der Population bezieht sich immer auf die Art. Korrekt ist also, z. B. von der „Maikäfer-Population des Frankfurter Stadtwaldes im Jahr 2020" zu sprechen. Da Individuen einer Population einen unterschiedlich großen Verbreitungsradius besitzen, sind die Populationen einer Art durch mehr oder weniger häufigen Genaustausch miteinander verbunden. Unterschiedliche Populationen ein- und derselben Art zeigen in einem oder mehreren gegebenen Merkmalen oft unterschiedliche Variationsbreiten. Dies ist auf Verschiebungen in der Häufigkeit bestimmter Gene oder Gen-Varianten (Allele) zuzurückzuführen, die entweder aufgrund von Selektion (natürliche oder sexuelle Auslese) oder – meist in kleinen Populationen – aufgrund von zufälligen Veränderungen (genetischer Drift) entstehen. Deutlich unterschiedliche Populationen (derselben Art) können als Unterarten aufgefasst und beschrieben werden. Die Unterart wird durch ein *Trinomen* benannt, d.h. diejenige Unterart, aus deren Verbreitungsgebiet die Art erstmals beschrieben wurde, erhält als Unterartbezeichnung eine Wiederholung des Artnamens, alle anderen erhalten neue Namen. Ein Beispiel ist der Apollofalter oder Roter Apollo, *Parnassius apollo* (Lepidoptera: Papilionidae), eine in Europa weit verbreitete Art aus vegetationsarmen Lebensräumen der Mittel- und Hochgebirge (von ca. 400–2000 m Höhe), die oft in isolierten Populationen vorkommt. Die Art zeigt große geographische Variabilität in der Färbung. Entsprechend wurden mehr als 200 Unterarten aus verschiedenen Regionen beschrieben: z.B. *Parnassius apollo apollo* (beschrieben von C. von Linné im Jahr 1758) aus Schweden und *Parnassius apollo gadorensis* (beschrieben von Rougeot und Capdeville im Jahr 1969) aus Spanien.

Der Begriff der Unterart ist naturgemäß unscharf, macht jedoch deutlich, dass die evolutiven Veränderungen sich auf der Ebene der Population abspielen. Die Differenzierung von Populationen zu Unterarten kann zu einer Differenzierung der Fortpflanzungsbeziehungen zwischen einzelnen Populationen führen, und damit zu einer Aufspaltung einer Art in zwei Tochterarten. Die Bildung von Arten ist der grundlegende Prozess der Evolution.

Je nachdem, ob sich die Bildung der Tochterarten in räumlich separierten, in benachbarten oder sogar im gleichen Gebiet vollzieht, spricht man von allopatrischer, parapatrischer oder sympatrischer Artenbildung.

Apollofalter oder Roter Apollo, *Parnassius apollo* (Papilionidae, Ritterfalter) eine weit verbreitete und variable Art mit vielen Unterarten

Was versteht man in der Systematik unter „Familie“, „Ordnung“ und „Klasse“?

Es liegt in der Natur des Menschen, Objekte, aber auch Organismen mit ähnlichen Eigenschaften in Kategorien höherer Ordnung einzuteilen, um die Komplexität der unbelebten und belebten Umwelt überschaubarer zu gestalten und die Kommunikation über Objekte und Organismen effektiver zu strukturieren. Die Kriterien für die Erschaffung solcher Kategorien in einem sogenannten hierarchisch-enkaptischen System schaffen Konventionen, die es erlauben, Vorhersagen über die in ihr enthaltenen Elemente zu machen. So beinhaltet die Kategorie „Fahrzeuge“ alle Objekte, die mit Rädern ausgestattet sind (vergleichbar mit „Klasse“), die Kategorie „Autos“ alle Fahrzeuge, die durch Motoren angetrieben werden (vergleichbar mit „Ordnung“), und die Kategorie „Elektroautos“ alle Autos mit Elektroantrieb (vergleichbar mit „Gattung“). Hierarchisch geordnete Kategorien erlauben also eine immer feinere Auflösung der Information über die in ihnen enthaltenen Elemente. In der biologischen Systematik bezeichnen die Kategorien ebenfalls eine angenommene Rangordnung der in ihnen enthaltenen Taxa, d.h. Arten werden in Gattungen zusammengefasst, Gattungen in Familien, Familien in Ordnungen, usw. Da jedoch Arten – anders als im oben genannten Beispiel Autos – durch die Spaltung einer Mutter- in zwei Tocherarten entstehen, dürfte eine Gattung theoretisch nur zwei Arten enthalten, eine Familie zwei Gattungen, usw. Die daraus sich ergebende Inflation der Bezeichnungen für die einzelnen Kategorien macht es unmöglich, die tatsächlichen Verwandtschaftsbeziehungen 1:1 in ein System von Kategorien vergleichbarer Ranghöhe zu übersetzen. So hat z.B. die Aussage „Gattung A hat sehr viel mehr Arten als Gattung B“ höchstens hinsichtlich der Artenzahl Gewicht, nicht jedoch hinsichtlich des tatsächlichen evolutiven Geschehens.

Die taxonomische Nomenklatur kennzeichnet Taxa im Rang einer Familie mit der Endung – *idae*, z.B. Carab**idae** für die Familie der Laufkäfer.

Die „Klasse“ der Insekten umfasst nach neuester Auffassung 31, respektive 32 „Ordnungen“ (siehe Anhang).

Taxonomie der Marienkäfer (in Deutschland ca. 80 Arten, in Europa ca. 250 Arten, weltweit ca. 6.000 Arten). Obligatorische Kategorien fettgedruckt.

Taxonomische Kategorie	Standard-Endung	Beispiel
Ordnung		Coleoptera (Käfer)
Unterordnung		Polyphaga
Familie	- idae	Coccinellidae (Marienkäfer)
Unterfamilie	- inae	Coccinellinae
Gattung		*Coccinella*
Art		*Coccinella septempunctata* L. (Siebenpunkt)

Übersicht über die Ordnungen der Insekten (16 von 32). Allen gemeinsam sind die Körpereinteilung in Kopf, Brust (Thorax) und Hinterleib sowie der Besitz von 3 Laufbeinpaaren am Thorax.
1 – Collembola (Springschwänze), 2 – Zygentoma (Silberfischchen), 3- Ephemeroptera (Eintagsfliegen), 4 – Odonata (Libellen), 5 – Blattodea (Schaben), 6 – Orthoptera (Heuschrecken), 7, 8 – Hemiptera (Rhynchota): 7 – Wanzen, 8 – Zikaden

9 – Neuroptera (Netzflügler), 10 – Coleoptera (Käfer), 11 – Diptera (Zweiflügler), 12 – Mecoptera (Schnabelfliegen), 13 – Trichoptera (Köcherfliegen), 14 – Lepidoptera (Schmetterlinge), 15 – Hymenoptera (Hautflügler), 16 – Siphonaptera (Flöhe)

Übersicht über die Familien der Ordnung der Käfer (Coleoptera), Auswahl (16 von ca. 180). Allen gemeinsam sind u.a. die Mundwerkzeuge vom kauend-beißenden Typ und die sog. Elytren (Vorderflügel), die auf dem Rücken in gerader Linie aneinanderstoßen.
1 – Cicindelidae (Sandlaufkäfer), 2 – Carabidae (Laufkäfer), 3 – Staphylinidae (Kurzflügelkäfer), 4 – Lucanidae (Hirschkäfer), 5 – Scarabaeidae (Blatthornkäfer), 6 – Geotrupidae (Mistkäfer), 7 – Buprestidae (Prachtkäfer), 8 – Elateridae (Schnellkäfer)

9 – Cantharidae (Weichkäfer), 10 – Coccinellidae (Marienkäfer), 11 – Cleridae (Buntkäfer), 12 – Cerambycidae (Bockkäfer), 13 – Meloidae (Ölkäfer), 14, 15 – Chrysomelidae (Blattkäfer), 16 – Curculionidae (Rüsselkäfer).

Diversität innerhalb einer Käferfamilie: Marienkäfer (Coccinellidae). Arten der Marienkäfer weisen meist eine hochgewölbte, halbkugelige Körperform auf und sind auf der Oberseite lebhaft gezeichnet. Das entscheidende Kriterium für ihre Abstammung von einer einzigen Stammart (= Synapomorphie) aber ist ein inneres Merkmal, nämlich die besondere Konfiguration des männlichen Kopulationsorgans.
1 – *Coccinella septempunctata*, 2 – *Coccinella quinquepunctata*, 3 – *Anatis ocellata*, 4 – *Myzia oblongoguttata*, 5 – *Aphidecta obliterata*, 6 – Marienkäfer-Mimikry: die Schabe *Prosoplecta* spec. (s. Kap. 15, S. 232), 7 – *Psyllobora vigintiduopunctata*, 8 – *Sospita vigintiguttata*

Wieviele Arten sind bisher beschrieben worden?

Eine zentrale Datenbank, in der alle beschriebenen Organismenarten erfasst sind, existiert bislang nicht. Im „Catalogue of Life" (www.catalogueoflife.org), dem bis dato umfangreichsten globalen Artenregister werden Informationen aus Spezialdatenbanken über Tiere, Pflanzen, Pilze und Mikroorganismen (rezent und ausgestorben/fossil) zusammengeführt. Derzeit (Stand September 2021) sind nach Aussage der Projektorganisatoren erst ca. 80 % aller bekannten bzw. beschriebenen Arten erfasst. Die aktuelle Checkliste beeinhaltet ca. 1,4 Millionen Tierarten, davon 952.846 Insektenarten (inkl. Collembola, Protura, Diplura).

Pro Jahr werden durchschnittlich 15.000 bisher unbekannte Organismen-Arten erstmals formal beschrieben, ungefähr die Hälfte davon sind Insekten.

Wieviele Insektenarten existieren tatsächlich auf der Erde?

Es ist offensichtlich, dass sehr viel mehr Insektenarten existieren, als bisher formal taxonomisch beschrieben wurden. Wieviele genau, ist Gegenstand teilweise sehr kontrovers geführter Diskussionen. Schätzungen reichen von 3–30 Millionen, je nach Datengrundlage, auf der entsprechende Hochrechnungen durchgeführt wurden.

Während die kleinste angenommene Artenzahl, 3 Millionen, vermutlich als zu niedrig zu bewerten ist, wird die höchste Schätzung von 30 Millionen Insektenarten, inzwischen bezweifelt. Neuere Arbeiten gehen davon aus, dass bis zu 4,5 Millionen bisher unbeschriebener Insekten existieren. Insgesamt scheint eine Zahl zwischen 3 und 7,5 Millionen Insektenarten realistisch. Wie hoch auch immer die tatsächliche Artenzahl sein mag, die Insekten machen mindestens die Hälfte der globalen Artenvielfalt aus.

Wie kommt es zu diesen unterschiedlichen Schätzungen?

Die enorme Diskrepanz der geschätzten Artenzahlen hängt vor allem damit zusammen, dass der Bearbeitungsstand verschiedener Regionen, verschiedener Ökosysteme und verschiedener Insektengruppen sehr unterschiedlich ist. So gilt z. B. die Insektenfauna Europas als recht gut bekannt. Begünstigende Faktoren sind neben der historisch bedingten hohen Dichte an naturwissenschaftlichen Sammlungen und der vergleichsweise großen Zahl dort tätiger Taxonomen und Taxonominnen die lange Tradition entomologischer Vereine und nicht-hauptamtlicher Spezialisten für bestimmte Insektengruppen (v. a. Schmetterlinge, Käfer) sowie die gute Zugänglichkeit der meisten Naturlandschaften. Im starken Gegensatz dazu stehen die Tropen der Alten und der Neuen Welt, die bisher nur unzureichend untersucht wurden. Erst seit vergleichsweise wenigen Jahren wurde es technisch möglich, auch die Kronenregionen der Regenwälder zu untersuchen. Fortschritte in der Molekulargenetik erleichtern das Erkennen kryptischer Arten. Letztendlich gibt es auch ein Ungleichgewicht in der Bearbeitung einzelner Insektengruppen: So sind Gruppen mit großen, auffälligen Arten (wie z. B. Schmetterlinge) sehr viel besser bekannt als solche mit unscheinbaren Arten.

Wo kommen die meisten bekannten Insektenarten vor, und wo gibt es noch viele zu entdecken?

Die Insektenfauna Europas, insbesondere Nordeuropas, gilt als sehr gut bekannt. In Deutschland sind ungefähr 33.000 Arten dokumentiert, in Großbritannien ca. 22.500. Hier sind nur relativ wenige bisher unentdeckte Arten zu erwarten. Ein ungefährer Anhaltspunkt für das Vorkommen noch nicht erfasster Arten ist die geschätzte Artendichte von Pflanzen in den biogeographischen Regionen der Welt. Danach scheint es wahrscheinlich, dass die meisten bisher unentdeckten Insektenarten in der Neotropis, also Süd- und Zentralamerika vorkommen, gefolgt von der Afrotropis (Afrika südlich der Sahara inklusive Madagaskar), Australasien (Australien und Neuguinea) und dem Indomalayischen Archipel. Doch selbst für die Paläarktis wird die Existenz vieler unbeschriebener Arten vermutet, und zwar v. a. im Mittelmeergebiet, im Kaukasus, und im südlichen Zentralchina.

Vermutlich werden allerdings viele Arten ausgestorben sein, bevor sie jemals die Chance hatten, wahrgenommen zu werden. Einer der an Insektenarten reichsten Lebensräume der Erde, der amazonische Regenwald, wird derzeit in atemberaubender Geschwindigkeit zugunsten der Erschließung landwirtschaftlich nutzbarer Flächen zerstört (siehe Kapitel 22, S. 306). Dort bietet sich ein besonders deutliches, wenn auch schmerzhaftes Beispiel, wie stark der Mensch und Insekten um Lebensräume konkurrieren. Das Beispiel zeigt auch, dass es – nicht nur im fernen Brasilien – jeder Anstrengung bedarf, natürliche Lebensräume zu erhalten. Nur so werden wir die Gelegenheit haben, alle Organismen kennenzulernen, die gemeinsam mit uns die Erde bevölkern.

Welche Insektenordnungen sind besonders artenreich?

Ebensowenig wie die Artenvielfalt geographisch gleichmäßig verteilt ist, sind alle Insektengruppen gleichermaßen artenreich. Mehrere Insektenordnungen enthalten mehr als 100.000 Arten. Diese megadiversen Ordnungen sind die Käfer (Coleoptera, > 380.000 Arten), die Schmetterlinge (Lepidoptera, > 150.000 Arten), die Zweiflügler (Diptera, > 150.000 Arten), die Hautflügler (Hymenoptera, > 115.000 Arten), also Ordnungen der Holometabola (Endopterygota). Die artenreichste Ordnung der nicht holometabolen Insekten sind die Rhynchota, oder Schnabelkerfe (Hemiptera, > 100.000 Arten) mit ca. 80.000 beschriebenen Arten. Die restlichen ca. 200.000 Arten verteilen sich auf die restlichen Ordnungen. Die kleinsten Ordnungen, Bodenläuse (Zoraptera) und Gladiatorschrecken (Mantophasmatodea), umfassen jeweils nur wenige Arten. Aufgrund ihrer besonderen stammesgeschichtlichen Stellung wurde ihnen jedoch der Rang einer Ordnung zuerkannt.

Wie wird die Vielfalt dokumentiert?

Ist eine Art als neu für die Wissenschaft erkannt, muss sie formal beschrieben werden. Diese Beschreibung beinhaltet die morphologischen Merkmale und deren Variabilität, Angaben zur geographischen Verbreitung, Informationen zur Ökologie, möglichst auch molekulare Merkmale wie den DNA-*Barcode* (s.o.), Angaben zum Zeitpunkt der Aufsammlung und zum Sammler oder zur Sammlerin. Durch eine Differentialdiagnose wird dargelegt, wie sich die Art von verwandten oder ähnlichen Arten unterscheidet. Außerdem müssen die Exemplare, die der Artbeschreibung zugrunde lagen, in einer öffentlichen Einrichtung, wie z. B. einem Museum, hinterlegt werden. Dabei ist in den Nomenklaturregeln festgelegt, dass ein Exemplar als „Holotypus" ausgewählt und gekennzeichnet wird. Der Holotypus ist sozusagen das „Beweisexemplar" für die Existenz dieser Art und gilt als Maß für den Vergleich mit anderen Arten. Er ist sozusagen der „Urmeter" der Art. Liegen bei der Erstbeschreibung weitere Exemplare der Art vor, können sie als „Paratypen" gekennzeichnet werden.

Der Bearbeiter oder die Bearbeiterin ist frei in der Wahl des Artnamens, wobei vermieden werden muss, dass dieser Artname bereits in derjenigen Gattung, der die neue Art zugeordnet wird, vorhanden ist. Der Artname, der bei der Erstbeschreibung einer Art vergeben wird, hat Priorität, d. h. sollte ein späterer Bearbeiter oder Bearbeiterin dieselbe Art (irrtümlich) erneut beschreiben, wird der neue Name zum Synonym, und der zuerst vergebene hat Bestand. Eine Artbeschreibung ist also eine Art „Gesetzestext" und muss auch nach Jahrhunderten noch berücksichtigt werden (siehe z.B. die von Linné 1758 beschriebenen Arten). Neue Erkenntnisse zur Charakterisierung der Art werden entsprechend in Folgepublikationen veröffentlicht. Typusexemplare (Holo- und Paratypen) werden in den Sammlungen naturwissenschaftlicher Einrichtungen, meist Forschungsmuseen, aufbewahrt, deren Aufgabe es ist, die entsprechende Infrastruktur für ihre Erhaltung bereitzustellen und zu gewährleisten, dass die Exemplare zugänglich für weitere Bearbeitung sind. Bedeutende Insektensammlungen, d.h. diejenigen, die zahlreiche Holotypen enthalten, befinden sich in den naturhistorischen Museen Europas (v.a. in London, Paris, Berlin, Leiden, Brüssel, Wien), Russlands (v.a. in St. Petersburg, Moskau), der U.S.A. (v.a. in New York ,Washington, D.C. , San Francisco, Honolulu).

Von der Naturalienkammer zum modernen Forschungsinstrument – wie kamen die großen Insektensammlungen zustande?

Die meisten der oben genannten Museen beherbergen Insektensammlungen von mehreren Millionen Individuen (das Berliner Naturkundemuseum ca. 15 Millionen, davon ca. 6 Millionen Käfer). In ihrer Gesamtheit dokumentieren die Sammlungsexemplare einer Art nicht nur deren morphologische Variabilität, sondern auch deren geographische Verbreitung und ihr jahreszeitliches Auftreten. Ihren Ursprung haben die meisten dieser Sammlungen im ausgehenden 18. Jahrhundert. In der Zeit der Aufklärung stand die Erforschung der Natur, darunter auch die Erfassung der Tier- und Pflanzenwelt auf allen Kontinenten, im Mittelpunkt der aufblühenden Naturwissenschaften. Angehörige des sich entwickelnden Bildungsbürgertums legten private Sammlungen von Insekten, Vögeln, Pflanzen, Mineralien und Fossilien an. Naturforschende Gesellschaften wurden gegründet, wie z.B. die Gesellschaft Naturforschender Freunde zu Berlin (gegründet 1773) und die Linnean Society London (gegründet 1778), die beide heute noch bestehen. Die Mitgliedschaft in einer solchen Gesellschaft setzte in vielen Fällen den Besitz einer eigenen Sammlung voraus. Ziel dieser wissenschaftlichen Gesellschaften war die „Beförderung der Naturgeschichte" sowie der Aufbau einer Literatur- und Naturaliensammlung. Die Gesellschaften unterstützen auch Forschungsreisen, die weitere Sammlungen erbrachten. Ab dem 19. Jahrhundert nahm im Zuge der Industrialisierung die Bedeutung akademischer Berufe zu, was zur Gründung neuer Universitäten und Techni-

Die Sammlung des Senckenberg Deutschen Entomologischen Instituts (Müncheberg, Brandenburg) umfasst ca. 3,8 Millionen Präparate. Sie ist aufgrund der großen Zahl der hier aufbewahrten Holotypen eine der bedeutendsten ihrer Art weltweit. Die Präparate werden in dichtschließenden Holzkästen mit Glasdeckel aufbewahrt (oben), in Regalen nach der aktuellen Systematik geordnet (links) und in platzsparenden Hebelschubanlagen in klimatisierten Räumen untergebracht (rechts).

schen Hochschulen führte. Oft wurden nun die Privatsammlungen den Universitäten angegliedert bzw. in den neu gegründeten naturhistorischen Museen untergebracht, wo sie auch bzw. vor allem der akademischen Lehre dienten. Die Mehrzahl der oben genannten Einrichtungen entstanden gegen Ende des 19. Jahrhunderts, zu einer Zeit, in der viele europäische Staaten über Kolonien verfügten. Entsprechend stammt ein Großteil der Sammlungen aus Ländern Afrikas, Asiens und Südamerikas. Viele der Museen stellen sich der Aufgabe der Aufarbeitung der Herkunftsgeschichte ihrer Objekte und machen diese selbst zum Forschungsgegenstand.

Seit etwa der Mitte des 20. Jahrhunderts wandelt sich die Bedeutung naturwissenschaftlicher Sammlungen: von der reinen Dokumentation von Objekten in den „Archiven der Natur" hin zu einem modernen Forschungsinstrument, das wichtige Beiträge zu Fragen der Evolution, der historischen Biogeographie und der Klimageschichte liefert. Die Sammlungserweiterung erfolgt daher in jüngerer Zeit in erster Linie projektbezogen.

Die Arten betreffende Metadaten (z. B. Verbreitung, Ökologie, Publikationen) werden in Datenbanken dokumentiert, früher i.d.R. auf Karteikarten oder in Katalogen; erst seit ca. 35 Jahren in elektronischer Form.

Der rasante Fortschnitt technologischer Möglichkeiten im Bereich der 3D-Visualisierung ermöglicht es seit kurzem, Ganzkörperscans von Typusexemplaren anzufertigen, die hochauflösend genug sind, um selbst winzige morphologische Details zu erkennen. An mehreren der großen naturhistorischen Museen sind Bestrebungen im Gange, solche digitalen Sammlungen aufzubauen. Diese wären nicht nur von jedem internetfähigen Computer und für jeden Nutzer und jede Nutzerin jederzeit und weltweit zugänglich, sondern würden dazu beitragen, die realen Exemplare vor Verschleiß und sogar Zerstörung zu schützen, wie sie bei Ausleihen während des Transports oder durch unsachgemäße Behandlung immer wieder vorkommen. Objekt- und Bildsammlungen werden durch DNA-Sammlungen ergänzt, sodass nun auch Daten zum Genotyp dokumentiert werden.

6. Warum gibt es so viele Insektenarten? (Diversität)

Spanne der Körperlänge (Kopfspitze bis Flügelspitze) innerhalb einer Verwandtschaftsgruppe, hier am Beispiel Zikaden: *Jassidaeus lugubris* (Delphacidae): 1,5 mm (links oben), *Cercopis vulnerata* (Cercopidae): 1,2 cm (rechts oben), Singzikade (Cicadidae): 9 cm (unten).

Zur Entstehung des außerordentlichen Artenreichtums der Insekten trugen verschiedene Faktoren bei, die sowohl die Anatomie als auch Aspekte ihrer Biologie, ihres Verhaltens, und ihrer Entwicklung betreffen. Diese Faktoren bedingen einander teilweise, wie z. B. Atmungssystem und Körpergröße. Das Zusammenwirken dieser Faktoren schafft ideale Vorraussetzungen für genetische Differenzierung, spezifische Anpassungen und schnelle Evolution.

Die wichtigsten dieser Faktoren sind:

Das Exoskelett. Der Besitz eines leichten, flexiblen und wasserdichten Exoskeletts ermöglichte den Übergang von einer marinen zu einer terrestrischen Lebensweise, da es einen wirksamen Schutz vor Austrocknung des Körpers bietet.

Der modulare Körperbau. Die Dreiteilung des Körpers in Tagmata und die damit verbundene räumliche und funktionelle Separation der jeweiligen Gliedmaßen für Nahrungsaufnahme,

Lokomotion und Reproduktion lieferte die Ausgangsbasis für vielfältige Abwandlungen in Anpassung an den Lebensraum (siehe Kapitel 9, 11 und 13).

Das Atmungssystem. Im Zuge des Übergangs zum Landleben entwickelte sich vermutlich durch Einstülpung des Integuments in das Körperinnere das Tracheensystem. Dies erwies sich zwar als sehr effizient für den Gasaustausch, allerdings war damit eine Limitierung der Körpergröße verbunden (siehe Kapitel 3, S. 24, 27). Die Körperlänge der meisten Insektenarten liegt zwischen 1–10 mm.

Ein hochkomplex organisiertes Nervensystem und leistungsfähige Sinnesorgane (siehe Kapitel 7, S. 70ff: „Wie nehmen Insekten ihre Umwelt wahr?"). Insekten sind in der Lage, viele verschiedene Sinneseindrücke zu integrieren und extrem schnell zu reagieren. Ihre Sinnesleistungen sind eher vergleichbar mit denen der Wirbeltiere als mit denen anderer Wirbelloser.

Die geringe Körpergröße. Genau diese – gewissermaßen erzwungene – Miniaturisierung erwies sich als außerordentlich günstig: Kleine Organismen sind in der Lage, die Resourcen in ihrem Lebensraum kleinteiliger zu nutzen als größere. So können z. B. die verschiedenen Teile einer Pflanze (z. B. Samen, Blüten, Blätter, Wurzeln) von vielen verschiedenen Insektenarten genutzt werden, während die gleiche Pflanze gerade genug Energie für eine oder wenige große Pflanzenfresser-Arten wie z. B. Huftiere bietet. Eine Untersuchung der Kronenregion eines tropischen Regenwaldes in Panama ergab in den 1980er Jahren, dass an einer einzigen Baumart ca. 1.200 Arten alleine der Käfer (Coleoptera) vorkommen.

Innere Befruchtung: Sandlaufkäfer (Cicindelidae: *Cicindela hybrida*) bei der Paarung – das Männchen (rechts) überträgt sein Sperma in die Geschlechtsöffnung des Weibchens; die Verschmelzung der Geschlechtszellen findet innerhalb der weiblichen Geschlechtsorgane statt.

Bisexuelle Fortpflanzung und innere Befruchtung. Dieser Reproduktionsmodus erfordert direkte Interaktion zwischen Männchen und Weibchen einer Art. Jede Art verfügt über ein spezifisches Partnererkennungssystem, in dem Information über die Artzugehörigkeit und über die genetische Fitness in optischen, akustischen und chemischen Signalen kodiert sind. Die intraspezfische Kommunikation unterliegt v. a. sexueller Selektion, die unter bestimmten Umständen zu extrem schneller Artenbildung führen kann.

Flexible Lebenszyklen. Insekten durchlaufen vom Schlüpfen aus dem Ei bis zum erwachsenen Tier mehrere Stadien, die jeweils durch Häutungen voneinander getrennt sind. Die Dauer der einzelnen Stadien und deren Einpassung in den Jahreszyklus kann sehr unterschiedlich sein (siehe Kapitel 14, S. 218), sodass das Nahrungsangebot der jeweiligen Jahreszeit genutzt werden kann. Ebenso können Insekten ungünstige Klimabedingungen in unterschiedlichen Stadien überdauern (Übersommerung, Überwinterung).

Geringe individuelle Lebensdauer, rasche Generationenfolge und große Zahl an Nachkommen. Die meisten Insektenarten haben eine vergleichsweise geringe individuelle Lebensdauer, vom Schlüpfen aus dem Ei über Larval- und Imaginalphase bis zur Eiablage vergeht oft weniger als ein Jahr (für Ausnahmen siehe Kapitel 14, S. 219). Viele Insektenarten bringen sogar mehrere Generationen pro Jahr hervor, mit jeweils mehr oder weniger zahlreichen Nachkommen. Während langlebigere Organismen wie z. B. Säugetiere, bis zu einem gewissen Grad lernen können, sich an Veränderungen ihrer Umwelt anzupassen, finden Anpassungen bei Insekten vor allem durch genetische Veränderungen zwischen den Generationen statt. Dass Insekten jedoch auch lernfähig sind, zeigen beeindruckende Beispiele, vor allem unter den sozialen Insekten (siehe Kapitel 7, S. 86, Kapitel 10, 16). Eine gegebene Insektenart kann als riesiger, räumlich und über die Zeit variabler Genpool angesehen werden. Durch die schnelle Generationenfolge können sich genetische Veränderungen unter Selektionsdruck oder genetischer Drift in räumlich oder zeitlich separierten Populationen sehr schnell etablieren. Beispiele sind die rasche Entstehung von Resistenzen gegen Insektizide oder die Erschließung neuartiger Nahrungsquellen.

Koevolution. Insekten gehen oft enge Beziehungen mit anderen Organismen ein, Herbivore bzw. Phytophage mit bestimmten Pflanzen-Taxa (siehe Kapitel 11, 12), parasitisch lebende Arten mit ihren Wirten (Kapitel 11, S. 162). Oft entsteht dabei eine enge wechselseitige Anpassung dergestalt, dass eine Art ohne die andere nicht überleben kann. Kommt es bei einem der beiden Partner zur Artenbildung, aus welchen Gründen auch immer, bedingt dies auch die Artenbildung beim anderen Partner.

Konvergente Evolution. Die unabhängige Entwicklung bestimmter Merkmale oder Lebensweisen bei nicht näher miteinander verwandten Arten ist ein interessantes Phänomen in der Evolution (nicht nur) der Insekten. Bei Insekten existieren viele Fälle konvergenter Evolution. Ein beeindruckendes Beispiel ist der Lebensformtyp des Sandfallen-Stellers, der sich sowohl innerhalb der Netzflügler (Neuroptera) als auch innerhalb der Zweiflügler (Diptera) entwickelt hat. „Ameisenlöwen“ (= die Larven der Netzflügler-Familie Myrmeleontidae) als auch „Wurmlöwen“ (= Larven der Gattung *Vermileo*, in der Zweiflügler-Familie Rhagionidae) bauen auf ähnliche Weise Sandtrichter, um Ameisen zu erbeuten, und die Beute dann auf ähnliche Weise zu ergreifen, zu töten und zu verdauen. Konvergente Evolution liegt auch der Ähnlichkeit in Aussehen und Beutefangverhalten von Gottesanbeterinnen (Mantodea) und Fanghaften (Neuroptera: Mantispidae) zugrunde (siehe Kapitel 11, S. 153).

Zur Entstehung des Artenreichtums einzelner Gruppen innerhalb der Insekten siehe Kapitel 4, S. 46.

Konvergente Evolution des Lebensformtyps „Lauerjäger“ bei nicht näher miteinander verwandten Gruppen (siehe auch Kapitel 11): verlängerter Prothorax, Vorderbeine als Fangbeine ausgebildet, frei beweglicher Kopf. Oben: Gottesanbeterin *Mantis religiosa* (Mantidae), unten: Fanghaft *Mantispa styriaca* (Mantispidae)

7. Wie nehmen Insekten ihre Umwelt wahr? (Sinne, Kognition)

Wie sind Insektenaugen gebaut?

Bis auf wenige Ausnahmen verfügen die Insekten über Lichtsinnesorgane. Die auffälligsten sind die Komplexaugen (= Facettenaugen). Diese sind aus vielen Einzelaugen, den Ommatidien, zusammengesetzt. Ein Ommatidium bildet die optische Einheit des Komplexauges, bestehend aus einer Linse, einem Kristallkegel, und stabförmigen Sinneszellen (Retinulazellen), die um eine zentrale Achse angeordnet sind (siehe Abbildung). Die Sehzellen tragen einen dichten Saum aus fingerförmigen Fortsätzen, sogenannten Microvilli. Diese vergrößern die Oberfläche der Sehzelle um ein Vielfaches. Sie enthalten das Pigment Rhodopsin und stellen die lichtempfindlichen Teile der Sehzelle (das Rhabdomer) dar. Innerhalb des Rhabdomers sind die Rhodopsin-Moleküle gleichmäßig angeordnet, und zwar senkrecht zur zentralen Achse des Ommatidiums.

Kopf des Großen Granatauges, *Erythromma najas*, einer Schlanklibelle (Odonata: Coenagrionidae) mit fast kugelförmigen Komplexaugen

Die einzelnen Ommatidien sind durch Pigmentzellen mehr oder weniger stark voneinander abgeschirmt; entsprechend werden Augen mit voneinander isolierten Ommatidien als Appositionsauge bezeichnet, solche mit fehlendem Pigmentmantel im mittleren Bereich der Sehzellen als Superpositionsauge. Das entstehende Bild ist beim Appositonsauge randscharf, allerdings auf Kosten der Helligkeit, während es beim Superpositonsauge unscharf ist, jedoch die Helligkeit

Aufbau eines Komplexauges

Komplexauge einer Raubfliege (Asilidae: *Choerades femorata*). Jedem Punkt entspricht die Linse eines einzelnen Ommatidiums (rechts).

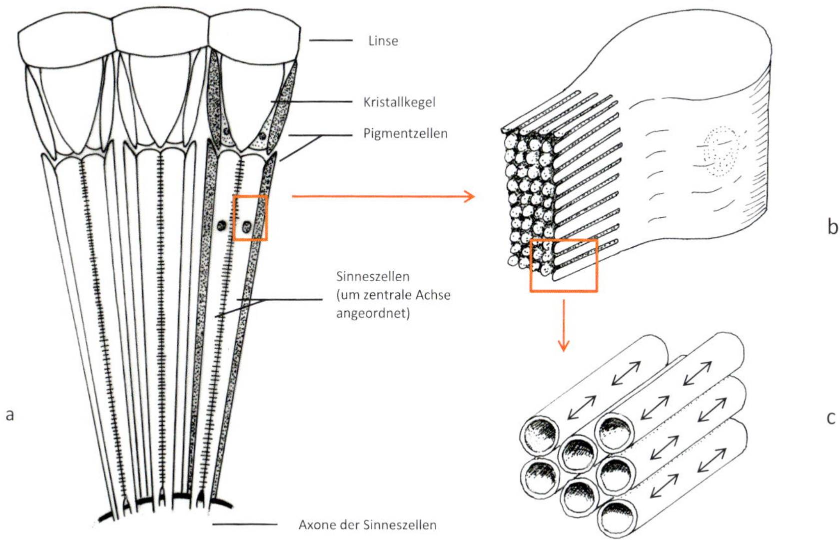

Aufbau eines Komplexauges (Schema).
a) 3 Ommatidien im Verbund, Querschnitt, b) Ausschnitt (Blockdiagramm) einer einzelnen Sinneszelle (Rhabdomer) mit Mikrovilli-Saum, c) Querschnitt durch mehrere Mikrovilli. Die Pfeile bezeichnen die Orientierung der lichtempfindlichen Pigmente (Rhodopsin).

Die konvexe Oberfläche der Komplexaugen ermöglicht ein großes Gesichtsfeld und eine nahezu 360° Panoramasicht, was besonders für schnelle Flieger wie diese Großlibelle, *Orthetrum* spec. (Odonata: Anisoptera) von Vorteil ist.

Komplexaugen der Bremse *Hybomitra* spec. (Tabanidae), Kopf in Frontalansicht

ausnutzt. Allerdings entspricht kaum ein Komplexauge völlig dem einen oder anderen Typ. Durch Wandern der Pigmentkörnchen kann die Isolierung verstärkt oder abgeschwächt werden, sodass verschiedene Helligkeiten – je nach tageszeitlicher Aktivität der entsprechenden Arten – ausgenutzt werden können.

Außer den Komplexaugen sind bei vielen erwachsenen Insekten bis zu drei einfache Linsenaugen (Ocelli) vorhanden. Sie dienen offenbar der Hell-Dunkel-Wahrnehmung, können aber keine hochaufgelösten Bilder liefern. Sie spielen außerdem eine Rolle bei der Wahrnehmung von regelmäßig sich wiederholenden Lichtverhältnissen, etwa im Tag-Nacht-Rhythmus, die mit entsprechenden Verhaltensmustern einhergehen, und bei der Flugkontrolle.

Bei Larven der meisten holometabolen Insekten sind sogenannte Stemmata vorhanden, ebenfalls einfach gebaute Linsenaugen, allerdings mit anderem embryologischen Ursprung als die Ocellen adulter Insekten. Auch sie dienen vorwiegend der Hell-Dunkel-Wahrnehmung und haben ein geringes Auflösungsvermögen.

Wie nehmen Insekten Licht auch ohne Augen wahr?

Außer der Lichtwahrnehmung über Komplexaugen, Ocellen und Stemmata können Insekten Licht über die Haut wahrnehmen. Dieser dermale Lichtsinn kommt durch die Verteilung von Photorezeptoren zustande, die über die Epidermis verteilt sind. Diese extraocularen Photorezeptoren ermöglichen kein räumliches Sehen, sie enthalten i.d.R. keine Pigmente, sondern eine spezialisierte Zellmembran. Die Raupen des Birkenspanners *Biston betularia* (Geometridae) passen ihre Färbung dem Untergrund an, und zwar auch dann, wenn ihre Augen (reversibel) mit einem lichtundurchlässigen Lack überzogen wurden. Sie müssen also die Färbung des Untergrundes „erkennen" und entsprechend die eigene Pigmentproduktion danach ausrichten.

Auch im Gehirn vieler Insekten gibt es lichtempfindliche Zellen, deren Funktion noch weitgehend unbekannt ist. Es wird vermutet, dass sie bei der Tag-Nacht-Rhythmik eine Rolle spielen.

Ein interessantes Phänomen sind die Photorezeptoren an den Genitalien von Schmetterlingen. Eine japanischen Schwalbenschwanz-Art, *Papilio xuthus*, zeigt Häufungen von Photorezeptoren an den Genitalien beider Geschlechter. Verhaltensexperimente zeigten, dass das Männchen die Information aus diesen Rezeptoren nutzt, um eine korrekte Kopulationsstellung zu erreichen. Das Weibchen dagegen prüft anhand dieser Information, ob die Eiablageröhre genügend weit aus der Abdomenspitze ausgestreckt und zudem unbedeckt ist, weil nur so gewährleistet ist, dass die Eier erfolgreich auf der Blattoberfläche plaziert werden können.

Sehen Insekten dasselbe wie der Mensch?

Jedes Ommatidium bildet nur einen kleinen Teil der Umgebung ab: Ein Insekt „sieht" also ein Bild aus Einzelpunkten, etwa vergleichbar dem Punktraster einer Fotografie in einer Zeitung. Je mehr Ommatidien bzw. Facetten ein Insektenauge bilden, desto größer ist die Auflösung des Bildes. „Normale" Insektenaugen besitzen ca. 2.500 Ommatidien. Dies entspricht ca. 1/80 der Sehschärfe des menschlichen Auges. Gleichzeitig ist das zeitliche Auflösungsvermögen des Insektenauges sehr viel höher. Während Wirbeltiere nur ca. 50 Reize pro Sekunde verarbeiten können, schaffen Schnellflieger wie z. B. die Stubenfliege das Fünffache (250 Reize pro Sekunde). Dadurch werden Bewegungsabläufe wesentlich besser wahrgenommen: Die Fliege sieht die Fliegenklatsche in Zeitlupe auf sich zukommen. Bei Insektenarten, die sehr gute Flieger sind und sogar im Flug jagen, finden sich sehr viel mehr als 2.500 Facetten pro Auge: so verfügen z. B. manche Libellen über bis zu 28.000 Ommatidien pro Auge. Bei diesen Arten bedecken die Facettenaugen ca. 70–90 % der gesamten Kopfoberfläche. Durch die konvexe Wölbung der Facettenaugen ist das Gesichtsfeld wesentlich größer als beim Menschen, obwohl die Augen fest mit der Kopfkapsel verbunden sind.

Können Insekten Farben sehen?

Bienen und Hummeln besitzen – wie der Mensch – drei Rezeptortypen für Licht unterschiedlicher Wellenlängen. Die maximale Empfindlichkeit dieser Rezeptoren liegt im Ultraviolett-Bereich (bei 350 nm), im Blau-Bereich (bei 450 nm) und im Grün-Gelb-Bereich (bei 530–580 nm). Das Farbensehen der Bienen und Hummeln ist also gegenüber dem des Menschen um 150 nm in das kurzwelligere Licht verschoben. Die Biene sieht dementsprechend kein Rot, dafür jedoch Teile des UV-Bereiches. Die Wellenlängen des Rotbereiches erscheinen den Tieren wie Schwarz. Mit hoher Wahrscheinlichkeit sind alle Insekten rotblind.

Einige Insektenarten verfügen über nur 2 Rezeptortypen: ein Pigment absorbiert grün-gelbes Licht (um 550 nm), das andere Blau-Ultraviolett (> 480 nm).

Was sehen Insekten, was Menschen nicht sehen können?

Da Insekten kein Rot, jedoch ultraviolettes Licht wahrnehmen können, erscheinen ihnen Blüten in anderen Farben als dem Menschen. So nimmt die Biene z. B. eine Mohnblüte nicht als „rot" wahr, stattdessen sieht sie die ultravioletten Lichtanteile, die von der Mohnblüte reflektiert werden. Gelbe Blüten unterschiedlicher Pflanzenarten, die für uns identisch aussehen, nimmt die Biene als ganz verschieden wahr, da jede Blütenart die UV-Strahlung unterschiedlich stark reflektiert.

Eine erstaunliche Fähigkeit der Insekten ist die Wahrnehmung polarisierten Lichts. Die Lichtwellen, die von der Sonne ausgehen, schwingen in beliebigen Richtungen. Erst beim Eintritt in die Atmosphäre wird dieses unpolarisierte Licht polarisiert, d. h. es wird an den verschiedenen Luftschichten gebrochen und reflektiert. Die Polarisationsrichtungen, also die Schwingungsrichtungen des Lichts, bilden Kreise um die Sonne, d. h. sie stehen im rechten Winkel auf derjenigen Richtung, in der sich die Sonne befindet. An jedem Punkt des Himmels schwingen die Lichtwellen in einer bevorzugten Richtung. Menschen können die dadurch entstehenden Polarisationsmuster nicht sehen, aber Insekten sind aufgrund der Ausrichtung der Pigmente in den Rezeptorzellen der Ommatidien dazu in der Lage. Die Menge des absorbierten Lichts ist am größten, wenn es in derselben Richtung polarisiert ist, in der die Rhodopsin-Moleküle ausgerichtet sind (siehe oben: „Wie sind Insektenaugen gebaut?“, S. 70). Je nach Abweichung von dieser Richtung variiert die Menge absorbierten Lichts in den einzelnen Rezeptorzellen. Das Insekt speichert das sich ergebende Muster im Gedächtnis. Durch späteren Abgleich des aktuellen Polarisationsmusters am Himmel mit dem im Gedächtnis gespeicherten Muster ist das Insekt in der Lage, sich zu orientieren.

Bei Bienen, Wanderheuschrecken und Wüstenameisen konnte gezeigt werden, dass den Tieren ein kleiner Ausschnitt des Himmels genügt, um Polarisationsmuster zu erkennen und anhand dessen den Sonnenstand zu bestimmen. Dies dient den entsprechenden Arten als Orientierungshilfe z. B. beim Aufsuchen ihres Nestes.

Mit einer entsprechenden Software („Qualitative Color Pattern Analysis“, QCPA), die aus dem Internet heruntergeladen werden kann, ist es möglich, die verschiedenen Arten des Tiersehens nachzuvollziehen (siehe Anhang: Websites).

Warum fliegen Insekten nachts um Straßenlaternen?

Diese Frage ist wissenschaftlich noch nicht eindeutig geklärt; es existieren verschiedene Hypothesen. Die plausibelste scheint die Orientierungshypothese zu sein. Nachtaktive Insekten, insbesondere Nachtfalter, orientieren sich am Licht von Sternen oder am Mondlicht. Um eine gerade Flugbahn einzuhalten, fliegen sie dabei in jeweils einem bestimmten Winkel zum Mondlicht. Künstliche Lichtquellen verwirren nachtaktive Insekten: Sie sind heller und näher als der Mond, der dem Insekt quasi als Fixpunkt dient. Vermutlich verwechseln Insekten diese Lichtquellen mit dem Mond. Entsprechend muss der Flugwinkel immer öfter korrigiert werden, was dazu führt, dass Insekten in immer engeren Spiralen um die Lichtquelle fliegen. Bei der Berührung mit einer heißen Glühbirne verbrennt das Insekt. Tatsächlich wird als eine der Ursachen für das seit einigen Jahren beobachtete Insektensterben die Lichtverschmutzung verantwortlich gemacht. Auch für die Verwendung von Neon- oder LED-Lampen gibt es keine Entwarnung. Sie erzeugen zwar wenig Wärme und töten die Insekten nicht unmittelbar ab, allerdings ist der Blauanteil des Lichts sehr hoch und lockt daher noch mehr Insekten an. Der orientierungslose Flug zehrt an den Energiereserven. Es ist anzunehmen, dass so die Bestäuberfunktion zahlreicher Nachtfalter erheblich beeinträchtigt wird.

Insekten können nicht nur Licht wahrnehmen, sondern auch selbst Licht produzieren (siehe Kapitel 10, S. 125).

Wie nehmen Insekten mechanische Reize wahr?

Insekten verfügen über eine ganze Reihe von Rezeptoren, die mechanische Deformationen, etwa durch Druck, Dehnung, Vibrationen oder Luftschall, aufnehmen, und diese über Hilfseinrichtungen den Sinneszellen zuleiten. Diese multipolaren Propriozeptoren sitzen in der Körperwandung, in den Bein- und Flügelgelenken; sie dienen der Eigenwahrnehmung. Die Rezeptoren sind in Anpassung an verschiedene Stimuli spezialisiert, sodass ganz verschiedene Sinnesleistungen ermöglicht werden. Sie treten entweder als einfache Sensillen oder zusammengesetzte Sinnesorgane auf. Die einfachste und wohl ursprünglichste Form eines Mechanorezeptors ist das Haarsensillum, eine gelenkig in die Cuticula eingesenkte Borste. Es wird von spezialisierten Epidermiszellen gebildet. Die bewegliche Borste („Haar", nicht zu verwechseln mit dem „Haar" der Säugetiere) steht in Verbindung mit den Ausläufern einer oder mehrerer Sinneszellen. Wird die Borste durch einen mechanischen Reiz abgelenkt, wird die entsprechende Sinneszelle erregt. Zur Erregung einer Sinneszelle reicht eine sehr geringe Energiemenge aus, d.h. die Sensillen sind hochgradig empfindlich. Insekten können selbst geringste Luftströmungen wahrnehmen, wie etwa Schaben den Atem sich nähernder Kröten oder bestimmte Schmetterlingsraupen die Vibrationen, die winzige parasitische Wespen beim Anflug verursachen.

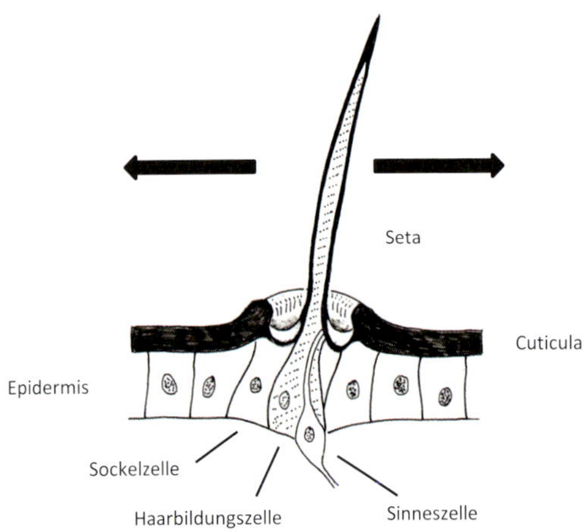

Schema eines Haarsensillums (Mechanorezeptor)

Haarsensillen befinden sich, teilweise in Feldern angeordnet, z.B. auch an den Gelenken der Gliedmaßen. Sie liefern dem Insekt als Propriozeptoren (= Sensoren zur Eigenempfindung) Informationen über seine Lage im Raum sowie über die Position einzelner Körperteile zueinander.

An Körperstellen, die starker Verbiegung unterliegen, wie z.B. die Ansatzstellen der Flügel, befinden sich Rezeptoren, die auf Druck oder Zug der Cuticula reagieren. Diese Rezeptoren ähneln in ihrem Bau den Haarsensillen, jedoch ist die Borste rückgebildet, und die Spitze der Sinneszelle ist in einen Spalt der Cuticula eingelagert. Sie werden als campaniforme Sensillen bezeichnet. Sie messen bereits kleinste Verformungen des Außenskeletts (5–10 nm).

Bei einem dritten Rezeptortyp, dem Scolopidium, ist die Sinneszelle noch weiter in die Tiefe verlagert und steht mit der Cuticula nur noch mit Hilfszellen in Verbindung. Scolopidien sind oft zu Gruppen zusammengefasst und bilden Scolopidialorgane. Sie messen die Relativbewegungen zwischen Körperteilen, spielen aber auch bei der Schall- und Vibrationswahrnehmung eine große Rolle.

Mit welchen Organen hören Insekten?

Spezielle Hörorgane sind außer bei Wirbeltieren nur bei Arthropoden vorhanden, und zwar in der Regel bei denjenigen Arten, die selbst Laute oder Vibrationen erzeugen. Bei den Insekten nehmen die Hörorgane entweder Druckänderungen oder Bewegungen wahr. Schallwellen werden durch die Luft oder über ein Substrat übertragen. Typische Druckempfänger zur Wahrnehmung von Luftschall sind die Hörorgane in den Unterschenkeln (Tibien) der Vorderbeine bei Laubheuschrecken und Grillen (Subgenualorgan) und seitlich im Brust- und Hinterleibsbereich von Schmetterlingen, Singzikaden und Feldheuschrecken. Ein derartiges Druckempfängerorgan besteht aus einer cuticulären dünnen Membran, die als Trommelfell wirkt. Das Trommelfell (Tympanum) liegt einer Trachee oder Tracheenblase an, sodass es durch wechselnden Schalldruck in Schwingung versetzt wird. Die daran anliegenden, mehr oder weniger linear angeordneten Scolopidien nehmen je nach Lage unterschiedliche Tonhöhen wahr. Hörorgane dieses Typs werden entsprechend auch als Tympanalorgan bezeichnet. Aus der Zeitdifferenz, mit der Schall auf die Tympanalorgane auf der rechten und linken Körperseite trifft und registriert wird, kann das Insekt die Richtung der Schallquelle bestimmen.

Etwas anders funktionieren Scolopidialorgane, die statt Druck Bewegungen registrieren. Hier sind im Gegensatz zu den Tympanalorganen die Skolopidien wie die Saiten eines Musikinstruments zwischen zwischen zwei Cuticula-Bereichen aufgespannt. Werden diese Bereiche gegeneinander verschoben, kommt es zu Veränderungen in der Spannung der „Saiten", d.h. der Skolopidien.

Ein typischer Bewegungsemfänger ist das Johnstonsche Organ in der Antenne der meisten Insekten. Es besteht aus mehreren Skolopidienringen, die zwischen dem 2. Antennenglied und der Basis der Fühlergeißel aufgespannt sind. Sie nehmen die Ablenkung der Fühlergeißel relativ zum Rest des Körpers wahr, die durch Luftströmungen oder Vibrationen verursacht werden. Das Johnstonsche Organ spielt daher eine Rolle bei der Messung der Fluggeschwindigkeit. Insbesondere bei Zweiflüglern (Dipteren) ist das Johnstonsche Organ dahingehend spezialisiert, dass die Männchen genau denjenigen Ton wahr-

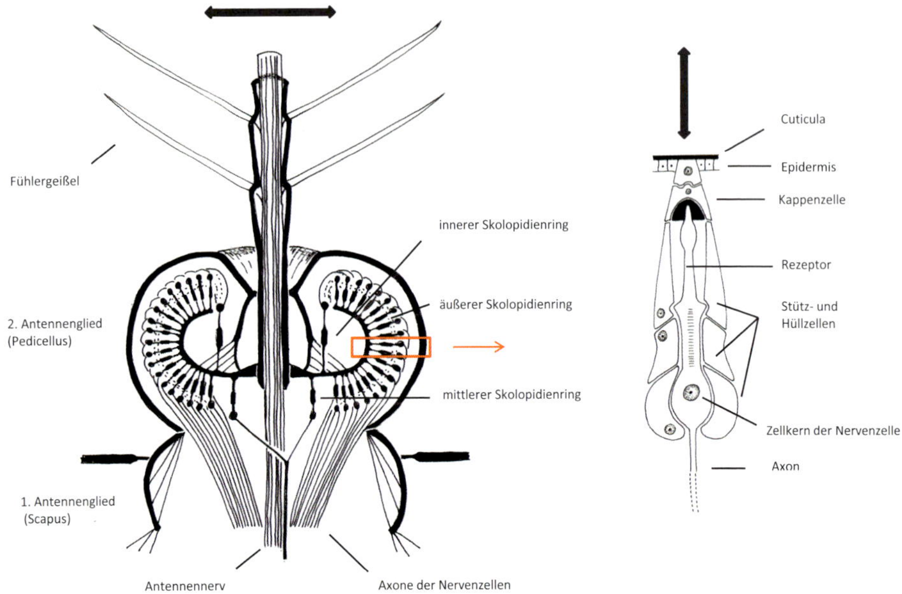

Johnstonsches Organ im 2. Antennenglied einer Mücke. Links: Längsschnitt durch die ersten Antennenglieder mit Verteilung der Sinneszellen (Skolopidien). Rechts: Aufbau eines Skolopidiums

nehmen können, den Weibchen derselben Art beim Flug verursachen.

Auch bei der Orientierung im Wasser spielt das Johnstonsche Organ eine Rolle. Untersuchungen beim Taumelkäfer *Gyrinus substriatus* (Gyrinidae) zeigten, dass das Johnstonsche Organ äußert feine Erschütterungen der Wasseroberfläche registriert. Die von *Gyrinus* beim Schwimmen im Kreis verursachten Wellen werden an Hindernissen, z. B. Steinen, reflektiert. Der Käfer kann den (äußerst geringfügigen) Anstieg des Wasserspiegels durch die reflektierten Wellen wahrnehmen und so nicht nur Hindernisse vermeiden, sondern auch Beute und Artgenossen orten.

Wie registrieren Insekten Feuchtigkeit und Umgebungstemperatur?

Insekten nehmen Feuchtigkeitsreize vor allem indirekt wahr, etwa infolge von mechanischen, thermischen und chemischen Reizen, die mit Feuchtigkeitsänderungen einhergehen. Spezielle Feuchtigkeitsrezeptoren sind bisher nur in wenigen Fällen untersucht. Sie sitzen offenbar auf der Antenne und sind mit Thermorezeptoren assoziiert. Außer auf den Antennen finden sich Thermorezeptoren in den Tarsen und auf den Beinen.

Eine Extremform der Thermorezeption wurde bei Prachtkäfern (Buprestidae) beobachtet, und zwar bei Arten aus der Holarktis (Gattung *Melanophila*) und aus Australien (*Merimna atrata*). Diese sind in der Lage Waldbrände aus großer Distanz wahrzunehmen, um diese Gebiete dann zielgerichtet anzufliegen. Die erwachsenen Käfer ernähren sich von Insekten, die durch das Feuer getötet wurden, und legen ihre Eier in noch glühende Baumstämme. Die daraus schlüpfenden Larven bohren sich in das Holz verbrannter Bäume und ernähren sich von der Bastschicht. Die Wahrnehmung der Feuer erfolgt durch spezielle Infrarot-Rezeptoren. Diese sitzen in Gruben an der Basis der Mittelbeine (bei *Melanophila*) oder seitlich am Hinterende des Abdomens (bei *Merimna*). Bei *Melanophila* beherbergt jede Grube 50–100 kleine kugelförmige Sensillen, die mit Flüssigkeit gefüllt sind. Durch Hitze dehnt sich die Flüssigkeit aus, der Druck im Innern der Kugel erhöht sich und wirkt als mechanischer Reiz auf den Ausläufer der Nervenzelle. Die hohe Empfindlichkeit dieses Rezeptortyps ermöglicht es diesen „Feuerkäfern“, eine Quelle der Infrarotstrahlung (= das Feuer) zu lokalisieren, die über 100 km entfernt ist.

Können Insekten elektrische Ladung wahrnehmen?

Blüten locken ihre Bestäuber mit Farben, Formen und Düften – und mit elektrischer Ladung.

Blüten nehmen die negative elektrische Ladung des Erdreichs auf. Die Insekten selbst laden sich durch Reibung während des Flugs positiv auf. Nähern sie sich einer negativ geladenen Blüte, interagieren positive und negative Ladung, und es entsteht ein elektrisches Feld, das so stark ist, dass sich die Sinneshaare am Rücken der Insekten verbiegen. Nach dem Besuch z. B. einer Hummel ist die Blüte weniger stark negativ geladen. Dies dient den nachfolgenden Blütenbesuchern als Signal, dass die entsprechende Blüte „abgeerntet“ ist und nicht mehr genügend

Hummeln (hier: *Bombus lapidarius*, Steinhummel) können elektrische Ladung wahrnehmen.

Nektar bereithält. Eine Landung lohnt somit nicht. Wie Insekten die elektrischen Ladungen wahrnehmen, ist noch nicht abschließend geklärt.

Mit welchen Organen riechen Insekten?

Die Geruchssinnesorgane der Insekten sind die Antennen. Sie sind dicht mit feinen Riechborsten besetzt. Diese ähneln in ihrem Bau den oben beschriebenen mechanorezeptiven Haarsensillen, werden jedoch von wesentlich mehr Sinneszellen innerviert. Die Geruchswahrnehmung ist um so feiner, je mehr Haarsensillen auf den Antennen untergebracht werden können. So sind z. B. die Antennen von Schmetterlingen teilweise riesig, zusätzlich wird eine Vergrößerung der Oberfläche durch immer feinere Auffiederung der Antennenglieder, wie z. B. beim Maikäfer, erreicht. Die Cuticula eines jeden einzelnen Riechhaares ist mit bis zu 3.000 winzigen Porenkanälen durchsetzt. Die Riechhaare fischen sozusagen wie ein riesiges Sieb die Duftmoleküle aus der Luft. Diese gelangen durch die Porenkanäle ins Innere des Riechhaars und so an die Ausläufer der Riechsinneszellen. Diese sind außerordentlich empfindlich: Ein einziges Molekül eines Sexuallockstoffs kann ausreichen, um eine Riechsinneszelle zu erregen. Klassische Versuche beim Seidenspinner *Bombyx mori* haben gezeigt, dass ein Männchen den artspezifischen Sexuallockstoff Bombykol eines Weibchens noch aus 20 km Distanz wahrnehmen kann. Jede seiner Antennen besitzt ca. 17.000 Sensillen, und jedes Sensillum ca. 3.000 Poren, also mehr als 45 Millionen Poren pro Tier. Weniger als 100 Moleküle reichen aus, um beim Männchen Suchver-

Schmetterlingshaft der Gattung *Libelloides* (Neuroptera) mit langen, am Ende keulig verdickten Antennen

halten auszulösen: den Zick-Zack-Flug entgegen des Konzentrationsgefälles des Bombykols.

Unter den Geruchsrezeptoren sind Pheromonrezeptoren stark spezialisiert: Sie können artspezifische Duftmoleküle von chemisch verwandten und teilweise sehr ähnlichen Substanzen unterscheiden.

Fächerantenne (vergrößert)

Außer den Sexuallockstoffen spielen noch andere flüchtige Stoffe eine wichtige Rolle in der Biologie und im Verhalten von Insekten, z. B. als Wegweiser für Artgenossen und als Abwehrstoffe gegen Räuber und Parasiten. Ebenso sind Duftstoffe pflanzlichen Ursprungs von Bedeutung für das Auffinden und Prüfen potenzieller Nahrungsquellen. Hier bietet u. a. Kohlendioxid wichtige Informationen, etwa über den Reifezustand von Früchten für Pflanzenfresser, oder die Anwesenheit von Wirbeltierwirten

Vorderkörper des Maikäfers (*Melolontha melolontha*) mit Fächerantenne

für blutsaugende Insekten. Für verschiedene Insektenarten konnten spezielle Kohlendioxid-Rezeptoren nachgewiesen werden. Diese sind in der Lage, nicht nur die Anwesenheit von CO_2 wahrzunehmen, sondern auch Veränderungen in der Konzentration zu registrieren.

Sind Insekten (Fein-)Schmecker?

Die Geschmackssinnesorgane der Insekten sind vor allem bei Fliegen (Diptera) gut untersucht. Fliegen prüfen die Nahrung mithilfe von Schmeckborsten, die sich auf den Mundwerkzeugen und den Tarsen der Beine befinden. Jede Schmeckborste trägt an der Spitze eine Pore, durch die Geschmacksstoffe ins Innere der Borste gelangen, wo sich die Ausläufer von Chemorezeptorzellen befinden. Fliegen sind in der Lage, mit nur vier Rezeptortypen, darunter einer für Wasser und einer für Zucker, zahlreiche Substanzgemische zu unterscheiden. Bei Schmetterlingen und Fliegen konnte gezeigt werden, dass die Sinneszellen in den Schmeckborsten über einen Reflexbogen mit den Mundwerkzeugen verbunden sind: Nimmt ein Tier mit den Schmeckborsten geeignete Nahrung wahr, etwa eine zuckerhaltige Lösung, wird die entsprechende Sinneszelle erregt. Die Erregung wird direkt an diejenigen Nervenzellen weitergeleitet, die die Muskulatur der Mundwerkzeuge aktiviert. Sofort werden die Mundwerkzeuge, also der Schmetterlingsrüssel oder die stempelartig ausgebildete Unterlippe der Fliege zur Nahrungsaufnahme entrollt bzw. ausgeklappt.

Wie sieht das Nervensystem von Insekten aus?

Die Sinnesorgane sind Teil des Nervensystems der Insekten. Die Erregung, die durch optische, mechanische, und chemische Reize in den Sinneszellen verursacht wird, wird über Ausläufer (Axone) der Nervenzellen (Neuronen) zum zentralen Teil des Nervensystems weitergeleitet. Dieses ist – anders als bei Wirbeltieren – auf der Bauchseite gelegen und ähnelt in seiner ursprünglichen Anatomie einer Strickleiter: In jedem Segment finden sich paarig angelegte knotenartige Gebilde (Ganglien), die sich durch die Konzentration von Nervenzellkörpern ergeben. Die Strickleiter-Form entsteht durch Längs- und Querverbindungen zwischen den Ganglien. Vom Zentralnervensystem ausgehend ziehen Ausläufer der Nervenzellen in die Peripherie und stellen die Verbindung zu den Erfolgsorganen (z. B. Muskeln in den Extremitäten oder den Mundwerkzeugen) her.

Die Nervenzellen (Neuronen) übernehmen verschiedene Funktionen und sind entsprechend differenziert: sensorische Neuronen leiten die Erregung von den Sinneszellen zum zentralen Nervensystem, oder direkt an die motorischen Neuronen weiter, die ein bestimmtes Verhalten auslösen. Interneuronen leiten die erhaltenen Informationen an andere Nervenzellen weiter, entweder von den Sinnesorganen Richtung Gehirn, oder vom Gehirn zu den Extremitäten. Die Erregungsleitung kann sehr schnell erfolgen, bis zu mehreren Metern pro Sekunde, sodass die Tiere in bedrohlichen Situationen schnell reagieren können. Die typische Strickleiterform ist nicht bei allen Insekten ausgeprägt; in einzelnen Gruppen kommt es zu einer Konzentration der Thorakal- und der Abdominalganglien (z. B. bei verschiedenen Hymenoptera wie den Crabronidae, einer Teilgruppe der Grabwespen) und sogar mit extremer Konzentration der Bauchganglien (wie z. B. bei der Stubenfliege, aber auch bei Wanzen und Zikaden).

Haben Insekten ein Gehirn?

Im Zuge der Tagmatabildung, also des Zusammenschlusses einzelner Segmente zu Körperabschnitten, insbesondere des Kopfes, kam es zu Konzentration und Verschmelzung einzelner Ganglien. Im Kopf der Insekten befinden sich zwei Zentren, die ober- bzw. unterhalb des Darmkanals gelegen sind: das Oberschlundganglion und das Unterschlundganglion. Das Oberschlundganglion wird als das eigentliche „Gehirn" der Insekten angesehen und besteht aus drei Ganglienpaaren. Das vorderste Ganglienpaar (Protocerebrum) macht den größten Anteil des Oberschlundganglions aus. Das Protocerebrum innerviert Augen und Ocellen.

Das Protocerebrum ist auch Sitz der sogenannten Pilzkörper. Diese sind charakteristisch für Arthropodengehirne und fungieren als Integrationszentren von sensorischen Funktionen. Die Pilzkörper spielen eine wichtige Rolle beim Lernen und der Gedächtnisbildung. Sie sind daher vergleichbar mit der Gehirnregion des Hippocampus bei Wirbeltieren (siehe: „Können Insekten lernen?", S. 86). Sie erhalten ihre Eingänge insbesondere von den olfaktorischen Zentren. Bei Arten mit komplexen Verhaltensweisen, wie Sozialverhalten und Lernvermögen, sind die Pilzkörper am kompliziertesten gebaut.

Das mittlere Ganglienpaar des Oberschlundganglions (Deutocerebrum) ist das Zentrum für die Antennenfunktion. Das hintere Ganglienpaar (Tritocerebrum) dient als Zentrum für die Innervation des vorderen Teils des Verdauungssystems, vor allem des Schlunds (Hypopharynx).

Auch das Unterschlundganglion ist aus drei Ganglienpaaren zusammengesetzt. Sie versorgen jeweils die Mundwerkzeuge (Mandibel, Maxille, und Labium) mit sensorischen und motorischen Neuronen.

Wie verarbeiten Insekten die vielfältigen Sinneseindrücke?

In Virtual-Reality Experimenten konnte gezeigt werden, dass z. B. Apfelfruchtfliegen mit ihrem winzigen Gehirn in der Lage sind, gezielt virtuelle Apfelbäume anzufliegen, und zwar ohne dass sie zusätzlich Apfelduft wahrnehmen konnten. Die Fliege verfügt also vermutlich über ein ausgereiftes „Mustererkennungssystem", d.h. sie kann Objekte nicht nur erkennen, sondern auch voneinander unterscheiden, und abschätzen, ob das Objekt näher oder weiter entfernt ist. In freier Natur kommen noch weitere sensorische Eindrücke hinzu, wie z. B. Duft und Farbe der Blüten. Hummeln und Wespen erkennen sogar Gesichter. Diesen enormen Sinnesleistungen liegt eine riesige „Datenverarbeitungskapazität" zugrunde. Das Gehirn einer nur wenige Millimeter großen Fruchtfliege enthält etwa 200.000 Nervenzellen, die durch ca. 20 Millionen Kontakte miteinander in Verbindung stehen. Wie genau diese Zellen miteinander interagieren, und wie es den Tieren gelingt, die vielfältigen Sinneseindrücke effizient zu verarbeiten und entsprechend zu reagieren, ist noch nicht vollständig erforscht. Sollte es jedoch gelingen, diesen extrem miniaturisierten „Insektengehirn-Supercomputer" nachzubauen, wäre dies ein Durchbruch für die Weiterentwicklung der aktuellen Rechenkapazitäten und der Robotik.

Wie treffen Insekten Entscheidungen?

Wie oben erwähnt, spielen die Pilzkörper im Insektengehirn eine wichtige Rolle bei der Verarbeitung von Informationen und dem daraus resultierenden Verhalten. Die meisten Lebewesen verfügen über angeborene Vorlieben, etwa für bestimmte Düfte oder Aromen. Attraktive Düfte zeigen lebenswichtige Nahrung an; unangenehme Gerüche weisen auf verdorbene Lebensmittel hin, von denen u.U. Gefahr ausgeht. Beim Geschmack haben alle Lebewesen ähnliche Präferenzen: Zucker und Fette werden positiv wahrgenommen, während Nahrung mit bitterem Geschmack eher gemieden wird. Um derartige Bewertungen vornehmen zu können, werden Signale im Gehirn benötigt, die für „gut" oder „schlecht" stehen. Es gibt also eine Art „Belohnungssystem" im Gehirn, das aus einer Vielzahl von Schaltkreisen besteht. Ein gutes Modell zur Untersuchung dieser Schaltkreise ist die Fruchtfliege *Drosophila melanogaster*. Das Belohnungssystem funktioniert im Gehirn von Menschen und Insekten ähnlich, allerdings sind die neuronalen Netze bei der Fruchtfliege einfacher gebaut als beim Menschen. Außerdem können bei der Fliege einzelne Komponenten des Netzwerkes experimentell gezielt ein- und ausgeschaltet werden. Diese Untersuchungen haben gezeigt, dass im Gehirn von Insekten – ähnlich wie beim Menschen – der Botenstoff Dopamin ein zentrale Rolle spielt. Dopamin ist ein Zwischenprodukt bei der Biosynthese von Adrenalin und wirkt bei Insekten auf bestimmte Nervenzellen (Neuronen) in den Pilzkörpern. Diese „dopaminergen" (= auf Dopamin reagierenden) Neuronen finden sich in verhaltenssteuernden Gehirnarealen, in denen Dopamin als Botenstoff fungiert. Sie stellen das eigentliche „Belohnungssystem" dar.

Beim Menschen gilt Dopamin als „Glückshormon", da es antriebssteigernd und motivationsfördernd wirkt. Auch bei der Fruchtfliege konnte gezeigt werden, dass Dopamin bei Sinneswahrnehmungen, bei Entscheidungen, beim Lernen und bei der Bewegungskontrolle beteiligt ist. Wie genau Dopamin auf die neuronalen Schaltkreise wirkt, ist noch nicht vollständig geklärt. Es wird vermutet, dass die dopaminergen Neuronen durch ihre Aktivitätsmuster dem Gehirn signalisieren, was der Organismus wahrnimmt, und was er benötigt. Sie messen also den physiologischen (Ist-) Zustand, gleichen ihn mit dem präferierten (Soll-) Zustand ab und lösen Verhaltensmuster aus, um den Ist- dem Sollzustand anzugleichen. Die Neuronen können flexibel reagieren, da ein- und dasselbe Signal – abhängig vom physiologischen Zustand – „gut" oder „schlecht" bedeuten kann. Erstaunlich ist die Tatsache, dass sich sogar bei Insekten die dopaminergen Nervenzellen von Tier zu Tier unterschiedlich verhalten. Dies könnte eventuell die individuellen Präferenz- und Verhaltensunterschiede erklären.

Wie reagieren Insekten auf Stress?

Untersuchungen an der Fruchtfliege *Drosophila melanogaster* haben gezeigt, dass permanenter Stress einen depressionsartigen Zustand bei den Fliegen auslöst. Die Fliegen wurden mehrere Tage lang mit wiederholten Vibrationen konfrontiert. Bereits nach 3 Tagen, an dem die Tiere diesem Stress ausgesetzt waren, konnte – gegenüber der nicht gestressten Kontrollgruppe – ein deutlicher Rückgang der Motivation zum Laufen, Klettern und bei der Partnersuche beobachtet werden. Das Fluchtverhalten war dagegen unbeeinträchtigt; so konnte eine körperliche Versehrtheit ausgeschlossen werden. Ähnliche Symptome gehen auch mit einer Depression beim Menschen einher. In einem nächsten Schritt wurden den depressiven Fruchtfliegen das Antidepressivum Lithium verabreicht, das zur Behandlung bei Menschen mit depressiven oder manisch-depressiven Krankheitsbildern eingesetzt wird. Dabei zeigte sich, dass geringste Mengen Lithium ausreichten, um die normale Klettermotivation wieder herzustellen. Es sieht daher so aus, als würden die gleichen oder ähnliche Signalwege beim Menschen und bei der Fruchtfliege eine Rolle spielen. Für diese Signalwege und damit das Motivationssystem im Gehirn ist der Botenstoff (Neurotransmitter) Serotonin von Bedeutung, der offenbar sowohl bei Säugetieren als auch bei Insekten vorhanden ist. Wurden die gestressten Fliegen mit einer Vorstufe des Serotonins gefüttert, erholten sie sich ebenfalls von ihrer Depression. Bei Fütterung einer 5 %igen Zuckerlösung stellte sich derselbe Effekt ein. Wurde diese regelmäßig nach Stressattacken verabreicht, wirkte sie sogar präventiv. Sowohl Fliegen als auch Menschen begegnen also dem Stress mit Süßigkeiten.

Können Insekten lernen?

Die meisten Verhaltensweisen der Insekten sind angeboren, d. h. bestimmte Verhaltensmuster sind genetisch programmiert und werden abgerufen, sobald der entsprechende Auslöser vorhanden ist. Dass Insekten auch die Fähigkeit zum Lernen haben, war zwar schon lange bekannt, allerdings wurde die Rolle des Lernens bei der Anpassung an sich verändernde Umweltbedingungen im natürlichen Lebensraum bei Insekten unterschätzt. Die geringe Größe ihres Gehirns schien gegen das Vorhandensein komplexer Leistungen zu sprechen. Ebenso wurde vermutet, dass Anpassung an die Bedingungen des Lebensraums eher durch schnelle Generationenfolge und damit der schnellen Veränderung des Genpools einer Population erreicht würde als durch Lernprozesse der Individuen. Neuere Untersuchungen haben diese Annahmen widerlegt. Als Lernen bezeichnet man Vorgänge im Gehirn, die zu einer relativ stabilen Veränderung des Verhaltens aufgrund von Erfahrungen oder Verarbeitung der optischen oder geruchlichen Wahrnehmung führen.

Zahlreiche Untersuchungen belegen, dass Insekten in der Lage sind, angeborene Verhaltensweisen durch Lernen zu modifizieren. In Laborexperimenten können Insekten durch veränderte Stimuli und Belohnung der gewünschten Verhaltensalternative dazu gebracht werden, durch ein Labyrinth zu navigieren (z. B. Bienen und Ameisen), ihre Vorliebe für bestimmte Blütenfarben zu ändern (z. B. Schmetterlinge), bestimmte Farben mit Futter zu assoziieren (z. B. Bienen), oder sogar mit einem Ball zu spielen (Hummeln).

Komplexere Verhaltensmuster wurden im Freiland beobachtet, die darauf hinweisen, dass Lernen tatsächlich eine Rolle bei der Anpassung an veränderte Umweltbedingungen im natürlichen Lebensraum spielt. Ein eindrucksvolles Beispiel dafür ist der dämmerungs- und nachtaktive Tabakschwärmer (*Manduca sexta*: Sphingidae, Nord- und Südamerika), der sich unter anderem vom Nektar von Tabakblüten ernährt. Der Duft der Blüten wirkt stimulierend auf hungrige Schwärmer und veranlasst sie, in Richtung der Geruchsquelle zu fliegen. In Laborexperimenten konnte gezeigt werden, dass – sobald der Geruch der Tabakblüten mit dem Gas Ozon in Verbindung gebracht wird – die Tabakschwärmer nicht mehr auf ihn reagieren. Es stellte sich heraus, dass Ozon, das vor allem im Sommer durch Abgase entsteht, die Geruchsmoleküle dahingehend verändert, dass sie für den Schwärmer unattraktiv werden. Allerdings ist der Tabakschwärmer in der Lage, Tabakpflanzen außer am Geruch auch durch die strahlende weiße Farbe der Blüten in der Dämmerung zu erkennen und sie aufzusuchen. In einem Laborversuch wurden den Schwärmern künstliche Blüten mit dem durch Ozon veränderten Duft angeboten. Durch die Farbe der Blüten getäuscht, tranken die Schwärmer nun doch den geruchsmodifizierten Nektar. Ab dieser Erfahrung konnten die Schwärmer auch durch den neuen Geruch angelockt werden. Sie hatten offenbar gelernt, dass auch der veränderte Duft die Verfügbarkeit von Nektar signalisierte. Ob auch unter natürlichen Bedingungen alle Insekten durch Lernen mit der Veränderung der Umwelt umgehen, ist fraglich. Vor allem Spezialisten, d.h. Arten, die nur eine einzige Pflanzenart nutzen, sind vermutlich weniger flexibel in ihren Entscheidungen.

Ein Paradebeispiel für soziales Lernen, also durch das Abschauen von anderen Individuen der gleichen Art, ist der Schwänzeltanz der Honigbiene (siehe Kapitel 10, S. 137f). Im Gegensatz zum vergleichsweise einfachen assoziativen Lernen werden hier abstrakte Informationen wie Richtung, Entfernung und Qualität einer Nahrungsquelle zwischen Sammlerinnen vermittelt.

Hohe Gedächtnisleistungen erbringen auch Hummeln, die sich während ihrer Suche nach Nahrungsquellen immer wieder umschauen, um sich die Flugroute anhand von markanten Landschaftsmerkmalen einzuprägen.

Sind Ameisen gute Lehrerinnen?

Dass Insekten nicht nur lernen, sondern sogar unterrichten können, zeigen die Arbeiterinnen der in Europa vorkommenden Ameisenart *Temnothorax albipennis*. Sie veranstalten eine Art „Tandemlauf", um eine andere Ameise vom Nest aus zu einer Nahrungsquelle zu führen. Dabei verständigen sich beide Tandem-Partner über Kurs und Geschwindigkeit ihres Laufs durch bestimmte Signale. Als Lehrerin fungiert in einem solchen Tandem dasjenige Tier, das die Position der Nahrungsquelle kennt; der Schülerin hingegen ist diese Position unbekannt. Beide Partnerinnen modifizieren während

„Lehrerin“ (links) und „Schülerin“ (rechts) der Ameisenart *Temnothorax albipennis* (Formicidae: Myrmicinae) beim Tandemlauf

des Laufs ihr Verhalten, und zwar je nach Feedback durch die andere. So setzt die Lehrerin ihren Lauf nur fort, wenn sie von der Schülerin durch Berührung dazu aufgefordert wird. Wird der Abstand zwischen beiden Partnerinnen zu groß, verlangsamt die Lehrerin ihr Tempo, und die Schülerin läuft schneller. Die maximale Geschwindigkeit erreicht das Tandem, wenn beider Antennen in Berührung bleiben. Beim Tandemlauf ist die Lehrerin ca. 4-mal langsamer zur Nahrung unterwegs als ohne Schülerin; der Tandemlauf geht also zulasten der Lehrerin. Während des Laufs legen die Tandempartner häufige Pausen ein, in denen die Schülerin aktiv das Terrain erkundet, offenbar um sich markante Orientierungspunkte zu merken. Mithilfe des Tandems findet die Schülerin die Nahrungsquelle sehr viel schneller, als wenn sie alleine unterwegs ist. Sie lernt also schneller mithilfe der Lehrerin. Das Verhalten von *Temnothorax albipennis* ist, vom Menschen abgesehen, eines der wenigen Beispiele eines echten Lehrer-Schüler-Verhältnisses im Tierreich.

Wie diese komplexen Lernvorgänge im Gehirn vor sich gehen, ist Gegenstand aktiver Forschung. Als gesichert gilt, dass im Insektengehirn vor allem die Pilzkörper eine wichtige Rolle beim Lernen und bei der Gedächtnisbildung spielen (siehe oben). Die Pilzkörper sind außerdem an der Aufrechterhaltung der inneren Uhr, d.h. des angeborenen Tag/Nacht-Rhythmus, beteiligt (siehe unten).

Es ist anzunehmen, dass die Plastizität ihres Verhaltens, bedingt durch die Fähigkeit, angeborenes Verhalten durch Lernen zu modifizieren, zum Evolutionserfolg der Insekten maßgeblich beigetragen hat.

Schlafen Insekten eigentlich?

Die vielfältigen Sinnes- und Integrationsleistungen des Nervensystems erfordern – wie bei allen Tieren – auch bei Insekten viel Energie während der aktiven Phasen. Diese müssen mit Ruhe- und Erholungsphasen abwechseln, in denen der Organismus regenerieren kann. Ein solcher Ruhezustand ist der Schlaf. Beim Menschen und anderen Säugetieren verlangsamen sich während des Schlafes die Stoffwechselvorgänge, die Muskulatur erschlafft, die Augen sind geschlossen. Der schlafende Organismus reagiert vermindert oder verzögert auf Reize. Im Gegensatz zum Winterschlaf oder Koma kann dieser Zustand schnell wieder aufhoben werden.

Auch bei Insekten, wie z. B. Bienen, Schaben und Fruchtfliegen werden schlafähnliche Zustände beobachtet: Bewegungslosigkeit, Erschlaffen der Beinmuskulatur, Herabsinken der Antennen.

Der Schlaf als physiologischer Zustand ist sogar beim Menschen noch nicht vollständig erforscht. Als Modell zur Untersuchung der Vorgänge im menschlichen Gehirn dient ebenfalls die Fruchtfliege *Drosophila melanogaster*. Fruchtfliegen schlafen bis zu 10 Stunden pro Tag. Diese Untersuchungen haben gezeigt, dass die Pilzkörper im Insektengehirn eine Rolle beim Schlafverhalten spielen, da sie bei der Aufrechterhaltung der „inneren Uhr" beteiligt sind. Als „innere Uhr" bezeichnet man einen endogenen Rhythmus, der eine Periode von ungefähr 24 Stunden umfasst. Die innere Uhr (= circadianer Rhythmus) ist eine Anpassung an Umweltbedingungen, die sich im Tagesrhythmus verändern, wie z. B. die Tageslänge. Werden die Pilzkörper experimentell blockiert, reagieren die Tiere mit erhöhter Bewegungsaktivität und schlafen weniger. Außerdem wurde beobachtet, dass das Schlafbedürfnis umso größer war, je reicher die Sinneseindrücke im Wachzustand waren.

Untersuchungen an der Fruchtfliege *Drosophila* ergaben außerdem, dass Schlaf – ähnlich wie beim Menschen – wichtig für die Lernleistung ist, da Schlaf sozusagen das Vergessen blockiert. Dadurch können Informationen vom Kurz- ins Langzeitgedächtnis übernommen werden.

Auf Schlafentzug reagieren Insekten ähnlich wie der Mensch: Die Hirnleistung wird beeinträchtigt, und es kommt zu Veränderungen im Verhalten. So konnte z. B. bei Honigbienen beobachtet werden, dass der Schwänzeltanz, mit dem Bienen ihren Stockgenossen die Position einer Futterquelle anzeigen, nach experimentellem Schlafentzug weniger präzise ausgeführt wurde. Honigbienen schlafen mehrere Stunden am Tag, verteilt auf mehrere Schlafpausen: Sie lassen dabei den Körper in Richtung der Schwerkraft hängen und fächeln sich nur ab und zu mit den Flügel Luft zu, um den Körper zu kühlen. Bienen schlafen offenbar getrennt nach ihren Aufgaben: junge Arbeiterinnen eher im Zentrum des Stocks, während die älteren Sammlerinnen kühlere Plätze am Rande aufsuchen.

Wie das menschliche Gehirn benötigt das Insektengehirn auch während des Schlafes viel Energie, z. B. zur Proteinsynthese oder für Reparaturmechanismen. Es sind daher physiologische Anpassungen notwendig, um das Gehirn trotz fehlender Nahrungszufuhr und reduzierten Stoffwechselraten mit ausreichend Zucker zu versorgen.

Der menschliche Organismus kann dafür auf das Glykogen in der Leber zugreifen, bei der Honigbiene wurde ein spezieller Ventilationsmechanismus in den am Rücken gelegenen Luftsäcken entdeckt, der die während des Schlafes ausbleibenden Ventilationsbewegungen des Hinterleibs kompensiert. Dadurch ist gewährleistet, dass das Herz mit ausreichend Sauerstoff versorgt wird, sodass es effektiv schlagen und Nährstoffe ins Gehirn transportieren kann.

8. Wo leben Insekten? (Biogeographie, Ökologie)

Vielleicht sollte diese Frage besser anders herum gestellt werden: Wo leben keine Insekten?

Insekten sind auf allen Kontinenten inklusive Antarktika, und sogar auf den geographisch isoliertesten Inseln anzutreffen. Insekten leben in allen Klimazonen mit Ausnahme der extremen Kältewüsten, an Land, im Süßwasser, von den Küsten der Meere bis in die Gipfelregionen hoher Berge weit oberhalb der Baumgrenze, und sogar auf Gletschern – Insekten finden sich überall dort, wo organisches Material als Nahrungsquelle zur Verfügung steht. Das sind vor allem vegetationsreiche Lebensräume wie Wälder, Wiesen, und Savannen, sowie Süßgewässer der Tropen und der gemäßigten Breiten. Insekten haben sich aber auch an extreme Lebensräume mit harschen Bedingungen angepasst, wie etwa vegetationsarme Geröllhalden, heiße und trockene Wüsten, Schnee- und Eisflächen, dauerdunkle Höhlen und sogar an lebensfeindliche Milieus wie z. B. Erdölsickerquellen. Lediglich auf den offenen Ozeanen sind kaum Insekten anzutreffen. Auch schafft der Mensch durch seine vielfältigen und gravierenden Eingriffe in natürliche Lebensräume Bedingungen, die das Vorkommen von Insekten beeinflussen.

Artenreiche Hochstaudenflur, Planneralm, Österreich

Was bedeuten die Begriffe Habitat, Biotop, Biozönose, Ökosystem?

Einige Begriffsklärungen scheinen sinnvoll, um die Verständigung über Lebensräume und Lebensgemeinschaften sicherzustellen. Sie betreffen naturgemäß nicht nur Insekten.

„Habitat" und „Biotop" werden oft, vor allem im englischsprachigen Raum, synonym verwendet. Sie bezeichnen jedoch unterschiedliche Konzepte und sollten daher entsprechend präzise Anwendung finden.

Der Begriff des **Habitats** bezieht sich immer auf eine gegebene Art. Im Habitat einer Art sind alle Resourcen und Umweltbedingungen vorhanden, die das Überleben und die Fortpflanzung dieser Art auf Dauer gewährleisten.

Der **Biotop** ist ein Bestandteil der natürlichen oder vom Menschen gestalteten oder beeinflussten Landschaft und bezeichnet den Lebensraum einer Gemeinschaft von Tieren und Pflanzen (einer Biozönose, s.u.).

Das Habitat einer Art kann sich über mehrere Biotoptypen erstrecken, und der Biotop enthält i.d.R. die Habitate bzw. Habitatanteile mehrerer Arten.

Um die Habitate möglichst vieler Arten zu erhalten, muss ein Biotopverbund durch die Einrichtung eines möglichst engmaschigen Netzes von Naturschutzgebieten geschaffen werden. In Europa ist dies „Natura 2000", ein länderübergreifendes Netz von Schutzgebieten zur Erhaltung gefährdeter einheimischer wildlebender Tier- und Pflanzenarten und deren Lebensräumen, das seit 1992 nach den Maßgaben der Flora-Fauna-Habitat (FFH)-Richtlinie errichtet wird.

Unter einer **Biozönose** versteht man eine Gemeinschaft von Organismen und ihre Wechselbeziehungen untereinander.

Ein **Ökosystem** umfasst eine Gemeinschaft von Organismen mit all ihren Wechselbeziehungen untereinander (also eine Biozönose), schließt aber auch deren Beziehungen zu abiotischen Aspekten ihres Lebensraums ein. So besteht das Ökosystem „Bergbach" aus der Gesamtheit aller dort permanent oder zeitweilig lebenden Tiere und Pflanzen, ihren jeweiligen Habitaten, sowie sämtliche Interaktionen aller Organismen untereinander und deren Auseinandersetzung mit den speziellen Eigenschaften ihres Lebensraums, wie z.B. geologischer Untergrund, Fließgeschwindigkeit, Temperatur).

Wie groß sind die Verbreitungsgebiete?

Die Verbreitungsgebiete, oder Areale, einzelner Arten sind unterschiedlich groß. Die Größe und Lage des Areals einer Art hängt von unterschiedlichen Faktoren ab. Neben den vorhandenen Lebensmöglichkeiten

(Nahrung, Eiablageplätze, etc.) spielen auch erdgeschichtliche Vorgänge (wie z. B. Kontinentaldrift), Veränderungen durch Klimafluktuationen (wie z. B. Rückzug in Refugialgebiete während der Eiszeit), die Verwandtschaftsgeschichte (Phylogenie) sowie Ein- und Auswanderungen eine Rolle. Die Erklärung der rezenten Verbreitungsmuster von Organismen ist Gegenstand der historischen Biogeographie. Dieser Wissenschaftszweig bedient sich zunehmend molekulargenetischer Methoden, die erlauben, die historische Entwicklung von Verbreitungsgebieten präziser nachzuvollziehen und daher besser zu verstehen.

Was sind Endemiten?

Arten (oder auch höhere Taxa), deren Areal sich in geographisch klar abzugrenzenden Gebieten befindet, werden als Endemiten bezeichnet. Die Größe des Areals oder der geographisch abgrenzbaren Region kann dabei stark variieren: Eine Art kann endemisch (= von Natur aus einheimisch) in Australien sein, d. h. sie kommt nur in Australien vor, ist dort aber u. U. weit verbreitet. Ist eine Art endemisch auf einer einzigen Insel, kann das Areal nur wenige Quadratkilometer umfassen. Arten gelten auch als endemisch für bestimmte Staatsgebiete, wenn sie nur aus ebendiesem Land bekannt oder dokumentiert sind. Biologisch macht die Aussage „endemisch in Deutschland“ wenig Sinn, da das Staatsgebiet Deutschland geographisch nicht deutlich von seinen Nachbarländern abgrenzbar ist, und es daher nicht ausgeschlossen ist, dass die Art auch dort vorkommt. Von großer Bedeutung ist die Aussage allerdings für den Arten- und Naturschutz auf nationaler Ebene.

Welchen Einfluss hat der Mensch auf die Verbreitung von Insekten?

Die natürlichen Verbreitungsmuster (nicht nur) von Insektenarten werden durch den Menschen verändert. So sind viele Arten, die einst eine begrenzte Verbreitung hatten, inzwischen als Kulturfolger weltweit verbreitet, wie z. B. Küchenschaben (Blattodea), Silberfischchen (Zygentoma) und Stubenfliegen (Diptera). Menschliche Ansiedlungen stören natürliche Lebensräume und schaffen damit ideale Bedingungen für Tiere und Pflanzen, die mit solchen Bedingungen besser zurechtkommen als einheimische Arten. Durch die Aktivitäten des Menschen begünstigt, sind mittlerweile ca. 150 Ameisen-Arten (darunter die gefürchteten, weil invasiven Tramp-Ameisen) weit außerhalb ihres natürlichen Verbreitungsgebietes anzutreffen. Zu ihnen gehört die Pharaoameise, *Monomorium pharaonis* (L.). Sie wurde im 19. Jahrhundert aus Asien, vermutlich aus Ostindien, durch Handel und Verkehr nach Europa eingeschleppt. Die Pharaoameise bevorzugt zucker- und eiweißhaltige Nahrung, ist aber prinzipiell ein Allesfresser. Sie übersteht keine niedrigen Temperaturen und kann nur in Gebäuden mit gleichbleibender Wärme überleben, vor allem in Großküchen, Bäckereien, Treibhäusern und Krankenhäusern. Aufgrund ihrer geringen Körpergröße kriecht sie unter Wundverbände, wo sie von Blut und Eiter angelockt wird, sowie in Kanülen und Katheter und überträgt Krankheitserreger. Pharaoameisen finden sich auch in Computern, die aufgrund der abgestrahlten Wärme den Tieren gute Lebensbedingungen bieten. Dort können die Ameisen Systemabstürze und Elektrobrände verursachen.

Die Graue Fleischfliege *Sarcophaga carnaria* (Sarcophagidae) tritt als sekundärer Kulturfolger in Zusammenhang mit Nutztierhaltung auf. Die Larven ernähren sich von Kot und Aas.

Die 4–5 mm große Schmetterlingsmücke *Clogmia albipunctata* (Psychodidae) wird als „Abortfliege" bezeichnet, da sie in Mitteleuropa häufig in Häusern anzutreffen ist, wo die Larven den Biofilm in Innern von Abwasserrohren abweiden.

Während der Mensch einigen Insektenarten zu weltweiter Verbreitung „verholfen" hat, hat menschliche Aktivität zur Verkleinerung der Areale vieler Insektenarten beigetragen. Während auf Kontinenten und bei Arten mit größeren Arealen diese Prozesse durch das Einführen von entsprechenden Schutzmaßnahmen bis zu einem gewissen Grad reversibel sind, können die Areale endemischer Arten auf ozeanischen Inseln durch Biotopverlust derart eingeschränkt werden, dass sie zum Aussterben führen. Besonders verstörende Beispiele finden sich auf Inselgruppen, die intensiv landwirtschaftlich oder touristisch genutzt werden. So wurde auf der Hawaii-Insel Lanai die natürliche Vegetation zuerst durch die Anlage von Ananasplantagen und anschließend durch den Bau ausgedehnter Golfplätze weitgehend verdrängt. Der Lebensraum der endemischen Kleinlibellen-Arten wurde fast völlig zerstört. Glücklicherweise konnte eine als ausgestorben geglaubte Kleinlibellen-Art auf Lanai inzwischen wieder gesichtet werden, und zwar in einem „temporären Wasserkörper", nämlich dem Swimmingpool einer Hotelanlage.

Was sind Neozoen?

Neozoen sind Tierarten, die durch menschlichen Einfluss (beabsichtigt oder unbeabsichtigt) in Gebiete verschleppt wurden, in denen sie vorher nicht einheimisch waren. Der Transport erfolgt durch den weltweiten Handel, vor allem mit landwirtschaftlichen Produkten, aber auch im Verpackungsmaterial, und den Reiseverkehr sowie durch die (beabsichtigte) Einfuhr von Arten, die zur biologischen Schädlingskontrolle eingesetzt werden. Ebenso kann der globale Klimawandel die Ausbreitung von Arealgrenzen begünstigen.

Ob sich eine Art in einem Gebiet außerhalb ihres natürlichen Areals auf Dauer etabliert, hängt davon ab, ob sie die örtlichen ökologischen Gegebenheiten tolerieren und dauerhafte Populationen gründen kann. Invasive, also gebietsfremde Arten beeinflussen die Biodiversität ihres neuen Lebensraums, sie verändern Biozönosen und bilden neue ökologische Nischen. Da es sich bei vielen Neozoen um Generalisten handelt, kommt es oftmals zu Konkurrenz um Resourcen mit einheimischen Arten. Diese können sogar von Neozoen völlig verdrängt werden. Neozoen richten beträchtliche Schäden in der Landwirtschaft an und sind von medizinischer Bedeutung. Zwei in Deutschland auffällige Neozoen unter den Insekten sind die Asiatische Tigermücke und die Rosskastanienminiermotte. Die Asiatische Tigermücke, *Stegomyia albopicta* (Diptera: Culicidae), ursprünglich beheimatet in den Tropen und Subtropen Süd- und Südostasiens, wurde in den letzten Jahrzehnten durch Reiseverkehr und Handel weltweit verschleppt. 2007 wurde sie erstmals in Süddeutschland nachgewiesen, seitdem breitet sie sich langsam nach Norden aus.

Die Asiatische Tigermücke ist anpassungsfähig und mit dem Menschen vergesellschaftet. Als Überträger des Zika-, des Chikungunya- und des Dengue-Virus stellt sie eine zunehmende gesundliche Gefährdung dar (siehe Kapitel 17, S. 257).

Die Kastanienminiermotte, *Cameraria ohridella* (Lepidoptera: Gracillariidae, Miniermotten), deren ursprüngliches Areal auf dem Balkan liegt (Griechenland, Albanien, Mazedonien), breitet sich seit Mitte der 1980er Jahre kontinuierlich nach Norden und Osten in Mitteleuropa aus, mit einer Geschwindigkeit von ca. 40–100 km/Jahr. Die Fraßgänge der Larven, die sogenannten Minen, führen zu einer Braunfärbung der Blätter, einer verminderten Photosyntheseleistung

Häufige Neozoen in Europa

und schließlich zur Schwächung der Bäume. Interessant ist, dass die Gewöhnliche Rosskastanie ebenfalls eine in Mitteleuropa gebietsfremde Art ist; sie wurde erst gegen Ende des 19. Jahrhunderts aus Südost-Europa eingeführt.

Ist die Bausubstanz unserer Innenstädte durch Insekten gefährdet?

Seit Mitte der 1970er Jahre wurden vermehrt Schadbilder (Fraßspuren) an Gebäuden aus mineralischen Baumaterialien beobachtet. Nähere Untersuchungen ergaben, dass die Fraßspuren nur die äußerlich sichtbaren Symptome eines gravierenden Befalls der Gebäude durch ein damals noch unbekanntes Schadinsekt darstellten.

Links oben: Die Amerikanische Kiefernwanze *Leptoglossus occidentalis* (Coreidae) breitet sich seit 1999 in Europa aus, nachdem sie vermutlich mit Weihnachtsbäumen, Saatgut oder Baumaterial aus Nordamerika eingeschleppt wurde. Mitte: Die Rhododendron-Zikade *Graphocephala fennahi* (Cicadellidae) aus Nordamerika wurde 1930 erstmals in England dokumentiert, von dort breitet sie sich seitdem in Europa aus und verursacht Schäden an Rhododendron. Unten: Der aus Ostasien stammende Asiatische Marienkäfer, *Harmonia axyridis* (Coccinellidae) breitet sich seit ca. 20 Jahren rasch in ganz Europa aus und stellt eine Konkurrenz zu einheimischen Marienkäfern dar. Es existieren zahlreiche Farbvarianten.

Bei zahlreichen Gebäuden konnte eine weitreichende Destabilisierung festgestellt werden; in der Folge kam es sogar vereinzelt zum Einsturz größerer Bauwerke. Als Verursacher des sogenannten Steinfraßes konnte eine Insektenart identifiziert und erstmals beschrieben werden: *Petrophaga lorioti* von Bülow, 1976. Die systematische Einordnung der Art ist problematisch. Die Tiere sind (offenbar sekundär) ungeflügelt, Kopf, Brust und Hinterleib nicht deutlich voneinander abgegrenzt. Der Besitz kauend-beißender Mundwerkzeuge schließt eine nähere Verwandtschaft zu anderen Tier-, Blatt- und Pflanzenläusen aus, deren Vertreter allesamt stechend-saugende Mundwerkzeuge besitzen. Daher wurde provisorisch eine eigene Ordnung für *P. lorioti* etabliert: die Petroplura (Steinläuse). Ausführliche Informationen zur Lebensweise von *P. lorioti* finden sich unter www.youtube.com/Steinlaus. Zur kulturellen Bedeutung der Art siehe Kapitel 21, S. 289.

Wie kommen Insekten in der Wüste zurecht?

Der Lebensraum Wüste stellt Insekten vor besondere Herausforderungen: hohe Temperaturen, große Temperaturschwankungen im Tages- und Jahresverlauf, Wassermangel, extreme Sonneneinstrahlung, karge Vegetation. Diejenigen Insektenarten, die dennoch in der Wüste existieren, haben erstaunliche Anpassungen entwickelt. Am häufigsten sind Ameisen und Termiten: Sie machen ca. 80 % der Biomasse der Wüsteninsekten aus. Aber auch Käfer, Schmetterlinge, Wanzen und sogar Libellen können sich dauerhaft in Wüsten behaupten.

Unter den Käfern sind es vor allem die Schwarzkäfer (Tenebrionidae), die in Wüsten zu finden sind. Ihre dunkle Körperfärbung schützt sie vor schädlicher UV-Strahlung. Allerdings heizen sich dunkle Körper in der Sonne stark auf, weswegen einige Arten eine weiße Wachsschicht auf ihrer Körperoberseite entwickelt haben. Um die Verdunstung durch die Atmung einzuschränken, sind die Außenöffnungen der Tracheen unter den Flügeldecken verborgen. Der Hohlraum unter den Flügeldecken dient als Stauraum für Wasserdampf, der bei der Atmung entsteht. Unter den Tenebrioniden hat der Nebeltrinkerkäfer *Onymacris unguicularis* eine Methode entwickelt, um Wasser aus den Nebelschwaden zu gewinnen, die stets am Morgen vom Atlantik her über die Wüste Namib ziehen. *Onymacris* stellt dazu seinen Körper mit dem Hinterende nach oben in den Wind, sodass eine möglichst große Oberfläche dem Nebel ausgesetzt ist. Der Nebel kondensiert in kleinen Tröpfchen, welche entlang feiner Rinnen in den Deckflügeln Richtung Kopf und direkt zur Mundöffnung fließen. Auf diese Weise kann der Nebeltrinker Wasser in einer Größenordnung von bis zu 40 % seines Körpergewichts aufnehmen. Befördert wird die Kondensa-

Der „Nebeltrinker"-Käfer *Onymacris unguicularis* (Tenebrionidae), ein Wüstenbewohner aus Namibia

tion durch die Feinstruktur der Flügeldecken: Kleine Noppen, die mit einer hydrophilen Substanz bedeckt sind, ziehen die Feuchtigkeit an, und eine Rille zwischen den Noppen sammelt die Wassertröpfchen. Die Methode des Wassergewinns durch den Nebeltrinkerkäfer diente als Vorbild für die Entwicklung einer nachhaltigen Methode der Wassergewinnung, die erstmals in der Atacama Wüste in Chile angewandt wurde (siehe Kapitel 18, S. 265).

Welches Insekt lebt an der einsamsten Pflanze der Welt?

Die Pflanzenart *Welwitschia mirabilis* ist der einzige Vertreter der Familie der Welwitschiaceae. Sie gehört der phylogenetisch alten Gruppe der Gnetales (Nacktsamer, Gymnospermen) an. Sie kommt ausschließlich in der Wüste Namib, in Namibia und Angola, vor. *Welwitschia* Pflanzen besitzen nur ein einziges Paar Blätter. *Welwitschia* Individuen können mehrere hundert, angeblich sogar bis zu 2.000 Jahre Jahre alt werden. Die Pflanzen kommen auf völlig schattenlosen Standorten vor, mit Tageshöchsttemperaturen von 40–50 °C. Dennoch bietet die Pflanze Lebensraum für Populationen der Feuerwanzen-Art *Probergrothius angolensis* (Heteroptera: Pyrrhocoridae). Die Tiere ernähren sich von Nektar; ob sie auch eine Rolle bei der Bestäubung

Die Wüste Namib mit *Welwitschia*-Pflanzen

übernehmen, ist unklar. Interessanterweise sind die meisten Arten der Pyrrhocoridae, zu denen auch die bei uns häufige rot-schwarz gefärbte Feuerwanze gehört, auf Pflanzen der Familie Malvaceae (Malvenartige) spezialisiert, die zu den Bedecktsamern (Angiospermen) gehört. Auch Angehörige der Art *Probergrothius angolensis* kommen an Malvaceen-Arten vor, z. B. an Stinkbaum-Arten (*Sterculia* ssp.) oder an Baobab-Bäumen (*Adansonia digitala*). Wieso waren dann einige Populationen zu einer völlig anderen Pflanzengruppe gewechselt? Neuere Untersuchungen konnten zeigen, dass die (gymnosperme) *Welwitschia* über eine ähnliche Zusammensetzung der Fettsäuren verfügt wie die (angiospermen) Malvaceae. Ob-

An *Welwitschia* lebende Wanzenart *Probergrothius angolensis*

wohl phylogenetisch nur sehr entfernt mit den Malvaceae verwandt, sind *Welwitschia* Pflanzen daher für *Probergrothius angolensis* – aus physiologischer Sicht – also „alte Bekannte". Dass nur *P. angolensis*, und nicht viele andere Feuerwanzen auch, den Nährpflanzenwechsel zu *Welwitschia* vorgenommen haben, könnte daran liegen, dass an *Welwitschia* lebende *P. angolensis* über spezielle Darmbakterien verfügen, die offenbar eine Rolle bei der wirtsspezifischen Ernährung spielen.

Welche Insekten lieben Kälte?

Die überwiegende Mehrzahl der Insektenarten kommt in den Tropen, Subtropen und gemäßigten Klimazonen vor. Einige Taxa leben allerdings bevorzugt bei sehr niedrigen Temperaturen.

Bei den sogenannten „Gletscherflöhen" handelt es sich um Urinsekten der Ordnung Collembola (Springschwänze), die in den Höhenlagen der Alpen vorkommen und ganzjährig auf Schneeflächen und Gletschern leben. Die Tiere bevorzugen eine Temperatur um den Gefrierpunkt, können aber durch Einlagerung von Glykoproteinen den Gefrierpunkt ihrer Körperflüssigkeit absenken, sodass sie Temperaturen bis zu -20 °C aushalten. Sie ernähren sich von Algen, angewehten organischen Partikeln und Pollen, insbesondere von Nadelhölzern. Diese Pollen absorbieren aufgrund ihrer dunklen Farbe Wärme und schmelzen sich in feine Poren oder Kanäle unterhalb der Eisoberfläche ein. Dort liefern sie den Gletscherflöhen auch im Winter Nahrung, wenn diese sich im Grenzhorizont zwischen Eis und Schnee aufhalten. Bei gutem Nahrungsangebot treten Gletscherflöhe oft in großen Zahlen auf. Bereits bei einer Temperatur um +12 °C sterben die Tiere.

Auch alle Arten der Ordnung Grylloblattodea (Grillenschaben), mit 30 rezenten und über 500 fossilen Arten, im westlichen Nordamerika sowie in Zentral- und Ostasien (inkl. Japan) vertreten, leben in großen Höhenlagen, in Bergwäldern, auf Schneeflächen und auf Gletschern. Die 1,5–3,5 cm großen Tiere sind an niedrige Temperaturen angepasst und sowohl tag- als auch nachtaktiv. Sie ernähren sich von Aas (vorwiegend tote Arthropoden) oder anderem organischen Material. Grylloblattodea sind durch die globale Erwärmung besonders gefährdet.

Sogar an die Eiseskälte und die monatelangen Polarnächte der Antarktis hat sich eine einzige Insektenart angepasst: die Zuckmücke *Belgica antarctica* (Diptera: Chironomidae). Trotz ihrer kleinen Körpergröße (2–6 mm) gilt sie als größtes ausschließlich landlebendes Tier des Kontinents. Ihre Larven benötigen zwei Jahre zur Entwicklung und sind wahre Überlebenskünstler: Sie halten sogar das Gefrieren ihrer Körperflüssigkeit aus und sind tolerant gegenüber Austrocknung. Ihre dunkle Farbe absorbiert Wärme durch Sonneneinstrahlung und schützt gleichzeitig gegen UV-Strahlen. Die erwachsenen Tiere sind flügellos und leben nur ca. 10 Tage, in denen die

Paarung und Eiablage erfolgt. Die Larven entwickeln sich sehr langsam, leben zwei Jahre lang mehr oder weniger tiefgekühlt in und auf dem Eis und ernähren sich von Bakterien, Algen und dem Kot von Pinguinen. Erst zu Beginn des 3. Sommers schlüpfen die erwachsenen Tiere aus den Puppen. Interessanterweise verfügt *Belgica antarctica* über das kleinste bekannte Genom aller bisher daraufhin untersuchten Lebewesen. Es besteht aus nur 99 Mio Basenpaaren (zum Vergleich: das Genom des Menschen umfasst 3 Milliarden Basenpaare). Offenbar hat *Belgica antarctica* ihr Erbgut auf das Überlebensminimum reduziert.

Wieso sind selbst noch Geröllhalden im Hochgebirge für Insekten attraktiv?

Vegetationslose Gipfelregion des Vulkans Mauna Kea, um 4000 m über N.N.

Sogar in Regionen, in denen sich (die meisten) Menschen nicht gerne länger als ein paar Stunden aufhalten, finden sich Insektenarten, die sich an genau diese Bedingungen angepasst haben. So existieren in Hochgebirgen auch weit oberhalb der Baumgrenze und in scheinbar völlig vegetationslosen Geröllhalden zahlreiche Insekten (z. B. Collembolen, Lauf- und Kurzflügelkäfer, Dipteren), die das knappe Nahrungsangebot nutzen und dauer-

Die Wekiu Wanze, *Nysius wekiuicola* (Lygaeidae) ernährt sich von angewehtem organischen Material.

haft dort überleben. Ein Beispiel für eine Anpassung an einen solchen extremen Lebensraum findet sich sogar mitten im Pazifischen Ozean. Die Gipfelregionen der beiden großen Vulkane Mauna Kea und Mauna Loa auf der Hauptinsel des Hawaii Archipels, beide über 4.000 m hoch, bieten äußerst unwirtliche Bedingungen: so gut wie keine Vegetation, ganzjährige Schneeflecken, hohe Sonneneinstrahlung, und tägliche Temperaturschwankungen von -9 °C bis über 40 °C. Dennoch hat sich eine Wanzenart an diesen Lebensraum angepasst: *Nysius wekiuicola* (Lygaeidae), der sogenannte *Wekiu bug*, toleriert niedrige Temperaturen und lebt als Räuber und Aasfresser in den Geröllhalden. Die Tiere sind nur wenige Millimeter groß und flugunfähig. Sie ernähren sich vor allem von Insekten, die aus niedrigeren Lagen mit aufsteigenden Winden herangeweht werden und durch Wind und Kälte immobilisiert oder tot sind.

Wie überleben Insekten in dauerdunklen Höhlen?

Auf den ersten Blick scheinen Höhlen wenig attraktive Bedingungen für eine dauerhafte Besiedlung zu bieten, vor allem in den völlig lichtlosen Bereichen. Dort fehlen die Zeitgeber für den Tag/Nacht Rhythmus und für den Jahresrhythmus, zumal auch die Temperatur sowohl im Tages – als auch in Jahresverlauf mehr oder weniger konstant ist und der Jahresdurchschnittstemperatur an der Oberfläche entspricht. Verfügbare Nahrungsquellen sind entweder von außen eingetragenes oder eingeschwemmtes organisches Material, Aas, der Guano von Fledermäusen oder die Wurzeln von Pflanzen, die an der Erdoberfläche wachsen. Höhlen sind stark zonierte Lebensräume und gliedern sich prinzipiell in Eingangs-, Übergangs-, und Tiefenzone. In der Eingangszone finden sich vor allem trogloxene Arten, also solche, die nicht dauerhaft in Höhlen siedeln. In der Übergangszone treten vermehrt troglophile Arten auf. Sie sind in der Lage, im Höhlenlebensraum zu überleben, verbringen aber Teile ihres Lebenszyklus außerhalb der Höhlen, z. B. zur Nahrungssuche oder zur Paarung. In der Tiefenzone schließlich sind vorrangig troglobionte Arten anzutreffen. Diese Arten sind an permanente Dunkelheit, hohe Luftfeuchtigkeit und konstante Temperatur angepasst und können außerhalb der Höhlen nicht überleben. Viele Arten unterscheiden sich äußerlich stark von oberirdisch lebenden Verwandten: Ihre Augen sind kleiner oder fehlen völlig, ebenso sind Flügel und Körperpigmentierung oft reduziert. Um den fehlenden optischen Sinn zu kompensieren, haben viele Arten lange Antennen entwickelt, um sich anhand des Tastsinnes im Dunkeln zu orientieren. Sowohl Kalkstein- als auch Lavahöhlen, in gemäßigten Breiten und in den Tropen, beherbergen zahlreiche Insekten-

Eingang einer Lavahöhle auf den Kanarischen Inseln (Teneriffa)

Tachycixius lavatubus, eine blinde und flugunfähige Höhlenzikade aus Teneriffa, erwachsenes Tier

Larve von *Tachycixius lavatubus*

arten aus unterschiedlichen Ordnungen, z. B. Diplura (Doppelschwänze), Collembola (Springschwänze), Dermaptera (Ohrwürmer), Blattodea (Schaben), Coleoptera (Käfer), Orthoptera (Heuschrecken), Hemiptera (Wanzen, Zikaden), Diptera (Zweiflügler).

Was haben Insekten in Erdölpfützen zu suchen?

Insekten kommen selbst in Lebensräumen, in denen für die meisten Organismen tödliche Bedingungen herrschen, vor. Ein besonders eindrucksvolles Beispiel ist die Erdölfliege, *Helaeomyia petrolei* (Diptera: Ephydridae, Salz- oder Sumpffliegen). Die Art macht ihre gesamte Larvalentwicklung in Rohöl-Sickerquellen Kaliforniens durch. Die Larven (7–10 mm Körperlänge) besitzen Atemöffnungen am Ende des Hinterleibs, die über die Erdöloberfläche ragen. Diese sind von Haarfächern umgeben, die das Eindringen des Öls verhindern. Die Larven schwimmen langsam, nahe der Erdöloberfläche, können aber auch zeitweise untertauchen. Sie ernähren sich von toten Insekten oder anderen Arthropoden. Dabei nehmen sie bis zu 38 °C heißes Erdöl und Asphalt auf. Wie die Larven diese hochtoxischen Substanzen entgiften, ist noch unbekannt. Die erwachsenen Tiere (2–5 mm Körperlänge) leben in der Nähe von Erdölpfützen oder in Erdspalten und unternehmen Flüge zur Nahrungssuche über die Erdölflächen. Sie sind außerdem in der Lage, über die Erdölteiche zu laufen: Die Fußglieder sind mit besonderen Strukturen ausgestattet, die sie für Erdöl unbenetzbar machen.

Während die Larven auch anderer Ephydridae-Arten Vorlieben für unwirtliche Lebensräume haben (wie z. B. stark salzhaltige oder alkalische Feuchtgebiete) ist *Helaeomyia petrolei* die einzige Art, die in Rohöl-Sickerquellen zu leben vermag.

Warum leben so wenige Insektenarten im Meer?

Physiologisch sind Insekten durchaus fähig, mit hohen Salzgehalten umzugehen, wie die Existenz von zahlreichen Arten in temporären Gewässern mit hoher Salinität zeigt. Das Osmoregulationssystem ist in der Lage, die Salzaufnahme zu reduzieren bzw. überschüssiges Salz auszuscheiden. Die Gründe für die geringe Insekten-Diversität in marinen Lebensräumen liegen vermutlich vor allem in ihrer Stammesgeschichte. Zum Zeitpunkt der Entstehung der Insekten waren die Meere bereits von Krebstieren (Crustaceen) und Weichtieren (Mollusken) dominiert, d. h. die meisten ökologischen Nischen waren bereits durch diese Taxa gebildet. Der Evolutions-

Gezeitenzone (hier: an der Küste Queenslands, Australien), der Lebensraum mariner Zuckmücken der Gattung *Clunio*

erfolg der Insekten ist zudem eng verknüpft mit dem Leben an Land. Innere Befruchtung und Flugfähigkeit bieten keine Vorteile für das Leben im oder auf den Ozeanen; die wenigen marinen Insektenarten sind nur eingeschränkt oder überhaupt nicht flugfähig.

Anpassungen an den marinen Lebensraum zeigen die folgenden Beispiele:

Die Arten der Zuckmückengattung *Clunio* (Diptera: Chironomidae) leben an den gezeitenstarken Meeresküsten in vielen Teilen der Erde. An den Küsten des Atlantik und der westlichen Ostsee ist die Art *Clunio marinus* verbreitet. Die Eier werden in der Gezeitenzone abgelegt, und zwar nur bei Niedrigwasser, wenn die Eiablageplätze trocken-

Das nur wenige Millimeter große, geflügelte Männchen einer australischen *Clunio*-Art (links) befreit das flügellose Weibchen aus der Puppenhülle und begattet es unmittelbar darauf.
Clunio-Individuen sind sehr schwer zu fotografieren: sie sind extrem klein, bewegen sich schnell und leben auf der stark reflektierenden Oberfläche des Meerwassers.

liegen. Die gesamte Entwicklung inklusive Verpuppung und Schlüpfen der Imagines muss daher genau auf die Gezeiten abgestimmt sein. Die Eier werden in Gallertschläuchen an der Unterlage, z. B. in Felsspalten, festgeklebt, sodass sie nicht von der Flut weggeschwemmt werden können. Die Larven entwickeln sich in der Gezeitenzone und ernähren sich v. a. von Algen. Die schlupfreife Puppe befreit sich aus der larvalen Wohnröhre, während das Substrat unter Wasser steht. Durch ihren Auftrieb gelangt sie zur Wasseroberfläche. Dort schlüpfen die nur ca. 1 mm großen Imagines. Die erwachsenen *Clunio*-Männchen sind flugfähig und suchen nach weiblichen Puppen, die an der Wasseroberfläche treiben. Das Männchen ergreift die weibliche Puppe mit seinen kräftigen Genitalzangen und streift damit die Puppenhülle vom flügellosen Weibchen ab. Unmittelbar danach erfolgt die Kopulation. Das Männchen hält das Weibchen weiterhin gepackt, und nach kurzem Flug erreicht das Pärchen die inzwischen trockengefallenen Klippen. Dort wird das Weibchen zur Eiablage abgesetzt. Die erwachsenen Tiere sterben kurz nach der Paarung.

Da sich die Eiablageplätze unterhalb der mittleren Hochwasserlinie befinden, liegen sie nur wenige Tage im Monat frei, und zwar bei besonders großem Tidenhub und Tidenfall, d. h. ca. alle 15 Tage. Zudem schlüpfen die erwachsenen Tiere kurz vor derjenigen Tageszeit, bei der die Eiablageplätze trockenfallen. Das bedeutet, dass *Clunio* über zwei physiologische Zeitmeßsysteme verfügt (die Mondphasen bestimmen den Verpuppungstermin; der Tag-Nacht-Rhythmus bestimmt den Schlüpfzeitpunkt der Imagines), mithilfe derer die gesamte Entwicklung vorprogrammiert wird. *Clunio marinus* ist daher ein wichtiger Modellorganismus für die Chronobiologie.

Auch als Ektoparasiten mariner Säugetiere leben einige Insekten im Meer. Robbenläuse (Anoplura: Echinophthiriidae) leben im Fell von Seehunden, Walrossen und See-Elefanten. Die 1,5–3,4 mm großen Tiere sind salzwassertolerant und bevorzugt an Fellstellen zu finden, die regelmäßig Luftkontakt haben, wie z. B. an Kopf und Hals ihrer Wirte. Die Fortpflanzung der Läuse erfolgt ausschließlich während der Landaufenthalte der Wirte. In den Brutkolonien der Säuger werden die Läuse auf deren Nachkommen übertragen.

Die Arten der Wanzengattung *Halobates* (Heteroptera: Gerridae, Wasserläufer), die mehrere Hundert Kilometer vom Festland entfernt gesichtet wurden, besiedeln als einzige Insekten die offenen Ozeane. Sie kommen im Atlantik, in der Karibik und im Pazifik vor. Die ca. 3 mm großen Tiere sind flugunfähig und leben räuberisch an der Wasseroberfläche. Sie ernähren sich von Zooplankton, Fischeiern, Fischlarven oder toten Quallen. Die Eier werden auf Treibgut abgelegt, z. B. Muschelschalen, Treibholz, Federn, und offenbar auch auf Plastikmüll.

Wie erreichen Insekten abgelegene Inseln mitten im Ozean?

Während einige Insekten-Arten weite Strecken im Flug zurücklegen können (siehe Kapitel 9, S. 120), insbesondere größere Formen wie Schmetterlinge und Libellen, ist die Reichweite der meisten untersuchten Arten sehr viel geringer. Trotzdem beherbergen einige Inselgruppen im Pazifik, die zu den isoliertesten der Welt gehören, artenreiche Insektenfaunen. So existieren auf den Inseln Henderson und Pitcairn, im südöstlichen Pazifik gelegen und mehr als 5.000 km von Neuseeland bzw. Südamerika entfernt, zahlreiche Insektenarten. Pitcairn ist aus einem anderen Zusammenhang bekannt: Aufgrund der isolierten Lage der Insel hatten sich die Meuterer auf der Bounty, einem britischen Dreimaster, im Jahr 1790 dorthin geflüchtet, um der Verfolgung durch die britische Admiralität zu entgehen.

Auch die Hawaii Inseln, ca. 3.800 km vom nächstgelegenen Festland, der Westküste Nordamerikas, und ebenso weit von den benachbarten hohen Inselns des Marquesas Archipels in Französisch Polynesien entfernt, beherbergen ca. 5.000 endemische Insekten-Arten. Diese gehören nur ca. 50 % der bekannten Ordnungen an, d. h. Vertreter vieler Gruppen haben die Inseln nicht erreicht. So gibt es z. B. keine einheimischen Bienen, Hummeln, Blattwespen und Ameisen, ebenso fehlen Käfergruppen wie die Blattkäfer (Chrysomelidae), die auf dem Festland sehr artenreich sind. Untersuchungen haben ergeben, dass die auf Hawaii vorkommenden endemischen Arten auf nur ungefähr 350–400 Erstbesiedler zurückgehen. Geht man von einem Alter von ca. 30 Millionen Jahren für die gesamte Inselkette aus, bedeutet das, dass im Durchschnitt nur alle 75.000 Jahre eine erfolgreiche Besiedlung stattgefunden hat. Die wenigsten dieser Erstkolonisatoren dürften die Inseln durch aktiven Flug erreicht haben, wahrscheinlicher ist die Verdriftung durch Passatwinde, tropische Stürme oder mit röhrenförmigen Starkwindbändern in mehreren Kilometern Höhe, sogenannten *Jetstreams*. Vor allem bei sehr kleinen Insekten mit einer Körperlänge von wenigen Millimetern sind die Flügel oft an Verdriftung durch Wind angepasst, z. B. durch die relative Vergrößerung der Flügelfläche oder durch den Besatz der Flügelränder mit Borsten. Um nachzuweisen, in welcher Höhe, Richtung und Entfernung sich Insekten und andere Arthropoden über die Ozeane hinweg verbreiten, wurden in den 1960er Jahren Versuche mit speziellen Fangapparaten, die auf Flugzeuge und Schiffe montiert waren, im Pazifik durchgeführt. Die Auswertung dieser Aufsammlungen ergab, dass Insekten über den riesigen Wasserflächen des Pazifiks reichlich vertreten waren, insbesondere Zweiflügler (Diptera), Wanzen (Heteroptera) und Termiten (Isoptera).

9. Wie bewegen sich Insekten? (Lokomotion)

Mit ihren sechs Beinen und – bei den meisten Arten vorhandenen – vier Flügeln sind Insekten wahre Bewegungskünstler. Insekten bewegen sich an Land, im Wasser, und in der Luft, sie laufen, springen, klettern, seilen sich ab, graben, schwimmen, tauchen, gleiten auf der Wasseroberfläche, fliegen, schweben, und tanzen – und alles mit großem Geschick. Sie benutzen sogar Fallschirme und Verkehrsmittel.

In diesem Kapitel geht es um diejenigen Bewegungen, die der Ortsveränderung dienen. Andere Bewegungen, die in Zusammenhang mit der Fortpflanzung oder dem Beutefang stehen, wie z. B. der Fangschlag der Gottesanbeterin oder die Fangmasken-Bewegung der Libellenlarven, werden in Kapitel 11 (S. 153, 154) behandelt.

Wie koordinieren Insekten ihre 6 Beine?

Wer je ein zwei- oder vierbeiniges Säugetier beim Laufenlernen beobachtet hat, weiß um die Schwierigkeit der Koordination der Beine. Insekten mit ihren sechs Beinen stehen vor ungleich größeren Problemen. Jedes einzelne Gelenk des Insektenbeins erlaubt Bewegung in nur einer Ebene; allerdings werden komplexe dreidimensionale Bewegungen eines Beins durch das Zusammenwirken verschiedener Gelenke ermöglicht. Die Beine heben den Insektenkörper vom Boden ab, und zwar so, dass er zwischen den Beinen „aufgehängt" ist. Der tiefliegende Körperschwerpunkt garantiert einen außerordentlich stabilen Stand. Allerdings muss der Körper stets durch Muskelaktivität vom Boden abgehoben werden.

Zur Fortbewegung bedienen sich Insekten eines alternierenden Dreipunktgangs, d. h. jeweils drei Beine berühren gleichzeitig den Untergrund: das mittlere Bein auf der einen sowie das vordere und hintere Bein auf der andern Seite. Die spitzen Klauen an der Fußspitze (Prätarsus) und ein Haftläppchen (Arolium) sorgen für den nötigen Halt auf der Unterlage. Die Beinmuskeln sind mit einer Mischung aus langsam und schnell reagierenden Nervenzellen ausgestattet, die das Laufen in verschiedenen Geschwindigkeiten möglich macht. Gesteuert werden die Bewegungen der Beine von den Thorakalganglien.

Mit dem alternierenden Dreipunktgang können Insekten große Geschwindigkeiten erreichen (siehe unten), allerdings offenbar nicht „rennen“, in dem Sinn, dass beim Rennen zu einem Zeitpunkt kein Bein mehr Kontakt zur Unterlage hat. Einige Insekten (z. B. Blattodea: Schaben) sind offenbar in der Lage, beim schnellen Laufen den Vorderkörper von der Unterlage abzuheben und nur mit dem hinteren Beinpaar zu laufen.

Auch bei zahlreichen anderen Gruppen sind nicht immer sind alle sechs Beine an der Fortbewegung beteiligt. Bei den Edelfaltern (Lepidoptera: Nymphalidae) sind die Vorderbeine zu „Putzpfoten“ verkürzt, und berühren beim Sitzen die Unterlage nicht, sodass bei oberflächlichem Hinsehen der Eindruck entsteht, die Tiere hätten nur vier Beine. Bei mehreren räuberisch lebenden Insektentaxa (z. B. Mantodea: Gottesanbeterinnen, Mantispidae: Fanghafte) sind die Vorderbeine zu Fangbeinen umgewandelt und spielen kaum eine Rolle bei der Fortbewegung. Weitere Spezialisierungen der Extemitäten des Thorax sind Sammelbeine (Hinterbeine der Arbeiterinnen der Honigbiene) oder Grabbeine (Vorderbeine der Maulwurfsgrillen oder Singzikadenlarven). Bei einigen Flugjägern, wie z. B. Libellen, sind alle sechs Beine stark bedornt und nach vorne gerichtet: Sie bilden einen „Fangkorb“ zum Aufgreifen der Beute im Flug.

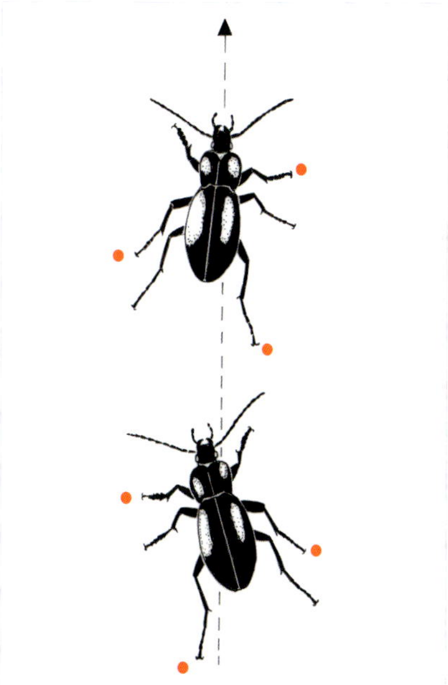

Links: Lilienhähnchen *Lilioceris merdigera*, rechts: Dreipunktgang eines erwachsenen Insekts, hier ein Laufkäfer: die roten Punkte bezeichnen diejenigen Beine, die gleichzeitig Bodenkontakt haben.

Wie bewegen sich Raupen und Maden?

Die weichhäutigen Körper der Larven v.a. holometaboler Insekten bewegen sich nach einem anderen Prinzip als die erwachsenen Tiere mit ihrem harten Außenskelett. Sie verfügen über ein hydrostatisches Skelett, bei dem der Druck der Hämolymphe in der Leibeshöhle als Gegenspieler der Muskulatur der Körperhülle fungiert. Kontraktionen der Muskulatur in einem Bereich des Körpers wechseln ab mit Erweiterung der Körperwand in einem anderem Bereich. Die Tiere bewegen sich **kriechend** fort. Bei Maden, d.h. den völlig beinlosen Larven der Zweiflügler, verlaufen Kontraktionswellen der Körperwandmuskulatur von vorne nach hinten. Die um den Körper gürtelartig angeordneten Borstenbänder können sich so in Intervallen gegen die Unterlage stemmen und den Körper vorwärts schieben. Diese Bewegung wird unterstützt von den Mundhaken der Maden, mit denen sich die Tiere an der Unterlage festhalten. Bei wasserlebenden Larven (z.B. von Mücken) verlaufen die Kontraktionswellen oft seitlich und alternierend, sodass eine **schlängelnde** Schwimmbewegung entsteht.

Die Raupe des Großen Frostspanners *Erannis defoliaria* (Geometridae) zeigt die typische Bewegungsform der Spannerraupen.

Bei denjenigen Larven, die außer den Beinen am Thorax Bauch-, After-, oder Abdominalfüße besitzen, wie z.B. den Raupen von Schmetterlingen, verlaufen mehrere Kontraktionswellen der Muskulatur simultan von vorne nach hinten. Bei den Raupen von Spannern (Lepidoptera: Geometridae) sind außer den drei Brustbeinpaaren nur noch die beiden hinteren Abdominalfußpaare vorhanden. Die typische **„spannerartige“ Bewegung** kommt durch das abwechselnde Ausstrecken des Körpers und Nachziehen der Abdominalfußpaare zustande.

Die Raupen vieler Schmetterlinge beherrschen auch die Technik des **Abseilens**. Dieses geschieht mittels eines Fadens aus Protein (Seiden-Fibroin), der in den Labialdrüsen (modifizierte Speicheldrüsen) produziert wird. Durch Abseilen aus der Vegetation erreicht die Raupe den Boden, wo die Verpuppung stattfindet. Der Puppenkokon wird ebenfalls mit dem Spinnfaden produziert.

Das Phänomen der **„Springbohnen“**, oder mexikanischen Springnüsse, bezeichnet eine besondere Bewegungsweise der Raupen des Schmetterlings *Cydia* (synonym: *Carpocapsa*) *saltitans* (Tortricidae: Wickler). Sie leben im Innern der Samen einer Art der Wolfsmilchgewächse (Gattung *Sebastiania*). Die Raupe hält sich mit ihrem hintersten Beinpaar an der Innenwand der Nuß fest und schnellt mit ihrem Körper nach oben. Da Nuß und Raupenkörper unterschiedlich schwer sind, verschiebt sich bei dieser Bewegung der gemeinsame Schwerpunkt erheblich, ganz ähnlich, als stünde ein Mensch in einer leichten Schachtel, mit den Füßen am Boden befestigt. Springt der Mensch auf und ab, springt die ganze Schachtel. Es handelt sich bei dieser Bewegung offenbar um eine Strategie, um möglichen Freßfeinden durch deren Verblüffung zu entkommen. Die Nüsse „springen" etwa 2 Monate lang, anschließend erfolgt die Verpuppung.

Wer sind die Insekten-Weltmeister im Hoch- und Weitsprung?

Viele Insekten verfügen über ein beträchtliches Sprungvermögen, z. B. Heuschrecken, Grillen, viele Käfer, und Flöhe (Siphonaptera). Bei vielen dieser Arten sind die Hinterbeine modifiziert: Der Oberschenkel enthält große Muskeln. Durch die langsame Kontraktion dieser Muskeln wird eine Spannung

Die Hinterbeine der Heuschrecken (hier *Decticus albifrons*, der Südliche Warzenbeißer) sind als Sprungbeine ausgebildet.

im Gelenk zwischen Oberschenkel und Schiene, bzw. in einer sprungfederartigen Sklerotisierung einer Sehne aufgebaut. Bei Lösung dieser Spannung wird die gespeicherte Energie schlagartig frei und schleudert den Insektenkörper vorwärts. Flöhe speichern die Kontraktionsenergie ihrer Beine in einem Polster aus hochelastischem Protein, dem Resilin, das sich im hinteren Thoraxabschnitt befindet. Flöhe springen bis zu 25 cm hoch und 30 cm bis 1 m weit, und erreichen dabei das 200fache der Erdbeschleunigung. Zum Vergleich: Die Beschleunigung einer Kinderschaukel erreicht höchstens eine 2,5fache Erdbeschleunigung. Ein Mensch kann bis zu einer 100fachen Erdbeschleunigung überleben, jedoch nur für Bruchteile von Sekunden; normalerweise tritt schon bei 56facher Erdbeschleunigung Bewusstlosigkeit ein, da aufgrund der Trägkeit das Blut in den Beinen versackt.

Die (vorläufigen) Superlative in der Sprungleistung zeigen jedoch Schaumzikaden (Auchenorrhyncha: Aphrophoridae) und Springschwänze (Collembola: Kugelspringer).

Der Kugelspringer *Sminthurus viridis* (Collembola) trägt seine Sprunggabel in Ruhestellung unter den Körper geklappt.

Die Wiesenschaumzikade *Philaenus spumarius*, eine weltweit verbreitete und häufige Art, hat keine muskulösen Hinterbeine. Stattdessen wird hier die Spannung von massiven Muskeln im Thorax generiert und die Hinterbeine auf der Unterseite des Thorax verankert. Die nur ca. 6 mm großen Tiere springen bis zu 70 cm hoch, also mehr als das 100fache ihrer Körperlänge (zum Vergleich: Ein Mensch müsste in der Lage sein, bis zur Dachkante eines 70stöckigen Hochhauses zu springen). *Philaenus* erreicht dabei 400–550fache Erdbeschleunigung.

Eine Kugelspringerart (Collembola) aus Nordamerika (Körperlänge ca. 1,5 mm) kann bis zu 48 cm hoch springen, dabei schlägt das Tier in einer Sekunde 374 mal Salto, das entspricht 22.440 Umdrehungen pro Minute (zum Vergleich: Die Rotorblätter eines Hubschraubers drehen sich 250–600 mal in der Minute; die Motoren von Rennwagen erreichen 7.000–15.000 Umdrehungen pro Minute). Die untersuchte Kugelspringerart ist also dasjenige Tier, welches die schnellsten Saltos schlägt. Der dieser Höchstleistung zugrunde liegende Sprungmechanismus unterscheidet sich grundlegend von dem anderer Insekten. Springschwänze besitzen eine „Sprunggabel" (Furca) an der Spitze des Hinterleibs, die in Ruhestellung unter die Bauchseite geklappt und unter Spannung an einem kleinen Zapfen, dem Retinaculum, verankert wird. Wird die Verankerung gelöst, schlägt die Sprunggabel auf die Unterlage und katapultiert das Tier nach oben.

Warum kann die Fliege an der Decke laufen?

Fliegen als relativ kleine Tiere haben eine im Verhältnis zu ihrer Körpermasse große Körperoberfläche. Da die Schwerkraft auf die Masse, d.h. das Gewicht, wirkt, sind nur geringe Adhäsionskräfte nötig, um einen Fliegenkörper an der Decke oder einer senkrechten Wand zu halten. Um sich jedoch an der Decke zu bewegen, muß die Haftung dynamisch sein, also schnell auf- und wieder abgebaut werden können. Dies wird erreicht durch zahlreiche feine Härchen, die selbst auf minimal rauhen Oberflächen (eine Rauhheit von 1/100 mm ist bereits ausreichend) große Kontaktflächen herstellen und so eine Anhaftung erreichen. Auf perfekt glatten Flächen bewirken kleinste Flüssigkeitströpfchen, die aus der Spitze der Härchen oder durch die Haftläppchen auf der Fußunterseite ausgeschieden werden, eine entsprechend Adhäsion.

Wie bewegen sich Insekten im Wasser?

Brustschwimmen: die Ruderwanze *Sigara striata* (Corixidae). Das 3. Beinpaar ist mit langen und verbreiterten Borsten besetzt und dient als Schwimmbein.

Insekten besiedeln sowohl stehende Gewässer wie Teiche und Seen, als auch langsam und schnell fließende Bäche und Flüsse. Entsprechend vielfältig sind die Anforderungen, die der Lebensraum an die Bewegungsfähigkeit stellt. Im folgenden sind einige Beispiele für verschiedene Bewegungsweisen genannt.

Rückenschwimmen: Die langen Hinterbeine der Wasserwanze (oft fälschlicherweise als „Wasserzikade" bezeichnet) *Notonecta glauca* (Notonectidae, Rückenschwimmer) sind mit Schwimmhaaren besetzt und dienen der Fortbewegung und Stabilisierung des Körpers im Wasser.

Dank wasserabstoßender Borsten auf den Unterseiten der Füße kann der Wasserläufer *Gerris costae* (Gerridae) auf der Wasseroberfläche gleiten.

Wasserwanzen (Heteroptera: Hydrocorisae) bewohnen meist stehende Gewässer. Unter ihnen sind vor allem die Ruderwanzen (Corixidae) geschickte und schnelle Schwimmer: Sie schwimmen mit dem Rücken nach oben; als Schwimmbeine dienen ihre langen Hinterbeine, die mit abgeplatteten Borsten besetzt sind. Die in Mitteleuropa häufige Art *Notonecta glauca* (Notonectidae: Rückenschwimmer) besitzen an jedem Hinterbein (an Schiene und Fuß) ca. 3.700 Schwimmhaare, die sich beim Ruderschlag abspreizen. *Notonecta* wendet beim Schwimmen die Bauchseite dem stärksten Lichteinfall zu, d.h. die Tiere schwimmen auf dem Rücken, mit dem Kopf schräg nach unten.

Taumelkäfer (Coleoptera: Gyrinidae) schwimmen direkt an der Grenzfläche zwischen Wasser und Luft. Entsprechend sind ihre Komplexaugen in ein Überwasser- und ein Unterwasserauge getrennt. Die Körperoberseite ist unbenetzbar, die Unterseite ist benetzbar, sodass eine stabile Körperlage stets gewährleistet ist. Die Tiere schwimmen sehr schnell und in Kreisen, was vermutlich Schutz vor Fressfeinden bietet. Die Mittel- und Hinterbeine sind als Schwimmbeine ausgebildet: Die Schiene (Tibia) und alle Fußglieder sind abgeflacht und mit Ruderplättchen besetzt, die sich beim Vorwärtsziehen des Beins anklappen, beim Zurückdrücken fächerartig aufklappen, um einen möglichst großen Widerstand zu erzeugen. Die Hinterbeine schlagen mit rasanten 50–60 Schlägen pro Sekunde, die Mittelbeine halb so schnell. Die langen, dünnen Vorderbeine dienen dem Ergreifen der Nahrung an der Wasseroberfläche, hauptsächlich lebende und tote Tiere, v. a. Insekten.

Räuberische Kurzflügelkäfer der Gattung *Stenus* (Coleoptera: Staphylinidae), die in Uferbereichen von Gewässern leben, retten sich durch „Entspannungsschwimmen" an Land, falls sie bei der Jagd zufällig aufs Wasser geraten. Dazu wird aus den Analdrüsen ein Sekret abgegeben, das ähnlich wie ein Detergens die Oberflächenspannung des Wassers herabsetzt. Das Sekret breitet sich auf der Wasseroberfläche aus und schiebt den Käfer vor sich her, und zwar wesentlich schneller als dies durch Laufbewegungen möglich wäre. Das Drüsensekret dient vermutlich vorwiegend der Feindabwehr und wird vor allem in Fluchtsituationen ausgeschieden.

Ein völlig anderes Prinzip der Fortbewegung nutzen die Jugendstadien von Großlibellen (Odonata: Anisoptera). Die Tiere leben am Grund von Gewässern. Die Atmung erfolgt über den Enddarm, dessen Wand mit lappigen Tracheenkiemen besetzt ist. Der Austausch des Atemwassers wird durch Kontraktionen der Hinterleibs- und Enddarmmuskulatur gewährleistet. Großlibellenlarven bewegen sich normalerweise recht wenig, sind jedoch zu schneller Flucht in der Lage: Durch kräftiges Ausstoßen des Atemwassers aus dem After schießt das Tier nach vorne.

Spektakuläre Tauchmanöver vollführen die erwachsenen Tiere der Kleinlibellenart *Thaumatoneura inopinata* (Odonata: Zygoptera: Thaumatoneuridae). Diese größte Art der Kleinlibellen (Flügelspannweite 19 cm) lebt in tropischen und subtropischen feuchten Bergwäldern Costa Ricas und Panamas, oft in der Nähe von Flüssen und Wasserfällen. Die trotz ihrer Größe zart anmutenden Weibchen schaffen es, unbeschadet direkt durch die tosenden Wassermassen mächtiger Wasserfälle hindurchzufliegen. Die Eier werden an den Felswänden hinter dem Wasser in feuchtes Moos, oder in der Sprühzone der Fälle abgelegt; die Larven entwickeln sich im feuchten Milieu.

Wie schaffen es Insekten, über das Wasser zu laufen?

Die Oberfläche stehender oder langsam fließender Gewässer ist Lebensraum für zahlreiche Insekten. So besitzen z. B. Wasserläufer (Hemiptera: Gerridae und Veliidae) feine Borsten mit wasserabstoßenden Eigenschaften an den Beinen und auf der Bauchseite, die ihnen ermöglichen, die Oberflächenspannung des Wassers zu nutzen und auf dessen Oberfläche –

ähnlich wie mit Schlittschuhen – zu gleiten. Beutetiere, die sich an der Wasseroberfläche bewegen, aber auch die Geschlechtspartner, werden durch Vibrationen, die sie durch ihre Bewegungen auslösen, erkannt und geortet.

Wie fliegen Insekten?

Um einen Körper in die Luft zu erheben, muss ein Organismus in der Lage sein, die Schwerkraft und den Luftwiderstand zu überwinden. Insekten machen sich die Bewegungen der Luft (Aufwinde) zunutze, indem sie die Flügel starr ausgestreckt halten und passiv durch die Luft gleiten. Je nach Anstellwinkel des bzw. der Flügel kann der Auftrieb moduliert werden: je steiler der Anstellwinkel, desto größer der Auftrieb. Insekten können einen Anstellwinkel bis zu 50° erreichen (zum Vergleich: Flugzeuge bis maximal 20°). Daraus ergibt sich die große Manövrierfähigkeit der meisten Insekten. Bei einigen Gruppen, z. B. Libellen und Heuschrecken, insbesondere Wanderheuschrecken, ist jedoch auch Gleitflug weitverbreitet, und oft wechseln Phasen aktiver Flugbewegung und Gleitflug miteinander ab.

Die Prachtlibelle *Calopteryx* cf. *splendens* (Calopterygidae) ist ein geschickter Flieger.

Die meisten geflügelten Insekten fliegen jedoch aktiv, d.h. durch Bewegung ihrer Flügel. Die Schlagfrequenz variiert stark: Ein langsam fliegender Schmetterling schlägt pro Sekunde 5 mal mit den Flügeln, eine Biene bis zu 180 mal, und einige Zweiflügler sogar über 1.000 mal. Ein Flügelschlag setzt sich aus mehreren Teilbewegungen zusammen: Zuerst bewegt sich der Flügel nach unten und nach vorne, dann auf- und rückwärts. Dabei rotiert der Flügel um das Gelenk an seiner Basis. Im Gegensatz zum Gleiten wird beim aktiven Flug der Aufwind vom Tier selbst erzeugt. Bei geflügelten Insekten kommen zwei Arten von Muskulatur zur Flügelbewegung vor: die direkte und die indirekte Flugmuskulatur. Die direkte Muskulatur setzt an der Basis der Flügel an, ähnlich wie die Seile eines Lenkdrachens, während die indirekte Flugmuskulatur die flügeltragenden Thoraxsegmente verformt und so Flügelbewegungen verursacht. Die indirekte Flugmuskulatur besteht aus Muskelsträngen, die einerseits zwischen Rücken- und Bauchplatte, andererseits zwischen der Vorder- und der Rückwand eines Thoraxsegments verlaufen. Wird durch Kontraktion der Rücken-Bauchplatten-Muskelstränge die Rückenplatte Richtung Bauch gezogen, klappen die Flügel über eine Art Hebel nach oben. Entsprechend werden die Flügel gesenkt, wenn die Gegenspieler-Muskeln (zwischen Vorder-und Rückwand des Segments) kontrahieren und die Rückenplatte wieder in die Ausgangsposition zurückkehrt. Die meisten Insekten verfügen über direkte und indirekte Flugmuskulatur; lediglich Libellen und Schaben bewerkstelligen den Flug vor allem mit direkter Flugmuskulatur.

Der Flugstart wird oft von einem Sprung eingeleitet: Sobald die Tarsen Kontakt zum Untergrund verlieren, werden die direkten Flugmuskeln aktiviert.

Eindrucksvolle Flugmanöver beherrschen vor allem Vertreter der Zweiflügler (Diptera), z.B. die Stubenfliege. Ihre Hinterflügel sind zu Schwingkölbchen (Halteren) umgebildet. Halteren funktionieren wie Gyroskope, d.h. Kreiselmess-Systeme, die dem Insekt genaue Informationen über seine Lage im Raum vermitteln. Die schnelle Integration dieser Informationen ermöglicht den Tieren das Halten der Balance, sogar beim Fliegen von waagrechten und senkrechten Kurven und in Zick-Zack-Linien.

Obwohl sich sehr viele Studien mit den verschiedenen Aspekten des Insektenfluges beschäftigt haben, ist das Zusammenwirken von den am Flug beteiligten Sinneseindrücken, ihrer Verarbeitung und den ausgeführten Bewegungen immer noch nicht vollständig verstanden.

Um auch nur den Anflug einer wenige Millimeter großen Fruchtfliege auf eine überreife Banane in all seinen Aspekten zu verstehen, bedarf es einer breit angelegten interdisziplinären Forschung, die zahlreiche Spezialgebiete, von der Molekulargenetik über die Neurobiologie bis zur Aerodynamik, umfasst.

Welche Insekten „stehen“ in der Luft?

Schwebfliegen (Syrphidae), hier *Helophilus trivittatus*, beherrschen die Kunst des in-der-Luft-Stehens.

Um den Körper permanent in der Luft zu halten, muss ein Tier aus eigener Kraft genügend Auftrieb erzeugen können. Libellen erreichen dies dadurch, dass ihre Vorder- und Hinterflügel unabhängig voneinander und asymmetrisch schlagen. Der Flügelschlag verläuft nach vorne und unten, anschließend drehen die Vorderkanten der Flügel nach außen, der Flügel wird nach hinten bewegt, bei der folgenden Aufwärtsbewegung rotiert die Flügelunterseite himmelwärts. So wird erreicht, dass sich am Ende jedes Schlages Luftwirbel an den Flügelkanten bilden, die für den nötigen Auftrieb sorgen. Das „in-der-Luft-Stehen“ ist die energieaufwändigste Form der Bewegung. Außer Libellen sind Schmetterlinge der Familie Sphingidae (Schwärmer) und Schwebfliegen (Diptera: Syrphidae) eindrucksvolle Beispiele für diese Art der Bewegung.

Fliegen Insekten auch bei Regen?

Ein „normaler“ Regentropfen, mit einem Durchmesser von 2–3 mm und einem Gewicht von 0,005 –0,03 g, birgt für ein fliegendes Insekt die Gefahr, beim Aufprall auf Körper oder Flügel den Flug mindestens zu destabilisieren, wenn nicht gar unmöglich zu machen. Entsprechend vermeiden viele Insekten, bei Regen zu fliegen. Allerdings gibt es eine Reihe von Arten, die auch bei Regen, teilweise sogar bei Starkregen, fliegen (siehe unten: die Wanderlibelle *Pantala flavescens*). Untersuchungen zu den Oberflächeneigenschaften von Insektenflügeln haben ergeben, dass diese superhydrophob, d. h. so gut wie unbenetzbar sind. Diese Eigenschaften sind auf unregelmäßige Erhebungen in Nanobereich (1–100 nm; 1 nm = 1 millionstel Millimeter) zurückzuführen. Trifft ein Regentropfen auf die Flügeloberfläche eines fliegenden Insekts, löst der Aufprall auf die rauhe Oberfläche hunderte winziger Schockwellen aus. Der Regentropfen wird dadurch förmlich in Mikrotröpfchen zersplittert, was die Kontaktzeit des Regenwassers mit der Flügeloberfläche stark verkürzt und entsprechend die Flugstabilität weniger stark beeinflusst.

Gibt es Fallschirmspringer unter den Insekten?

Diese Art der Bewegung ist bei Insekten noch wenig untersucht. Allerdings gibt es offenbar Ameisen, die sich an den „Schirmchen" der Löwenzahnsamen festhalten und durch die Luft schweben.

Ein weiteres Beispiel sind zwei Arten von höhlenbesiedelnden Kleinzikaden, bei denen die Vorderflügel jeweils mehr oder weniger halbkreisförmig ausgebildet sind und horizontal über dem Rücken liegen. Sie bilden so einen ungefähr kreisförmigen „Schirm", dessen Ränder (= die Randadern der Vorderflügel) mit watteartigen Wachsausscheidungen gesäumt sind. Die Tiere sind augenlos und flugunfähig; sie leben als Wurzelsaftsauger in der Dunkelzone von Höhlen. Werden die Tiere gestört, verlassen sie mit einem Sprung ihre Unterlage und „segeln" vergleichsweise langsam zu Boden. Es wird vermutet, dass der „Fallschirmsprung" verhindert, dass sich die Tiere durch Fluchtreaktionen zu weit von ihren Nahrungsquellen, den Wurzeln, die von der oberirdischen Vegetation in die Höhlen hineinhängen, entfernen. Interessanterweise wurde die geschilderte Ausprägung der Flügel und das entsprechende Verhalten bei zwei nicht näher miteinander verwandten Arten beobachtet: *Valenciolenda fadaforesta* (Familie Kinnaridae) aus Spanien und *Solonaima baylissa* (Cixiidae) aus Australien. Hier hat parallele Evolution zur Ausbildung derselben speziellen Anpassung geführt.

Die horizontal ausgestellten Flügel der cavernicolen Kleinzikade *Valenciolenda fadaforesta* (Kinnaridae) aus einer Höhle in Spanien dienen als „Fallschirme". Es wird vermutet, dass die flaumigen Wachsausscheidungen am Flügelrand den Luftwiderstand vergrößern.

Wie schnell fliegen Insekten?

Die Fluggeschwindigkeit von Insekten variiert stark, und zwar sowohl zwischen den Großgruppen (Ordnungen) als auch zwischen den Arten z. B. einer Familie.

Hier einige Beispiele:

Stubenfliege (Diptera)	7 km/h
Honigbiene (Hymenoptera)	13 km/h
Pferdebremse (Diptera)	40 km/h
Totenkopfschwärmer (Lepidoptera)	54 km/h
Libelle (Odonata)	55–60 km/h

Trotz ihrer vergleichsweise langsamen Fluggeschwindigkeit schlägt die Stubenfliege 180–330 mal/sec mit den Flügeln (zum Vergleich: Kolibris haben eine Schlagfrequenz von 40–50/sec).

Die schnellsten Flieger sind die Großlibellen: Geschwindigkeiten von 55–60 km/h sind nicht ungewöhnlich. Dabei können Libellen aufgrund ihrer geringen Masse sehr schnell beschleunigen. So erreicht eine 5,5 cm große Heidelibelle in 0,25 Sekunden eine Geschwindigkeit von 50 km/h (zum Vergleich: ein Formel-1-Rennwagen benötigt für eine Beschleunigung von 0–100 km/h immerhin 2,5 sec). Ebenfalls aufgrund ihrer geringen Masse sind die „Bremswege" von Großlibellen kurz – die Tiere können aus voller Geschwindigkeit abbremsen und in der Luft stehen, bzw. sogar rückwärts fliegen. Großlibellen sind in der Lage, mehrere Stunden lang ununterbrochen zu fliegen.

Wie weit können Insekten fliegen?

Ebenso wie die Geschwindigkeit variieren die Strecken, die Insekten im Flug zurücklegen können. Neuere Untersuchungen haben gezeigt, dass die Weibchen solitärer (= nicht staatenbildender) Wildbienen auf Futtersuche im Durchschnitt nur 150 m weit fliegen, während Honigbienen mehrere Kilometer weit fliegen können (im Durchschnitt 0,5 – 1 km). Im Vergleich dazu legen Wanderfalter und Wanderlibellen gigantische Strecken zurück. So fliegen Monarchfalter, *Danaus plexippus* (Lepidoptera: Nymphalidae), aus Nordamerika jährlich im Herbst zu ihren Überwinterungsplätzen in Mexiko, die mehr als 3.600 km von den Sommerquartieren entfernt sind. Die Tiere orientieren sich anhand polarisierter UV-Strahlung und anhand des Erdmagnetfelds, aber auch an markanten Geländepunkten wie Seen oder

Gebirgen. In Europa weit verbreitete Wanderfalter sind der Distalfalter, *Vanessa cardui* (Lepidoptera: Nymphalidae) und die Gamma-Eule, *Autographa gamma* (Lepidoptera: Noctuidaea). In Europa sind Distelfalter nur im Mittelmeergebiet dauerhaft bodenständig; sie leben in Steppengebieten und auf Trockenrasen. Die Nahrung der erwachsenen Tiere sind die Blüten von Disteln, Rotklee und Sommerflieder. In Deutschland, Österreich und der Schweiz fliegen die Tiere im Mai bis Juli ein. Gelegentlich kommt es zu Masseneinflügen von mehreren 100 Millionen Faltern. Diese können im gewerbsmäßigen Anbau von Disteln, z. B. der Mariendistel, erheblichen Schaden anrichten. Auch von der Gamma-Eule, einem Nachtfalter, sind solche Massenwanderungen bekannt. Die Art ist in Europa häufig und weit verbreitet; die Tiere fliegen in warmen Jahren aus Nordafrika und Südeuropa ein. Einige Berühmtheit erlangte die Gamma-Eule beim Finale der Fußball-Europameisterschaft am 10. Juli 2016. Die Veranstalter hatten wegen der Gefahr von Terroranschlägen das Flutlicht im Stade de France im Norden von Paris bereits in der Nacht vor dem Endspiel angeschaltet. Tausende Exemplare der Falter hatten daraufhin das Stadion besetzt, um dem Spiel Portugal gegen Frankreich beizuwohnen. Mehrere Millionen Fernsehzuschauer wurden Zeuge, wie ein Tier sich während einer Verletzungspause auf der Stirn von Cristiano Ronaldo niederließ (vermutlich um salzhaltigen Schweiß oder Tränenflüssigkeit zu lecken, siehe auch Kapitel 13, S. 199f). Trotzdem gewann Portugal das Spiel mit 1 : 0.

Die weitesten Strecken allerdings legt die Wanderlibelle, *Pantala flavescens* (Odonata: Libellulidae) zurück. Die Art ist weltweit, außer in der Antarktis, verbreitet. Sie ist in Deutschland nicht heimisch, wurde aber erstmals 2019 in der südbrandenburgischen Bergbaufolgelandschaft nachgewiesen. Die erwachsenen Tiere von *Pantala flavescens* haben eine Körperlange von 4,5 cm, eine Flügelspannweite von 8,5 cm und fliegen mit einer Geschwindigkeit von 5 m/sec. Sie können selbst Ozeane überqueren, und ihre Wanderstrecken entsprechen denen von Buckelwalen, also mehrere Tausend Kilometer, wobei die Tiere offenbar dicht über der Oberfläche (in 2,5 bis maximal 4 m Höhe) fliegen. Im Herbst kommt es zu Schwarmbildungen – es gibt Berichte über eine „Wolke“ aus *P. flavescens*, die eine Ausdehnung über 34 km^2 gehabt haben soll.

Benutzen Insekten Verkehrsmittel?

Zur Verbreitung, zum Aufsuchen einer Nahrungsquelle oder eines Wirtes benutzen die Angehörigen bestimmter Insektenarten Individuen anderer Insektenarten. Sie heften sich an ihnen fest und lassen sich passiv transportieren. Diese Art des „Reisens“ schadet dem Transporteur i.d.R. nicht, bringt aber dem Reisenden Vorteile. Meist sind die Reisenden kleiner als der Transporteur, oft flugunfähig, und machen sich die Verbreitungsmöglichkeiten des Transporteurs zunutze. Als Beispiel für diese sogenannte **Phoresie** dienen zwei Gruppen von Ektoparasiten an Vögeln: zum einen Vertreter der Vogelläuse (Ischnocera: Psocodea), zum anderen erwachsene, geflügelte Individuen der Lausfliegen (Diptera: Hippoboscidae). Beim Tod des Wirtsvogels heften sich die Läuse mit ihren Mandibeln an einer Lausfliege fest, da nur sie in der Lage ist, aktiv ein neues Nest anzusteuern. Da die Lausfliegen kaum, die Läuse selbst jedoch stark wirtsspezifisch sind, besteht einige Wahrscheinlichkeit, dass die Läuse nicht an der richtigen „Haltestelle", d. h. einem Nest ihres bevorzugten Wirtsvogels, abgesetzt werden. Trotz des Risikos nutzen die Läuse diese Art der Verbreitung; es ist ihre einzige Chance.

Phoresie: erwachsener Schmalbock (Cerambycidae) *Stenurella nigra* transportiert Triungulinus-Larven einer Ölkäfer-Art.

Ektoparasititsche Samtmilben reisen auf ihrem Wirt, einer Baumwanze (Pentatomidae).

Auch Ölkäfer (Meloidae)-Larven des ersten Stadiums der Gattung Meloe, die aufgrund ihrer dreiklauigen Tarsen als Triungulinus-Larven bezeichnet werden, nutzen ein „Insekten-Taxi": Sie lauern auf Blüten sitzend den pollensammelnden Bienen auf, klammern sich an diesen fest und lassen sich in das Nest ihrer Wirte verschleppen. Dort entwickeln sich die Käfer-Larven, die sich dann als Parasiten von Bieneneiern und Honig ernähren. – Die Larven einiger mariner Zuckmücken-Arten der Gattung *Clunio* (siehe Kapitel 8, S. 104), die als Imagines nur wenig flugfähig sind, entwickeln sich auf den Panzern von Meeresschildkröten, deren Algenbewuchs den nötigen Reiseproviant für die Larven liefert. Die Larven anderer *Clunio*-Arten überleben offenbar auch im Darmtrakt von Seevögeln wie der Uferschnepfe und lassen sich auf diese Weise über weite Strecken transportieren.

Auch andere Arthropoden, z. B. Milben, nutzen Insekten als Transportmittel. Larven der Roten Samtmilbe *Trombidium holosericeum* (Acari: Trombidiidae) setzen sich unter den Flügeln von verschiedenen Insekten fest (u. a. an Hummeln, Heuschrecken, Zikaden). Dort leben sie ektoparasitisch von der Hämolymphe ihres Wirts; ältere Stadien und die erwachsenen Tiere sind freilebende Bodentiere, die Insekteneier aussaugen oder kleine Tiere jagen.

Mehr oder weniger unfreiwillig nutzen Insekten auch die Verkehrsmittel des Menschen. Sie reisen als erwachsene Tiere, als Larven oder als Eier in Flugzeugen, Schiffen, in Containern und im Gepäck von Reisenden, und besiedeln als Neozoen Regionen, die außerhalb ihres natürlichen Verbreitungsgebiets liegen (siehe Kapitel 8, S. 95).

10. Wie kommunizieren Insekten? (Bioakustik, Pheromone, Verhalten)

Was ist Kommunikation und wie kommt sie zustande?

Echte Kommunikation ist eine Interaktion zwischen zwei Individuen mit dem Ziel, Informationen zu übertragen oder Verhalten zu koordinieren. Dabei produziert der „Sender“ ein Signal, das eine Botschaft (in kodierter Form) enthält. Der „Empfänger“ muss in der Lage sein, den „Code“ zu entschlüsseln und auf die Botschaft zu reagieren. Er wird damit seinerseits zum „Sender“. Sowohl der Sender als auch der Empfänger müssen prinzipiell Vorteile durch den Austausch von Signalen erfahren (z. B. größeren Fortpflanzungserfolg, verbesserte Ernährungslage, Warnung von Artgenossen vor Räubern), andernfalls wird die Kommunikation nicht beibehalten oder entsteht gar nicht erst.

Allerdings sind alle Kommunikationssysteme anfällig für Störungen. So können Signale vom Sender mit dem Ziel manipuliert werden, den Empfänger zu täuschen, z. B. hinsichtlich seiner tatsächlichen (genetischen) Fitness oder um ihn in eine Falle zu locken. Ebenso können Signale (ungewollt) Informationen über den Sender preisgeben, die diesem letztendlich Nachteile bringen, etwa durch die Anlockung von Räubern oder Parasiten.

Mit wem und zu welchem Zweck kommunizieren Insekten?

Die meisten und sicher die auffälligsten Kommunikationsvorgänge bei Insekten finden zwischen den Geschlechtern einer Art in Zusammenhang mit der Paarung statt. Bei einigen Arten kommunizieren aber auch die (adulten) Weibchen mit ihren Nachkommen, z. B. um Gefahr anzuzeigen oder den Gruppenzusammenhalt zu unterstützen. Von Singzikaden ist bekannt, dass Männchen, die von einem Räuber attackiert werden, einen „Todesschrei“ (engl. *dying yell*) ausstoßen, um ihre Artgenossen vor der Gefahr des Angreifers zu warnen. Bei sozialen Insekten wie z. B. Bienen und Ameisen sind die Kommunikationsvorgänge vielschichtig – sowohl innerhalb als auch zwischen den einzelnen Kasten werden Informationen unterschiedlichsten Inhalts ausgetauscht; sei es, um auf verfügbare Futterquellen aufmerksam zu machen oder um die Arbeitsteilung zwischen den Kasten oder das Reproduktionsgeschehen zu organisieren. Sogar mit Pflanzen können Insekten kommunizieren: So können z. B. Hummeln anhand der elektrischen Ladung von Blüten erkennen, ob diese ausreichend Nektar bereit halten. Umgekehrt erhält die Pflanze durch den Blütenbesuch der Hummel (und den dabei stattfindenden Ladungsausgleich) das Signal, die Nektarproduktion anzukurbeln.

Welche Signale spielen in der Kommunikation von Insekten eine Rolle?

Insekten nutzen optische und akustische Signale sowie Geruchsstoffe, oder eine Kombination dieser Signale, um Informationen zu codieren. Als optische Signale dienen z. B. bestimmte vom Tier erzeugte Licht- oder Bewegungsmuster. Der Körperbau der Insekten bietet ideale Möglichkeiten zur Erzeugung akustischer Signale: Durch das Zusammenwirken von gehärteten Anteilen des Außenskeletts, membranösen Anteilen und Muskulatur können Insekten auf unterschiedliche Weise eine Vielzahl von Tönen und Geräuschen produzieren. Die Signalmuster sind angeboren und artspezifisch, d. h. jede Art besitzt ihre ganz eigene „Erkennungsmelodie". Die Kommunikation mithilfe von Duftstoffen ist bei Insekten weit verbreitet und hochkomplex. Die Duftstoffe selbst, ihre chemische Zusammensetzung und die Morphologie derjenigen Strukturen, die sie produzieren und verteilen, sind außerordentlich vielfältig, ebenso wie die Verhaltensweisen, die sie bewirken.

Was bedeuten die Leuchtsignale der „Glühwürmchen"?

Unter den landlebenden Tieren sind – mit Ausnahme zweier Regenwurm-Arten (aus Sibirien und Nordamerika) – Insekten die einzigen, die selbst Licht erzeugen können.

Das Phänomen der **Biolumineszenz** gehört zu den spektakulärsten Verhaltensweisen bei Insekten. Zu den Arten, die dazu in der Lage sind, gehören einige Vertreter der Springschwänze (Collembola), eine Gattung der Schaben (Blattodea), einige Arten der Pilzmücken (Diptera: Mycetophilidae) und Vertreter mehrerer Käferfamilien. Als „Glühwürmchen" oder „*glow worms*" werden nur die lichtproduzierenden Vertreter der Pilzmücken und die Leuchtkäfer bezeichnet. Die Leuchtkäfer, auch als Johanniswürmchen bekannt (Coleoptera: Lampyridae) enthalten ca. 2.000 Arten, davon drei in Mitteleuropa. Das Leuchten entsteht bei einem chemischen Prozess, und zwar der Oxidation von verschiedenen Naturstoffen, die unter dem Begriff „Luziferin" zusammengefasst werden, durch ein Enzym, die Luziferase. Bei

Weibchen des Leuchtkäfers *Lampyris noctiluca* mit Leuchtorganen an der Hinterleibsspitze

der Reaktion von Luziferin mit Sauerstoff in Anwesenheit eines energieliefernden Stoffes (ATP = Adenosintriphospat) entstehen Oxyluziferin, Kohlendioxid und Licht. Die „Blink-Rate" wird durch gezielte Abgabe des Energielieferanten ATP kontrolliert.

Das biologisch erzeugte Licht (weiß, gelb, rot oder grün) ist kaltes Licht, d. h. die Lichtproduktion hat einen sehr hohen Wirkungsgrad von 95 %. Das bedeutet, dass nur 5 % der Energie als Wärme verloren gehen. Eine herkömmliche Glühbirne hat einen Wirkungsgrad von nur 5 %, sogar LEDs bringen es auf maximal 25 %.

Das Licht wird in eigenen Leuchtorganen erzeugt, die ihren Ursprung im Fettkörper haben. Die Cuticula im Bereich über den Leuchtorganen ist transparent, sodass streifen- oder punktartige Leuchtplatten erkennbar sind. Leuchtorgane treten bei verschiedenen Arten an unterschiedlichsten Stellen des Körpers auf, bei adulten Tieren meist an der Bauchseite der Hinterleibsringe. Das Leuchten wird von Larven und erwachsenen Tieren beider Geschlechter produziert. Bei den Larven dient es als Warnsignal, während es von den adulten Tieren vor allem der Kommunikation zwischen Männchen und Weibchen dient.

Das Leuchten eines einzigen Tieres entspricht ungefähr einem Tausendstel des Lichtes einer Kerze, also 0,001 Lux. Mehrere Tiere in einem Glas ergeben eine Lichtquelle, die ausreichend hell ist, um dabei zu lesen und zu schreiben. Dies spielt in Situationen eine Rolle, in denen herkömmliche Lichtquellen verräterisch sein können. So führten z. B. Soldaten im Krieg Leuchtkäfer mit sich, um nachts Einsatzbefehle und Landkarten lesen zu können. Das *Animals of War Memorial* in London, denjenigen Tieren gewidmet, die im Dienste der britischen Streitkräfte an den Konflikten des 20. Jahrhunderts beteiligt waren, erwähnt daher – neben Pferden, Hunden und vielen anderen Tieren – auch „*glow worms*". Im 2. Weltkrieg bestückten Schweizer Zivilisten ihre Fahrradlampen mit Leuchtkäfern, um auch während der Verdunklung noch mobil sein zu können. Angeblich leuchten 10 Glühwürmchen so hell wie ein normales Fahrradlicht.

Während die mitteleuropäischen Arten gleichmäßig Licht produzieren (Glühen), erzeugen Angehörige der Gattungen *Photinus* und *Photuris* (beides Lampyridae) aus Nordamerika ein rhythmisch unterbrochenes Leuchten (Blitzen). Die Männchen der verschiedenen Arten, von denen mehrere im selben Biotop vorkommen, produzieren entweder Einzellichtblitze in Abständen, Serien von Einzelblitzen, oder sogar flackernde Lichtsignale. Die einzelnen Lichtblitze dauern von 40 Millisekunden bis zu 5 Sekunden. Die Weibchen antworten mit einem einzelnen Lichtblitz auf das Männchensignal, allerdings erst nach einer artspezifischen Pause. Leuchtsignal-Muster der Männchen und die verzögerte Antwort der Weibchen bilden entsprechend einen artspezifischen optischen „Morsecode". Untersuchungen an Freilandpopulationen der Leuchtkäferart *Photinus collustrans* haben gezeigt, dass die Männchen mehr als sieben Abende lang nach einem geeigneten Weibchen suchen, dabei ungefähr 7 km im Flug zurücklegen, und insgesamt mehr als 40.000 Lichtblitze produzieren. Dieses Verhalten birgt hohes Risiko für die Männchen, von Räubern, z. B. nachtaktiven Vögeln, erkannt und gefressen zu werden. Aber auch von anderen Leuchtkäfern droht Gefahr: Die Weibchen einiger Arten haben sich auf das Imitieren von artfremden Lichtsignalmustern spezialisiert und ernähren sich von „getäuschten" Männchen anderer Arten (für weitere Beispiele „agressiver Lockmimikry" siehe Kapitel 11 und 15, S. 158 u. 233).

Trommeln, Zirpen, Fauchen, Pfeifen, Singen – wie produzieren Insekten akustische Signale?

Insekten erzeugen akustische Signale auf vielfältige Weise. Steinfliegen (Plecoptera) klopfen mit dem Hinterleib auf die Unterlage; die Männchen einiger holzbewohnender Käfer, wie z. B. *Xestobium rufovillosum* (Coleoptera: Ptinidae, Nagekäfer), der Scheckige Pochkäfer, Bunte Klopfkäfer oder „Holzwurm", eine der im Volksmund als „Totenuhr" bezeichneten Arten, klopfen dagegen mit mit dem Kopf auf Holz, um paarungsbereite Weibchen anzulocken. Käfer und Larven leben in Bohrgängen in Bauholz, Möbeln und Holzskulpturen. Die Klopfgeräusche im Gebälk alter Häuser oder Möbel können dem Ticken einer Uhr ähneln, was im Volksglauben als Zeichen des nahenden Todes gedeutet wurde.

Durch das Aneinanderreiben verschiedener Körperteile und anhand spezialisierter Bereiche des Außen-

Klopfgeräusche des Scheckigen Pochkäfers, *Xestobium rufovillosum* („Totenuhr")

Männchen (links) und Weibchen (rechts) der Langfühlerschrecke *Tettigonia cantans* (Zwitscherschrecke)

skeletts entstehen Stridulationsgeräusche. Die Lauterzeugung anhand von Stridulationsbewegungen, oft als Zirpen bezeichnet, ist weit verbreitet bei Heuschrecken, Grillen, Schaben, Wanzen, vielen Käferarten und Ameisen.

Die Stridulation der Männchen des Weinhähnchens, *Oecanthus pellucens* (Gryllidae: Oecanthinae), bringt einen zarten Gesang hervor, der in wärmebegünstigten Lagen vorwiegend in Südeuropa, aber auch in Deutschland, nach Einbruch der Dunkelheit zu hören ist.

Langfühlerschrecken (Laubheuschrecken und Grillen) erzeugen Laute, indem sie die aufgestellten Vorderflügel öffnen und wieder schließen, wobei eine feilenartige Schrillleiste auf der Innenseite des oberen Flügels über eine erhabene Flügelader des unten liegenden Flügels, die Schrillkante, streicht, ganz ähnlich als würde mit einem Kamm über die Tischkante gestrichen. Dadurch entsteht jeweils ein meist zweisilbiges Geräusch. Bei den meisten Arten stridulieren die Männchen, und die Weibchen suchen die singenden Männchen auf. Eine Ausnahme ist die Maulwurfsgrille – hier singen beide Geschlechter.

Eine bei Insekten seltene Art der Lauterzeugung ist das Pfeifen: Der Totenkopfschwärmer *Acherontia atropos* (Lepidoptera: Sphingidae) stößt bei Störung einen lauten, piepsenden Laut aus, der durch einen Luftstrom entsteht. Durch rhythmische Erweiterung und Verengung des Pharynx wird Luft durch den Rüssel eingesaugt und ausgestoßen, wodurch eine Klappe am Epipharynx in Schwingungen versetzt wird. Ebenfalls durch einen Luftstrom erzeugt die oft als Haustier gehaltene Madagaskar-Fauchschabe *Gromphadorhina portentosa* (Blattodea: Blaberidae) das charakteristische Fauchen: Tiere beider Geschlechter stoßen Luft aus zwei modifizierten Tracheen am Hinterleib aus. Gefaucht wird bei Bedrohung, zur Abschreckung von Rivalen durch die Männchen, aber auch beim Paarungsvorspiel und bei der Kopulation. Die kompliziertesten Organe zur Lauterzeugung bei Insekten sind die Trommelorgane der Singzikaden (s.u.). Die mit ihnen nah verwandten Kleinzikaden kommunizieren anhand von „stummen" Gesängen, d.h. Vibrationssignalen (s.u.).

Weibchen der Feldgrille *Gryllus campestris* (Gryllidae) mit langem Legebohrer. Die Männchen stridulieren vorwiegend nachmittags oder abends.

Die Maulwurfsgrille *Gryllotalpa gryllotalpa* (Gryllotalpidae) lebt in selbstgegrabenen Gangsystemen, deren Öffnungen als Schalltrichter fungieren. Links: Die als Grabschaufeln spezialisierten Vorderbeine. Rechts: Erwachsenes Tier, Körperlänge ca. 5 cm. Beide Geschlechter können Stridulationslaute erzeugen.

Wie singen Singzikaden?

Singzikaden (Cicadidae) erzeugen die bei Insekten lautesten Gesänge . Hier: Die im Mittelmeerraum weit verbreitete und häufige Eschenzikade *Cicada orni* (Cicadidae). Körperlänge ca. 3 cm.

Die Männchen der meisten Singzikaden-Arten (Hemiptera: Cicadidae) erzeugen laute und teilweise schrille „Gesänge“; die Weibchen sind stumm. Die Signale, die eine beachtliche Lautstärke erreichen können, werden von einem komplex gebauten Organ, dem Tymbal, erzeugt. Das Tymbal, oder Trommelorgan, ist paarig und befindet sich an der Basis des Hinterleibs. Äußerlich sichtbar sind die Schallmembranen, die jeweils seitlich an der Rückenplatte des ersten Hinterleibssegments liegen. Sie sind als rundliche, leicht gewölbte membranöse Felder erkennbar. Sie werden durch härtere Chitinleisten verstärkt, die über die Membranen verlaufen. An der zum Rücken gewandten Innenseite der Schallmembran setzt eine Sehne an, die sich zur Körpermitte hin tellerartig verbreitert: Dort inseriert ein mächtiger Schallmuskel, der an seinem anderen Ende mit einem chitinösen V-förmigen Vorsprung an der Bauchinnenseite des zweiten Hinterleibsringes verbunden ist. Durch die rhythmischen Kontraktionen des Schallmuskelpaares werden die Schallmembranen nach innen gezogen, bei Entspannung der Muskeln schnellen sie in ihre Ausgangslage zurück. Die Schallmembranen des Tymbals weisen einen hohen Anteil des Proteins Resilin auf, welches den Membranen eine hohe Elastizität verleiht. Die Lauterzeugung durch ein Tymbal ist vergleichbar mit dem Eindrücken des gewölbten Bodens einer Blechdose, oder dem Metallbügels eines „Knackfrosch“-Spielzeugs, der beim Loslassen wieder in die Ausgangsposition zurückschnellt und dabei jeweils einen „Klick“ erzeugt. Die Schallmembranen werden jedoch nicht als

Ganzes nach innen gezogen, sondern von Chitinleiste zu Chitinleiste. Je nach Anzahl der Chitinleisten variiert die Zahl der Tonimpulse.

Die Schallmembranen können von Lufträumen umgeben sein, die als Resonanzverstärker dienen. Diese Lufträume sind Tracheen, die nicht mehr der Atmung dienen und stark erweitert sind. Bei manchen Arten füllen die teils riesigen Luftsäcke fast das gesamt Abdomen aus; die Organe werden durch die Tracheenblasen an die Peripherie gedrängt. Auf diese Weise werden hohe Reichweiten und Lautstärken der erzeugten Töne ermöglicht. Der „Gesang" der Eschenzikade *Cicada orni*, die im Mittelmeergebiet weit verbreitet ist, ist noch aus 600 m Entfernung deutlich hörbar. Als lautestes Insekt gilt eine australische Singzikaden-Art, die einen so starken Schalldruck produziert, dass er vom Menschen als schmerzhaft empfunden wird: 113 db (in 20 cm Entfernung), und 100 db (in 1 m Entfernung). Das entspricht ungefähr der Lautstärke eines Preßlufthammers. Die Signale der Singzikaden-Männchen variieren in der Lautintensität, der Frequenz (zwischen 200 – ca. 25.000 Hz) und dem Rhythmus.

Zusätzlich zu den Trommelorganen haben einige Singzikaden-Arten Stridulationseinrichtungen (Schrillkanten und Schrilleisten) entwickelt. Dabei reibt eine spezialisierte Struktur am Vorderflügel über eine Leiste am mittleren Thoraxsegment oder über eine Kante am Hinterflügel. Offenbar besitzen einige Vertreter der neotropischen Gattung *Carineta* derartige Strukturen auch am 9. und 10. Hinterleibssegment. Die Bedeutung dieser „Genitalstridulation" ist noch ungeklärt.

Zur Paarungszeit suchen die stummen Weibchen aktiv die singenden Männchen auf. Die Weibchen einiger Arten erzeugen durch spezielle Flügelschläge einfache, meist kurze Laute und signalisieren so ihre Paarungsbereitschaft. Die Gesänge der Männchen sind artspezifisch, d. h. jede Art hat ein nur ihr eigenes Signalmuster, an dem die Weibchen die Männchen derselben Art erkennen. Die Gesangsaktivität verschiedener Arten im gleichen Gebiet ist zudem über den Tag verteilt. So singen einige Arten bevorzugt am Morgen, einige am Mittag und weitere gegen Abend (siehe auch Kapitel 21, S. 296). Oft versammeln sich mehrere bis zahlreiche Männchen an

Das lauterzeugende Organ am Hinterleib der Singzikaden (Tymbal)

einzelnen Bäumen und äußern synchron oder alternierend ihre Signale. Solche Ansammlungen wirken attraktiv auf paarungsbereite Weibchen. Gleichzeitig minimieren sie für das einzelne Männchen das Risiko, von einem Räuber anhand der Lautäußerungen lokalisiert und gefressen zu werden. Besonders eindrucksvoll ist der synchrone Chorgesang von mehreren tausend Individuen der nordamerikanischen *Magicicada*-Arten (13- und 17-jährige Singzikaden, siehe Kapitel 14, S. 220) auf bestimmten Bäumen, der den Eindruck vermittelt, dass der gesamte Baum „singt" bzw. eher „lärmt". Bei einer Störung (z.B. lautes Motorengeräusch vorbeifahrender Autos, Sirene) verstummen sämtliche Individuen schlagartig.

Was sind „stumme" Gesänge?

Während die Singzikaden (Cicadidae) Laute äußern, die für das menschliche Ohr hörbar sind (von 200–25.000 Hz), d.h. als Luftschall übertragen werden, kommunizieren alle anderen Zikadenarten, die unter dem (taxonomisch nicht relevanten) Begriff „Kleinzikaden" zusammengefasst werden, mit Vibrationssignalen. Diese werden – anders als bei Singzikaden – von beiden Geschlechtern produziert. Auch Kleinzikaden besitzen ein Tymbal, das mit dem Tymbal der Singzikaden gleichen evolutionären Ursprungs ist und prinzipiell ähnlich funktioniert, dessen Bau aber zwischen einzelnen Taxa stark variiert. Die Signale sind niederfrequent (100–2.000 Hz, mit der Hauptenergie im Bereich zwischen 100 und 500 Hz) und müssen ca. 1.000fach verstärkt werden, um sie für den Menschen hörbar zu machen. Sie werden über die Beine und Mundwerkzeuge auf die Unterlage, in der Regel die Nährpflanze, übertragen. Lebendes Pflanzengewebe überträgt die Vibrationssignale der überwiegend kleinen bis sehr kleinen Tiere (< 1 cm bis wenige cm) über längere Distanzen, teilweise über mehrere Meter, auch zwischen Pflanzen, die einander berühren. Die Gesänge der Kleinzikaden sind wie die der Singzikaden artspezifisch und weisen eine enorme Vielfalt auf. Sie spielen eine wichtige Rolle beim Paarungsverhalten – neben Werbegesängen äußern Männchen auch bestimmte Signale in Rivalitätssituationen. Bei den Membracoidea (Buckelzikaden) wurde Vibrationskommunikation auch zwischen erwachsenen Weibchen und ihren Nachkommen nachgewiesen (siehe Kapitel 16, S. 244). Ein besonders eindrucksvolles Beispiel für die Komplexität von Vibrationssignalmustern zeigt die Spornzikade *Nesosydne koae* (Hemiptera: Delphacidae) aus Hawaii. Diese nur wenige Millimeter großen Tiere erzeugen hochgradig strukturierte Gesänge, wobei einzelne Männchen bis zu 60 Minuten lang ununterbrochen Signale äußern. Dieses Verhalten ist durch die Muskelaktivität des Tymbals energieaufwändig, aber als Pflanzensaftsauger sind die Tiere in der Lage, auch während der Signaläußerungen Nahrung aufzunehmen. Zikaden sind also in der Lage, gleichzeitig zu singen und zu trinken – eine Eigenschaften, in der sie dem Menschen eindeutig überlegen sind.

Die obligat cavernicole Glasflügelzikade *Oliarus polyphemus* lebt in der dauerdunklen Zone von Lavahöhlen auf Hawaii Island. Die blinden, unpigmentierten und flugunfähigen Tiere ernähren sich von Wurzeln des einheimischen Baumes *Metrosideros polymorpha* (Myrtaceae), die in den unterirdischen Hohlräumen teilweise dichte Vorhänge bilden. Vibrationssignale sind die einzigen Signale, an denen Männchen und Weibchen einander als mögliche Sexualpartner erkennen. Das Audio-Beispiel zeigt den Wechselgesang eines Männchens und eines Weibchens unmittelbar vor der Paarung.

Die nur wenige Millimeter großen Männchen der Spornzikade (Delphacidae) *Nesosydne koae* erzeugen besonders komplexe Werbegesänge (Vibrationssignale).

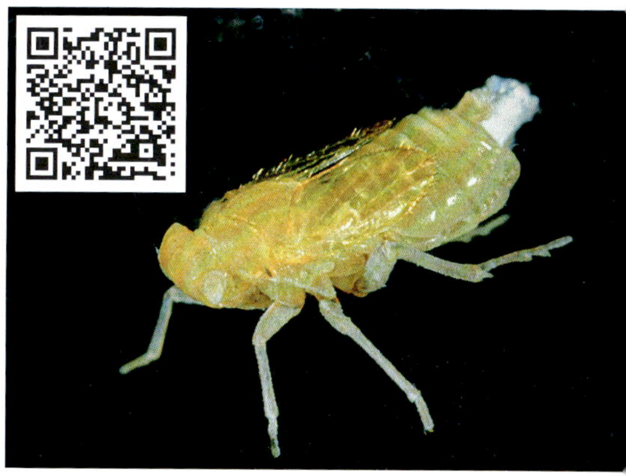

Männchen und Weibchen der blinden, flugunfähigen und unpigmentierten Glasflügelzikade (Cixiidae) *Oliarus polyphemus* aus Lavahöhlen auf Hawaii Island finden und erkennen einander ausschließlich aufgrund ihrer Vibrationssignale.

Wie kann man am Zirpen einer Grille die Temperatur bestimmen?

Der Zusammenhang zwischen der Zirp-Rate von Grillen und der Umgebungstemperatur wurde bereits früh erkannt. Je höher die Temperatur, desto schneller erfolgt die Stridulation.

Aus Beobachtungen bei der Thermometergrille *Oecanthus fultoni* (Orthoptera: Gryllidae), die fast überall in den USA vorkommt, entwickelte schon Ende des 19. Jahrhunderts der Physiker Amos Dolbear eine Formel, die es erlaubt, aus der Zirp-Rate die Temperatur am Standort zu errechnen (Dolbearsches Gesetz). Nach der heute gebräuchlichen, vereinfachten Formel muss man 13 Sekunden lang zählen, wie oft die Grille zirpt und zu dieser Zahl 40 addieren. Das Ergebnis ist die Temperatur in Fahrenheit. Die Formel ist jedoch nicht allgemeingültig, da die Abhängigkeit der Zirp-Rate von der Temperatur bei jeder singenden Grillen- und Heuschreckenart anders ist, und – anders als bei der Thermometergrille – oft auch noch von anderen Faktoren beeinflusst wird (z. B. durch Alter, oder individuelle Variabilität).

Duften und schnuppern – wie funktioniert chemische Kommunikation bei Insekten?

Die vielfältigste und bei Insekten häufigste Art der Kommunikation erfolgt durch chemische Substanzen, die entweder an die Cuticula gebunden sind oder durch die Luft verbreitet werden. Duftstoffe, welche zur Übertragung von Informationen zwischen Angehörigen ein- und derselben Art dienen, werden Pheromone genannt. Pheromone werden in Drüsen produziert, die aus Epidermiszellen hervorgehen. Das Sekret wird über die Oberfläche der Cuticula oder spezialisierte Strukturen nach außen abgegeben. Pheromondrüsen treten an den verschiedendsten Stellen des Körpers auf, z. B. an den Mundwerkzeugen, an verschiedenen Abdominalsegmenten, und sogar auf den Flügeln.

Diejenigen Pheromone, die an die Cuticula gebunden – also nicht flüchtig – sind, bestehen aus gesättigten und ungesättigten Kohlenwasserstoffen. Das spezifische Kohlenwasserstoffprofil einer gegebenen Art ist eine Mixtur aus verschiedenen Komponenten und kann hochkomplex sein. Vor allem ungesättigte Kohlenwasserstoffe spielen eine wichtige Rolle bei der gegenseitigen Erkennung von Angehörigen derselben Art, derselben Kaste (bei staatenbildenden Insekten), des Geschlechts, des Reproduktionszustandes und dienen Parasitoiden bei der Identifizierung ihres Wirtes. Auch flüchtige Pheromone bestehen aus einer Vielzahl vom Komponenten, wobei nicht ein einzelner Stoff charakteristisch für eine bestimmte Art ist, sondern eine bestimmte Komposition aus verschiedenen Duftstoffen. Dabei kann sowohl eine einzelne Komponente Auslöser für ein bestimmtes Verhalten sein, oder aber mehrere oder alle in der Mischung enthaltenen Duftstoffe zusammen. Dieselben Komponenten von Pheromonen, die bei der intraspezfischen Kommunikation eine Rolle spielen, können auch für Wechselwirkungen zwischen Arten relevant sein, z. B. zwischen Insekten und Pflanzen (siehe Kapitel 11, S. 188) oder bei der Verteidigung gegen Feinde (siehe Kapitel 15).

Pheromone wirken entweder unmittelbar und bewirken eine Verhaltensantwort beim Empfänger (Freisetzungs- oder *Releaser*-Pheromone), oder langfristig, indem sie über Signalkaskaden in den Stoffwechsel des Empfängers eingreifen und das Hormonsystem des Empfängers beeinflussen (*Primer*-Pheromone). Letztere sind vor allem bei staatenbildenden Insekten von Bedeutung. So steuert z. B. das Pheromon, das die Bienenkönigin absondert, das soziale Verhalten des Bienenvolkes, garantiert die Pflege der Waben, und hemmt die Entwicklung der Eierstöcke der Arbeiterinnen. Das Bruterkennungspheromon wird von Bienenlarven und -puppen produziert und animiert Arbeiterbienen zur Versorgung des Nachwuchses. Kastendeterminierende Pheromone bestimmen, ob sich weibliche Larven zu einem Geschlechtstier oder zu Arbeiterinnen entwickeln.

Releaser-Pheromone lösen Verhaltensmuster aus, die bei der Fortpflanzung, bei Aggregationen (Ansammlungen), bei der Wegemarkierung (sozialer Insekten), beim Einhalten von Abständen (zwischen Individuen oder den Nestern sozialer Insekten) und bei der Warnung vor Fressfeinden beteiligt sind.

Aggregationspheromone werden von beiden Geschlechtern produziert und dienen der Anziehung von Indidviduen derselben Art gleich welchen Geschlechts an einen bestimmten Ort. Auffällig sind die auch in Städten häufig auftretenden Ansammlungen von Hunderten Larven und Imagines der Feuerwanzen-Art *Pyrrhocoris apterus* (Heteroptera: Pyrrhocoridae) an der Rinde von Linden, auf Holzpfählen und an Mauern. Durch das massenhafte Auftreten schützen sich die Tiere vor Fressfeinden, oder nutzen eine Nahrungsquelle aus. Solche „Ein-

Durch Aggregationspheromone verursachte Ansammlung von Larven und Erwachsenen der Feuerwanze *Pyrrhocoris apterus* (Pyrrhocoridae)

ladungspheromone“ finden auch Verwendung in Pheromonfallen.

Aphrodisiaka-Pheromone stimulieren die Paarungsbereitschaft, während Anti-Aphrodisiaka-Pheromone umgekehrt wirken. So schützen sich z. B. die Larven von Bettwanzen vor den Versuchen traumatischer Insemination durch erwachsene Männchen, die die zarthäutigen Larven nicht überleben würden (siehe Kapitel 13, S. 201).

Die Männchen mancher Schmetterlingsgruppen verfügen über sog. Afterbüschel an der Spitze des Hinterleibs, die bei Kontakt mit Weibchen ausgestülpt werden, um die männlichen Sexualpheromone zu verteilen. Oben: paarungsbereites Männchen des Glasflüglers *Pyropteron chrysidiformis* (Sesiidae), unten: des Zünslers *Diaphania nitidalis* (Pyralidae)

Sexualpheromone signalisieren die Paarungsbereitschaft weiblicher Tiere und lösen beim Männchen ein entsprechendes Suchverhalten aus: Die Männchen fliegen in Richtung der Lockstoffquelle (siehe Kapitel 7, S. 80). Aber auch Männchen produzieren Sexualpheromone zur Anlockung der Weibchen. Besondere Strukturen zur Verbreitung der Sexualpheromone haben Schmetterlingsmännchen entwickelt. So besitzen zahlreiche Arten aus verschiedenen Familien (z.B. Nymphalidae, Lycaenidae, Pieridae) besonders gestaltete Schuppen, sogenannte Duftschuppen (Androconien), auf den Flügeln und an anderen Körperstellen. Diese Duftschuppen tragen stark verästelte Auswüchse mit offenen Poren, durch die das Pheromon abgegeben wird. Noch spektakulärer sind die teilweise riesigen, verzweigten Ausstülpungen (Coremata) am Hinterleib von Bärenspinnern (Noctuidae: Arctiinae), die dicht mit feinen Borsten besetzt sind. Im Ruhezustand sind die Coremata vollständig im Hinterleib verborgen.

Alarmpheromone lösen bei Artgenossen Fluchtreaktionen aus oder führen zu gesteigerter Aggression (z.B. bei Wespen).

Markierungs- und Dispersionspheromone regulieren die Individuendichte. So markieren z.B. weibliche Kirschfruchtfliegen *Rhagoletis cerasi* (Diptera: Tephritidae) ihre Eiablageplätze. Andere Weibchen meiden daraufhin diese Stellen und umgehen dadurch etwaige Konkurrenz zwischen den Nachkommen.

Spur- und Rekrutierungspheromone sind vor allem bei staatenbildenden Insekten verbreitet.

Durch Spurpheromone markieren z.B. Ameisen den Weg von der Nahrungsquelle zum Nest, und durch Rekrutierungspheromone animieren die Mitglieder einer Kolonie einander, sich auf Nahrungssuche zu begeben.

Warum tanzt die Honigbiene?

Honigbienen haben eine besondere Körpersprache entwickelt, anhand derer sie Informationen über lohnende Futterquellen ebenso wie über mögliche Nistplätze an Angehörige ihres Stocks weitergeben können. Hat eine Sammlerin eine Futterquelle ausfindig gemacht, kehrt sie zum Stock zurück und teilt den dort verbliebenen Sammlerinnen mit, nach welcher Blütensorte sie suchen sollen, und in welcher Richtung und in welcher Entfernung sich diese Blüten befinden. Dabei geht sie folgendermaßen vor: Information über die Blütensorte vermittelt die zurückkehrende erfolgreiche Sammlerin durch den Blütenduft, der ihr anhaftet. Befinden sich die entsprechenden Blüten in der Nähe des Stocks, beginnt die heimkehrende Sammlerin einen „Rundtanz", d.h. sie bewegt sich in Kreisen auf der Wabe, wobei sie öfter die Richtung wechselt. Dabei gibt sie immer wieder etwas Nektar an die anderen Sammlerinnen ab. Je besser die Qualität des vorgefundenen Nektars, desto kräftiger sind die Tanzbewegungen. Die Richtung, in der sich die beworbene Nektarquelle befindet, wird durch den Rundtanz nicht angegeben. Allerdings finden die daraufhin ausfliegenden Sammlerinnen die entsprechenden Blüten innerhalb weniger Minuten, und zwar dadurch,

Sammlerinnen der Honigbiene versammeln sich auf der Wabe, wo sie ihren Nestgenossinnen die Lage (Richtung und Entfernung) einer Nahrungsquelle durch Schwänzeltanz anzeigen.

dass sie in immer größer werdenden Kreisen um den Stock fliegen. Ist die Futterquelle in größerer Entfernung vom Stock gelegen (in einem Radius von 50 m bis ca. 1 km, in Ausnahmefällen bis zu 3 km), wird die zurückkehrende Sammlerin den „Schwänzeltanz" aufführen. Beim Schwänzeltanz (Dauer 1–2 min) beschreibt die Biene mit ihrem Körper wiederholt die Figur einer Acht, wobei sie mit dem Abdomen rüttelt und immer wieder Nektar austeilt. In der Tanzfigur der „Acht" sind mehrere Informationen kodiert, und zwar der benötigte Energieaufwand, um zur Nahrungsquelle zu gelangen, die Qualität der dort angebotenen Nahrung, sowie die Richtung (in Relation zum Sonnenstand), in der sich die Nahrungsquelle befindet. Die **Entfernung** der Futterquelle vom Stock ist direkt korreliert mit der Geschwindigkeit des Tanzes. Bei einem Abstand des Ziels von 100 m wird die geradlinige Strecke (in der Mitte der Acht) in 15 Sekunden ungefähr 10-mal durchlaufen. Das Tanztempo nimmt mit zunehmender Entfernung der Nahrungsquelle vom Stock kontinuierlich ab, sodass jeder Entfernung eine bestimmte Tanzgeschwindigkeit entspricht. Die **Richtung**, in der sich die attraktive Futterquelle befindet, wird durch die Lage der geradlinigen Strecke in der Mitte der Acht mitgeteilt. Dabei wird die im Gelände waagrechte Bewegung (vom Stock zur Futterquelle) beim Schwänzeltanz auf der Wabe in die Senkrechte übertragen. Dort entspricht der Winkel, den die geradlinige Strecke der Acht in Relation zur Richtung der Schwerkraft beschreibt, demjenigen Winkel im Gelände, der zwischen den Strecken Stock-Futterquelle und Stock-Sonne besteht. Befindet sich die Futterquelle also in direkter Luftlinie zwischen Stock und Sonne, wird die geradlinige Strecke der Acht auf der Wabe genau senkrecht durchlaufen. Ist die Futterquelle um einen bestimmten Winkel aus der Luftlinie Stock-Sonne verschoben, wird die geradlinige Strecke der Acht auf der Wabe um exakt diesen Winkel von der Senkrechten abweichen.

Außer der Lage von Futterquellen können auch Informationen über mögliche neue Nistplätze durch Tänze übertragen werden. Die zurückkehrenden Kundschafter-Bienen tragen keinen Pollen oder Nektar in die Wabe, und ihr Schwänzeltanz dauert wesentlich länger als der Schwänzeltanz zur Anzeige von Futterquellen (15–30 Minuten). Jede Biene vermittelt die Information der von ihr gefundenen Stelle, d. h. die Bienen tanzen mit unterschiedlicher Geschwindigkeit, mit unterschiedlichen Winkeln der geradlinigen Achter-Strecke und unterschiedlich lange. Daraufhin fliegen weitere Kundschafter-Bienen aus; auch sie tanzen bei ihrer Rückkehr. Auf diese Weise werden die Optionen sortiert, bis schließlich ein Platz ausgewählt wird, dessen Lage durch einen einzigen Tanz angezeigt wird.

Die Entschlüsselung dieser hochkomplexen „Sprache der Bienen" ist ein Meilenstein nicht nur der Insektenkunde, sondern der Lebenswissenschaften insgesamt. Der deutsch-österreichische Zoologe Karl Ritter von Frisch (1886–1982) wurde dafür im Jahr 1973 mit dem Nobelpreis geehrt (gemeinsam mit zwei anderen Verhaltensforschern, Konrad Lorenz und Nikolaas Tinbergen).

11. Wie ernähren sich Insekten? (Nahrung, Nahrungserwerb)

Es gibt keine lebende oder tote organische Materie, die nicht von Insekten als Nahrungsquelle genutzt wird, seien es Pflanzen oder Tiere, naturbelassen ebenso wie verarbeitet. Insekten fressen Aas in allen Stadien der Verwesung, Körperflüssigkeiten und Ausscheidungen anderer Tiere, wie z. B. Honigtau oder Dung, sogar Haare und Textilien. Einige Arten stellen ihre eigene Nahrung für ihren Nachwuchs her, und mithilfe von Mikroorganismen können sie sich sogar extrem einseitig ernähren, z. B. von Pflanzensaft oder Blut, und das für andere Tiere unverdauliche Holz zur Energiegewinnung nutzen. Räuberische Insekten haben raffinierte Methoden zur Anlockung und Überlistung, zur Verfolgung und Ergreifung ihrer Beute entwickelt. Parasiten und Parasitoide nutzen ein breites Spektrum an Wirtstieren. Im Zusammenhang mit dem Nahrungserwerb und der damit verbundenen Lebensweise haben Insekten im Laufe der Evolution eine Fülle von morphologischen Anpassungen und Verhaltensweisen entwickelt.

Wie sehen die Mundwerkzeuge von Insekten aus?

Unter Mundwerkzeugen versteht man diejenigen Extremitäten und Anhänge der Kopfsegmente, die zur Aufnahme und der Zerkleinerung von Nahrung dienen. In Anpassung an die aufgenommene Nahrung zeigen die Mundwerkzeuge eine große Vielfalt, die sich jedoch auf ein Grundmuster zurückführen lässt.

Wie beißen und kauen Insekten?

Mundwerkzeuge vom **kauend-beißenden Typ** (siehe Kapitel 2 und 3, S. 15 u. 31) gelten als die ursprünglichste Ausprägung. Sie sind vor allem bei Ohrwürmern (Dermaptera), Schaben (Blattodea), Heuschrecken und Grillen (Orthoptera) und Käfern (Coleoptera) vorhanden. Sie bestehen aus der Oberlippe (Labrum), dem Oberkiefer (Mandibeln), dem Unterkiefer (Maxillen) und der Unterlippe (Labium). Die Oberlippe ist unpaar und schließt – ähnlich einer Klappe – den Mundraum nach vorne ab. Sie ist oft mit Sinnesborsten besetzt. Die Mandibeln (Oberkiefer) sind paarig und aus dem Beinpaar entstanden, das neben dem Mund lag. Die Mandibeln sind stets ungegliedert. Nur bei der ursprünglichen Insektengruppe der Felsenspringer (Archaeognatha) ist die Mandibel mit einem einzigen Gelenkhöcker mit der Kopfkapsel verbunden, sodass sie zwar in alle Richtungen beweglich, aber nicht besonders kräftig ist. Bei allen anderen Insekten ist die Mandibel – ähnlich wie eine Tür in ihren Angeln – an zwei Punkten an der Kopfkapsel eingelenkt und durch kräftige Muskeln an den Gelenken stabil in nur einer Ebene bewegbar, die senkrecht zur Körperachse steht. Die Bewegung der beiden Mandibeln gleicht entweder der einer Beißzange oder der einer Schere, je nachdem, ob sich die inneren Ränder treffen oder überlagern. Die nach innen gewandten Seiten der Mandibeln dienen dem Abbeißen der Nahrung und der groben Zerkleinerung; entsprechend sind sie differenziert in einen Schneide- und einen Kaubereich. Beide sind stark sklerotisiert und teilweise durch Einlagerung von Zink und Mangan derart gehärtet, dass es einigen Insekten gelingt, sogar Metalle durchzunagen. So können z. B. Termiten elektrische Leitungen zerstören und Kurzschlüsse verursachen. Im Holz lebende Arten, wie z. B. Holzwespen (Hymenoptera: Siricidae) oder die Larven des Blauen Scheibenbocks *Callidium violaceum* (Coleoptera: Cerambycidae) verursachen Schäden bei Dachabdeckungen, wenn Metall (Kupfer, Blei oder Zink) direkt auf Holzlagen aufgebracht ist. Die Larven oder erwachsenen Tiere arbeiten sich aus dem Holz ins Freie. Durch die Löcher im Metall dringen Feuchtigkeit und in

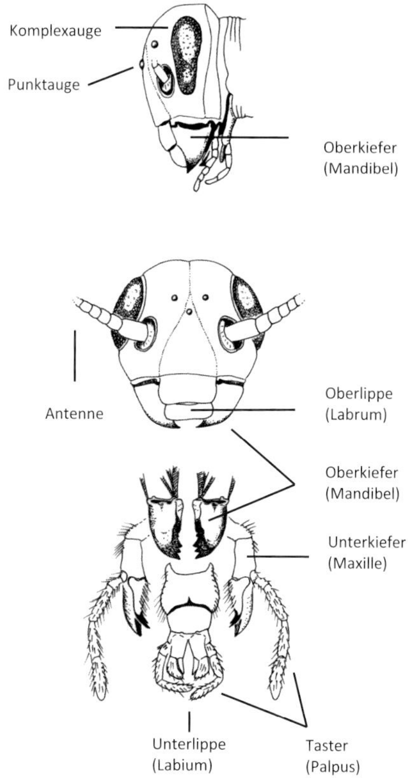

Schema der Mundwerkzeuge vom beißend-kauenden Typ (unten: Mandibeln, Maxillen und Labium freipräpariert)

der Folge auch Pilze und Fäulnis in das Holz ein.

Bei einigen Insektentaxa haben die Mandibeln ihre Aufgabe bei der Nahrungsaufnahme aufgegeben und erfüllen andere Funktionen. So bilden sie z. B. das „Geweih“ des Hirschkäfers *Lucanus cervus* (Coleoptera: Lucanidae), das bei den Kämpfen der Männchen der Vertreibung von Rivalen dient.

Kopf des Leiterbockkäfers *Saperda scalaris* (Cerambycidae) mit kräftigen Mandibeln (Frontalansicht)

Die Oberkiefer (Mandibeln) des Hirschkäfers *Lucanus cervus* (das „Geweih") dienen nicht mehr der Nahrungsaufnahme, sondern werden bei Kämpfen zwischen rivalisierenden Männchen eingesetzt.

Auch die Maxillen (Unterkiefer) sind paarig, jedoch im Unterschied zu den Mandibeln gegliedert. Das Grundglied (Cardo) ist mit nur einem Gelenk an der Kopfkapsel verankert. Ihm sitzt ein schlankes Glied (Stipes) auf, das nach außen einen Taster (Palpus) trägt und an der Spitze zweigeteilt ist: Der innere Bereich (Lacinia) ist mit Zähnchen oder Dornen besetzt und unterstützt die Mandibeln bei der Zerkleinerung der Nahrung; der äußere Bereich ist abgerundet und wird nicht zum Kauen eingesetzt. Die einzelnen Glieder der Maxille sind gegeneinander beweglich, sodass Brocken fester Nahrung gedreht werden können, um sie den Mandibeln zuzuführen.

Die unpaare Unterlippe (Labium) wird von den Extremitäten des hinteren Kopfsegments gebildet, deren Grundglieder in der Mitte verschmolzen sind. Ihre freien Enden ähneln den Maxillen, mit je einem seitlich ansetzenden Taster und zweigeteilter Spitze, deren innerer Bereich Glossa, und deren äußerer Bereich Paraglossa genannt wird.

Die seitlichen Palpen der Maxillen und des Labiums (insgesamt vier) sind mit Haarsensillen besetzt und prüfen Art und Qualität der Nahrung.

Ebenfalls Mundwerkzeuge, allerdings nicht aus Extremitäten ableitbar, sind unpaare Hautduplikaturen (Epipharynx und Hypopharynx) oberhalb und unterhalb der Mundöffnung, die ähnlich wie Gaumen und Zunge den Mundvorraum nach vorne begrenzen, respektive ihn unterteilen.

Wer eine Heuschrecke oder eine Schabe beim Fressen beobachtet, wird feststellen, wie umsichtig und zielgerichtet die Tiere die Nahrung prüfen, abbeißen, und zerkauen. Die Nahrungsaufnahme ist nicht nur hinsichtlich der Mechanik der Mundwerkzeuge eine beachtliche Leistung, sondern vor allem hinsichtlich der sensorischen und motorischen Koordination.

Direkt ableitbar von den kauend-beißenden Mundwerkzeugen sind leckend-saugende und stechend-saugende Mundwerkzeuge. Diese erlauben die Aufnahme flüssiger Nahrung, sei es direkt von einer Oberfläche (z. B. Nektar von Blüten) oder im Innern von Geweben (Pflanzensaft, Hämolymphe, Blut).

Rüsselkäfer (hier: *Liparus dirus*) tragen die kauend-beißenden Mundwerkzeuge an der Spitze ihres rüsselartig vorgezogenen Kopfes.

Wie lecken Insekten flüssige Nahrung auf?

Leckend-saugende Mundwerkzeuge finden sich bei den meisten Schmetterlingen, aber auch bei Vertretern der Hautflügler (Hymenoptera) und einigen Zweiflüglern (Diptera). Der lange, in Ruhestellung spiralig-eingerollte Saugrüssel der Schmetterlinge besteht vor allem aus den Galeae der Unterkiefer (Maxille). Diese sind als hohle Halbröhren ausgebildet, die auf der Rückseite miteinander verfalzt und auf der Vorderseite durch lippenartige Ränder verbunden sind. Die Spitzen der Galeae sind dicht mit Haar-

Schmetterling mit Leck-Saugrüssel auf einer Sonnenhut-(*Echinacea*)-Blüte

sensillen besetzt. Im Innern der hohlen Halbröhren verlaufen entsprechend Nerven, aber auch feine, schräg verlaufende Muskelstränge, durch deren Kontraktion der Rüssel eingerollt wird, sowie Tracheenäste. Das Ausrollen des Rüssels erfolgt durch Erschlaffen der Galea-Muskulatur, durch die Eigenelastizität des Rüssels und wird vermutlich durch erhöhten Hämolymphdruck in den Galeae unterstützt. Den für das Einsaugen der Nahrung notwendigen Sog erzeugt die Erweiterung des Pharynx durch dort ansetzende kräftige Muskulatur in der Kopfkapsel. Alle anderen Anteile der Maxillen sind ebenso wie die Mandibeln völlig oder weitgehend zurückgebildet. Die Unterlippe (Labium) ist plattenförmig und auf der Bauchseite in die Kopfkapsel integriert; die Labialpalpen sind als Sinnesorgane erhalten.

Eine besondere Ausprägung des leckend-saugenden Mundwerkzeugtyps zeigen die Arbeiterinnen der Honigbiene *Apis mellifera* (Hymenoptera: Apidae). Hier bilden die Maxillen (Unterkiefer) und das Labium (Unterlippe) zusammen eine funktionelle Einheit, die zum Verflüssigen und Aufsaugen der Nahrung dient, den Labiomaxillarkomplex. In Ruhestellung ist der Labiomaxillarkomplex nach hinten, unter den Kopf, zurückgeklappt. Landet die Biene auf einer Blüte und findet Nektar vor, klappt sie den Labiomaxillarkomplex nach vorne-unten aus, so als würde sie die „Zunge herausstrecken". Tatsächlich entsteht erst durch das Ausklappen vom Verbund Maxillen plus Labium ein röhrenförmiger Hohlraum, durch den die flüssige Nahrung zum Mund gesaugt werden kann. Maxillen und Labium sind gegenüber ihrer Ausprägung bei kauend-beißenden Mundwerkzeugen stark abgewandelt: Die Maxillen sind länglich, schlank, mit einem Gelenk zwischen Stipes und Galea versehen, die Galeae sind langgetreckt und werden durch eine Längsleiste in zwei Hälften geteilt, die miteinander einen Winkel bilden. Die Glossen der Unterlippe sind ebenfalls langgestreckt, bilden zusammen eine röhrenförmige „Zunge", die dicht mit Borsten besetzt ist. Das Ende der Zunge ist zu einem „Löffelchen" verbreitert. Auf der Rückseite der Glossen fließt Speichel in einer Rinne bis zum „Löffelchen", wo er feste Nahrung, z. B. Zucker, auflösen kann.

Die Mandibel ist bei der Honigbiene zwar noch vorhanden, dient aber nicht mehr der Nahrungsaufnahme. Sie ist klein, schlank und abgerundet; ihre Innenfläche weist eine Vertiefung auf, in die Mandibeldrüsensekret abgegeben wird. Die Arbeiterinnen nutzen die Mandibel als Modellierwerkzeug zum Kneten und Formen von Wachs (zum Bau der Waben); das Mandibeldrüsensekret sorgt für entsprechende Geschmeidigkeit des Wachses.

Wenn sich eine Stubenfliege (Diptera: Muscidae) auf einem Marmeladenbrot niederlässt, kann man beobachten, wie sie eine Art „Stempel" aus dem Kopf hervorstreckt und damit die Oberfläche abtupft. Auch hierbei handelt es sich um leckend-saugende Mundwerkzeuge, allerdings völlig anderen Baus. Der Stempel besteht aus Anteilen der Unterlippe (Labium). Er ist an seiner Spitze verbreitert und bildet die paarigen kissenartigen Labellen. Die Vorder- bzw. Unterseite der Labellen ist von feinen Rinnen durchzogen, die sich nur mit einem engen Spalt nach außen öffnen. Sie sind spangenartig versteift und erinneren an Tracheen; sie werden daher als Pseudotracheen bezeichnet. An den Rinnenkanten bilden die versteifenden Leisten Zähnchen. Diese ermöglichen, dass die Stubenfliege Nahrungspartikel abschaben und aufnehmen kann. Mithilfe der Pseudotracheen wird jedoch auch Speichel über die Kontaktfläche der Labellen mit dem Substrat verteilt. Aufgelöste Nahrung wird durch Kapillarkräfte aufgenommen, die durch das Aufpressen und Abheben der Labellen von der Oberfläche entstehen, in etwa vergleichbar mit der Wirkweise eines Schwamms.

Wie trinken Insekten Blut und Pflanzensaft?

Beiden Flüssigkeiten ist gemeinsam, dass sie nicht von der Oberfläche von Tier- oder Pflanzengeweben aufgeleckt werden können. Ein Insekt, das sich von Pflanzensaft oder Blut ernähren will, muss mit seinen Mundwerkzeugen ins Gewebe eindringen, um an seine Nahrung zu kommen. Mehrere Insektengruppen haben unabhängig voneinander **stechend-saugende Mundwerkzeuge** entwickelt. Diese zeigen in den verschiedenen Gruppen unterschiedliche Ausprägungen. Am auffälligsten sind die Mundwerkzeuge der Hemipteren (Wanzen, Zikaden, Blattläuse, Blattflöhe u. a.) und der

Die Prachtwanze *Mirus striatus* (Miridae) sticht mit ihrem Saugrüssel Pflanzengewebe an.

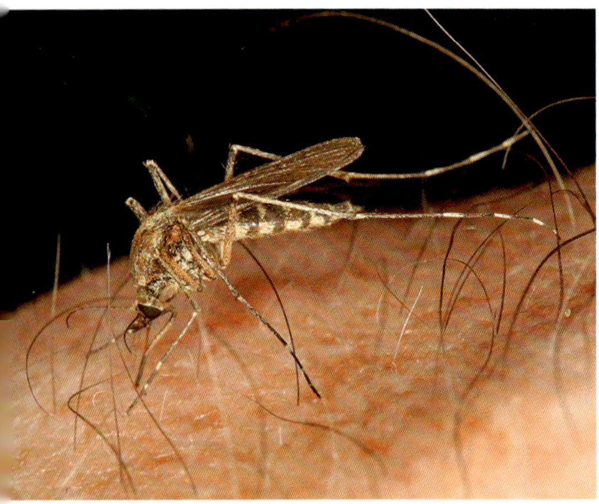

Stechmückenweibchen (Culicidae) beim Stich in die Säugetierhaut (siehe auch Kapitel 17)

Zweiflügler (Diptera). Ihnen allen gemeinsam ist die Tatsache, dass Anteile der Mundwerkzeuge zu Stechborsten bzw. Stechborstenbündeln ausgeprägt sind.

Bei den Hemipteren sind die Mandibeln und die Lacinien der Maxillen zu langen, dünnen Stechborsten entwickelt. Die Mandibeln sind an der Spitze gezähnt. Sie werden durch Muskelaktivität aus der Kopfkapsel herausgeschoben und eingezogen, sodass sie sich bei der Vor- und Zurückbewegung in das Wirtsgewebe hineinsägen können. Zwischen den Mandibeln verlaufen die Maxillen, die auf ihrer inneren Fläche je zwei Rinnen aufweisen. Zusammengelegt bilden diese zwei separate Röhren: Durch die eine wird Speichel mithilfe einer muskulären Speichelpumpe in den Stichkanal gegeben, durch die andere die Nahrung angesaugt. Bei Zikaden sind die Stechborsten beweglich und beproben das Pflanzengewebe nach Leitungsbahnen. Dabei erhärtet der abgegebene Speichel um die Stechborsten herum, sodass ein geschlossener Hohlraum entsteht. Das Labium (Unterlippe) dient als Scheide für die Stechborsten in Ruhestellung oder als „Bohrgestänge“ für deren Positionierung vor dem Stich; es wird nicht in das Wirtsgewebe eingeführt.

Bei den Weibchen der Stechmücken (Diptera: Culicidae) bildet das Labium ebenfalls eine Rinne, die nach vorne offen ist. Als Stechborsten sind – wie bei den Hemipteren – die Mandibeln und die Lacinien der Maxillen ausgeprägt, zusätzlich der unpaare Hypopharynx und das Labrum. Das Labrum deckt die Labialrinne nach vorne ab und ist die dickste der Steckborsten. Seine Seitenränder sind nach hinten gebogen und auf der Rückseite verzahnt; der so entstehende Hohlraum dient als Nahrungsrohr. Das Speichelrohr verläuft im Hypopharynx. Auch beim Stich der Stechmücke dringt das Labium nicht in das Gewebe des Wirts ein.

Im Gegensatz zu den elegant anmutenden Stechborsten der Stechmücken muten die stechend-saugenden Mundwerkzeuge weiblicher Bremsen (Diptera: Tabanidae) geradezu brutal an: Die Stechborsten sind kürzer und massiver ausgeprägt, die Mandibeln sind plattenförmig und regelrechte Dolche, die Löcher in die Haut ihrer Wirte reißen. Entsprechend ist der Stich einer Bremse sehr viel schmerzhafter als der einer Stechmücke.

Der plumpe Stechrüssel der Goldaugenbremse *Chrysops* cf. *relictus* (Tabanidae) verursacht einen schmerzhaften Stich.

Was fressen Insekten am liebsten?

Ungefähr die Hälfte aller bekannten Insektenarten ernährt sich von Pflanzen aller Art, von winzigen Algen bis zu riesigen Mammutbäumen. Einige der artenreichsten Insektengruppen leben ausschließlich vegetarisch (herbivor oder phytophag): Alle Schmetterlinge (bis auf wenige Ausnahmen: die Raupen einiger Geometridae sind carnivor), unter den Käfern die Rüsselkäfer (Curculionidae) und die Blattkäfer (Chrysomelidae), unter den Hautflüglern (Hymenoptera) die Gallwespen (Cynipidae), unter den Hemipteren sämtliche Auchenorrhyncha (Zikaden) und Sternorrhyncha (Pflanzenläuse). Dabei werden alle ober- und unterirdischen Teile der Pflanze genutzt: Wurzeln, Stängel, Blätter, Blüten inklusive Nektar und Pollen, Samen, Pflanzensaft, Speicherorgane wie Zwiebeln und Knollen, und sogar verholzte Gewebe. Herbivore Insekten sind die stärksten Nahrungskonkurrenten des Menschen.

Herbivore Insekten benötigen bestimmte Fähigkeiten, um die Gewebe höherer Pflanzen als Nahrung zu nutzen. Ein Insekt muss sich in der Vegetation nicht nur festhalten und bewegen können; es muss außerdem in der Lage sein, die Abwehrmechanismen der Pflanze zu überwinden (siehe Kapitel 12, S. 187). Pflanzen wehren sich gegen Herbivore entweder durch die Ausbildung von Stacheln oder dichter Behaarung, oder durch bestimmte

Larve der Blattwespe *Euura miliaris* (Tenthredinidae) bei der Nahrungsaufnahme

Inhaltsstoffe, die für das Insekt abstoßend oder giftig sind, oder die Verdauung erschweren. Dazu kommt, dass Pflanzengewebe – mit Ausnahme von Samen – im Vergleich zu Nahrung tierischer Herkunft weniger Proteine, Fette und Vitamine enthält. Andererseits sind Pflanzen eine häufige und weit verbreitete Nahrungsquelle, die zuverlässig und vorhersehbar zur Verfügung steht. Entsprechend den vielfältigen Arten der Nutzung haben sich bei den Insekten verschiedene funktionelle Ernährungstypen herausgebildet, die ganz unterschiedlichen taxonomischen Einheiten angehören, z. B. Weidegänger, Blattfresser, Blattminierer, Bohrer, Saftsauger, und Holzfresser. Insekten, die Blüten (inkl. Nektar und Pollen) und Samen verzehren, spielen eine wichtige Rolle bei der Reproduktionsbiologie der Pflanze (siehe Kapitel 12, S. 182).

Typische **Weidegänger** sind die wasserlebenden Larven von Steinfliegen (Plecoptera) und einiger Köcherfliegen (Trichoptera), die mit ihren Mundwerkzeugen Algen und Moospartikel vom Untergrund oder von Steinen abschaben. **Blattfresser** sind vor allem die Raupen von Schmetterlingen, viele Käfer (als Larven und erwachsene Tiere), die meisten Heuschreckenartigen (Orthoptera) und die Larven der Blattwespen (Hympenoptera: Tenthredinoidea). Unter den Blattfressern finden sich bedeutende Schadinsekten für Land- und Forstwirtschaft, z. B. die Raupen des Schwammspinners *Lymantria dispar* (Lepidoptera: Erebidae) und des Eichen-Prozessionsspinners *Thaumetopoea processionea* (Lepidoptera: Notodontidae), Wanderheuschrecken (Orthoptera: Acrididae), und die Imagines vieler Käfer, z. B. der Blattkäfer (Chrysomelidae), der Rüsselkäfer (Curculionidae) und der Blatthornkäfer (Scarabaeidae). Die Schäden, die Blattfresser verursachen, d. h. der Prozentsatz vernichteter Blattfläche, ist vergleichsweise leicht quantifizierbar. Messungen in verschiedenen Regionen der Erde, und in verschiedenen Waldökosystemen haben ergeben, dass Blattfresser für einen durchschnittlichen Verlust von 3–17 % der gesamten Blattfläche verantwortlich sind. Bei schwerem Befall durch einseitige Vermehrung bestimmter, oft eingeschleppter Arten, kann der Verlust bis zu 45 % betragen.

Im Gegensatz zu Blattfressern, die sich an der Oberfläche von Blättern bewegen, leben **Blattminierer** im Innern lebender Blätter, und zwar zwischen den beiden Epidermislagen. Blattminierer sind ausnahmslos Insektenlarven, die Gänge in das Gewebe fressen. In der Folge vertrocknet die Epidermis im Bereich der Gänge, woran deren Verlauf gut erkennbar ist. Die Exkremente bleiben als dunkle Kügelchen in den Gängen zurück. Oft zeigen die Muster der Gänge charakteristische Merkmale, die auf den verursachenden Minierer schließen lassen. In der Regel erweitert sich der Gang allmählich, da die Larve während des Minierens wächst. Für die Verpuppung verlassen die Larven die Blätter; die Verpuppung erfolgt in der Regel am Boden. Die Ernährungsweise des Blattminierens ist mehrfach unabhängig bei verschieden Insektenordnungen entstanden, und zwar innerhalb der Zweiflügler, der Schmetterlinge, der Käfer und der Hautflügler. Blattminierer verursachen Schäden an Nutzpflanzen, z. B. an Obstbäumen, verschiedenen Gemüsesorten und an Zierpflanzen. Sie bleiben jedoch stets nahe an der Blattoberfläche, während die sogenannten **Bohrer** tief ins Pflanzengewebe eindringen, z. B. in Früchte, Samen und Nüsse, aber auch in Wurzeln und Holz. Zu den Bohrern gehören die Larven vieler Käfer, Schmetterlinge und Hautflügler. Wichtige Forstschädlinge sind die Borkenkäfer (Curculionidae: Scolytinae), deren Larven Bohrgänge in der Rinde oder im Holz vieler Baumarten anlegen. Sie schädigen die Pflanzen auf verschiedene Weise. So können durch die Bohrlöcher und -gänge Pilze tief ins Holz eindringen. Auch mindern Gänge im Holz den Holzwert, und Bohrgänge in der Rinde verletzen die wasserleitenden Gewebe, was letztendlich zum Absterben des befallenen Baums führt. Von bereits geschwächten Bäumen geht zudem eine besondere Lockwirkung aus, da Borkenkäfer nach dem Einbohren ein Aggregationspheromon ausscheiden, das weitere Tiere anlockt. Wichtige Forstschädlinge in Mitteleuropa unter den Borkenkäfern sind der Buchdrucker, *Ips typographicus*, der die dicken Stämme älterer Fichtenbestände bevorzugt, der Kupferstecher, *Pityogenes chalcographus*, der vorwiegend in den Kronen von Fichten lebt, und der Waldgärtner, *Tomicus piniperda*, dessen Larven Bohrgänge in Kieferntrieben anlegen.

Fraßbild eines Blattminierers (hier an Distel)

Der Erlenblattfloh *Psylla alni* (Hemiptera: Psyllidae), ein häufiger Pflanzensaftsauger an Betulaceae (z.B. Birke, Erle)

Weibchen (rechts) und Larven der Röhrenschildlaus *Orthezia urticae*. Die Tiere sind von ihren eigenen Wachsausscheidungen fast völlig bedeckt.

Während die zuvor genannten Ernährungstypen die Gewebe von Pflanzen zur Energiegewinnung nutzen, stechen **Pflanzensaftsauger** die Leitungsbahnen ihrer Nährpflanzen an, und zwar sowohl des Phloems als auch des Xylems. Phloem- oder Siebröhrensaft enthält Zucker und Aminosäuren, die von den Blättern zur Wurzel und zu den Speicherorganen transportiert werden, während die Xylemflüssigkeit vor allem Wasser und Ionen enthält, die von der Wurzel in die Blätter geleitet werden. Einige Arten saugen auch die Inhalte ganzer Zellen aus. Die meisten Saftsauger gehören zu den Hemipteren (Wanzen, Zikaden, Blattläuse, Schildläuse). Durch das Besaugen (v.a. bei Massenbefall) wird die Wirtspflanze geschädigt: Durch die mangelnde Versorgung mit Nährstoffen und Wasser kommt es zur Welke, zu Verkrümmungen, Kleinwuchs und sogar zum Absterben. Außerdem bilden die zuckerhaltigen flüssigen Ausscheidungen von Pflanzensaftsaugern (die als Honigtau bezeichnet werden) einen Nährboden für Schimmelpilze; diese überziehen die Blätter und behindern die Photosynthese. Die gravierendsten Schäden allerdings verursachen Pflanzensaftsauger durch das Übertragen der Erreger von Pflanzenkrankheiten (Viren, Bakterien) von Pflanze zu Pflanze, und zwar durch den Speichel, der bei jedem Saugakt in die Einstichstelle abgegeben wird. Die wirtschaftlichen Schäden, die durch Besaugen und Übertragung von Pflanzenkrankheiten entstehen, können gravierend sein. So verursacht alleine die Spornzikadenart *Nilaparvata lugens* (Hemiptera: Delphacidae) durch Besaugen und Virusübertragung in Südostasien Ertragsausfälle bei Reis von über 1 Milliarde US-Dollar jährlich. Bestimmte, pflanzenpathogene Bakterien (Phytoplasmen) lösen zahlreiche Schadbilder an Kulturpflanzen aus, wie z. B. die Schwarzholzkrankheit an der Weinrebe, die in europäischen Weinbaugebieten verbreitet ist. Ihr Überträger (Vektor) ist die Glasflügelzikade *Hyalesthes obsoletus* (Hemiptera: Cixiidae). Schwere Krankheiten an landwirtschaftlich bedeutenden Kulturpflanzen löst das gramnegative Bakterium *Xylella fastidiosa* aus, das in Süd-, Mittel- und Nordamerika heimisch ist, aber vor einiger Zeit Europa erreicht hat. Es wird von verschiedenen Kleinzikaden-Arten übertragen, von denen einige außerordentlich polyphag sind, d. h. viele Nährpflanzen besaugen, wie bspw. die Wiesenschaumzikade *Philaenus spumarius* (Hemiptera: Aphrophoridae). Zahlreiche Kulturpflanzen sind betroffen, darunter Weinrebe, Mandeln, Pflaumen, Pfirsiche, Citrus, Kaffeestrauch sowie viele Kräuter, aber auch Bäume und Sträucher.

Unter den Pflanzensaftsaugern induzieren zahlreiche Arten, z. B. der Schildläuse (Coccoidea), der Blattläuse (Aphidina) und der Blattflöhe (Psylloidea), die Bildung von Pflanzengallen, um ungestört saugen zu können (siehe Kap. 12, S. 177).

Die Glasflügelzikade (Cixiidae) *Hyalesthes obsoletus*, ein Überträger der Schwarzholzkrankheit an der Weinrebe

Wieviel fressen Insekten?

Insekten sind generell sehr gute Futterverwerter. Als wechselwarme Tiere benötigen sie keine Energie zur Aufrechterhaltung der Körpertemperatur. Raupen (von Schmetterlingen und Hautflüglern) fressen täglich ein Vielfaches ihres Körpergewichts. Bei erwachsenen Heuschrecken entspricht die täglich konsumierte Menge an Pflanzenmaterial in etwa dem Körpergewicht eines erwachsenen Tieres, bei der Wüstenheuschrecke ca. 2 g. Problematisch für den Menschen wird die von Insekten vertilgte Futtermenge, wenn bestimmte Insekten in Massen auftreten, wie z. B. die Schwärme von Wanderheuschrecken. Diese können eine Fläche von bis zu 100 km^2 Größe erreichen, wovon jeder Quadratkilometer aus 40–80 Millionen erwachsenen Tieren besteht. Das bedeutet, dass ein Heuschreckenschwarm von 1 km^2 Ausdehnung bis zu 160 Tonnen Pflanzen täglich vertilgt, ein großer Schwarm also bis zu 16.000 Tonnen. Heuschreckenschwärme verursachen Hungersnöte für Millionen Menschen. Es ist daher nicht verwunderlich, dass Heuschreckenschwärme zu den 10 Plagen zählen, die laut biblischer Erzählung im 13. Jahrhundert v. Chr. das Land Ägypten heimsuchten.

Sind vegan lebende Insekten wählerisch?

Die Zahl der Pflanzentaxa, die von herbivoren Insekten als Nahrungsquelle genutzt werden, variiert von Art zu Art. So gibt es Generalisten, die sich von zahlreichen Pflanzenarten aus verschiedenen Gruppen ernähren (Polyphagie), und Spezialisten, die nur Vertreter eines einzigen Pflanzentaxons nutzen (Monophagie) sowie Insektenarten, die sich von wenigen Pflanzenarten ernähren (Oligophagie). Die Übergänge zwischen den Ernährungstypen sind fließend. Ein Beispiel für einen Generalisten ist die Wiesenschaumzikade *Philaenus spumarius* (Hemiptera: Aphrophoridae) – sie saugt an über 170 Wirtspflanzen. Beispiele für extreme Spezialisten sind die Vertreter der Gallwespen (Hymenoptera: Cynipidae), bei denen fast alle Arten auf nur jeweils einer einzigen Pflanzenart vorkommen.

Auch innerhalb ein- und derselben Art kann das Spektrum an genutzten Nährpflanzen variieren, und zwar zwischen einzelnen Entwicklungsstadien, zwischen Populationen aus verschiedenen Regionen, oder sogar zwischen Individuen.

Welche Jagdmethoden wenden räuberische Insekten an?

Räuberisch lebende Insekten haben eine Reihe von Strategien entwickelt, um ihre Beutetiere zu lokalisieren und zu überwältigen. Die Entwicklung dieser Strategien beruht auf Kompromissen zwischen den energetischen Kosten, also der vom Räuber aufzuwendenden Energie, und dem Nutzen, d. h. der Nährstoffgewinnung durch den Beutefang. Die optimale Strategie erbringt maximalen Nährstoffgewinn bei minimalem Energieverbrauch. Welche Kompromisse gemacht werden (müssen), hängt von verschiedenen Faktoren ab, wie z. B. der Zeit und dem Ort der Jagd, dem einzugehenden Eigenrisiko, der Gleichmäßigkeit der Verteilung potenzieller Beute im Habitat. In Anpassung an ähnliche Bedingungen des Lebensraums haben sich im Laufe der Evolution in ganz unterschiedlichen

Insektengruppen ähnliche Strategien und infolgedessen sehr ähnliche Gestalt-Merkmale entwickelt. Durch diese sogenannte konvergente Evolution haben sich die funktionellen Jagdtypen der Lauerjäger, der Fallensteller, der Verfolger und der Flugjäger herausgebildet.

Typische **Lauerjäger** sind Vertreter der Gottesanbeterinnen (Mantodea) und der Fanghafte (Neuroptera: Mantispidae). Obwohl nicht näher miteinander verwandt, sind bei den erwachsenen Tieren die Vorderbeine in ähnlicher Weise zu Fangbeinen differenziert. Die Hüfte (Coxa) ist stark verlängert, der Oberschenkel (Femur) ist verdickt und auf der Unterseite bedornt. Die Schiene (Tibia) ist ebenfalls bedornt und wird beim Fangschlag wie ein Klappmesser gegen den Femur bewegt. Der Kopf ist durch einen „Hals" deutlich vom Prothorax abgesetzt und entsprechend in alle Richtungen beweglich. Der Prothorax ist verlängert, sodass die weit vorne ansetzenden Fangbeine einen möglichst großen Aktionsradius haben. Gottesanbeterinnen (Name!) halten ihre Fangbeine in Lauerstellung nach vorne und oben. Haben die Fangbeine die Beute gepackt, wird sie zum Mund geführt und von den kräftigen Mandibeln zerlegt. Die meist 2,5–7 cm großen Gottesanbeterinnen haben oft spekta-

Rechts oben: Gottesanbeterin (*Mantis religiosa*) beim Verzehr einer Heuschrecke, unten: Fanghaft (*Mantispa styriaca*) mit Fliegenbeute

Die seltene Große Sägeschrecke, *Saga pedo*, eine Langfühlerschrecke (Ensifera) aus Süd- und Südosteuropa, mit dornenbewehrten Vorder- und Mittelbeinen. Die 7–9 cm großen Weibchen überwältigen selbst ausgewachsene Gottesanbeterinnen.

kuläre Körperformen entwickelt. Viele Arten ahmen Blütenformen nach, sowohl zur eigenen Tarnung als auch zur Anlockung potenzieller Beutetiere.

Auch die wasserlebenden Larven der Libellen (Odonata) sind Lauerjäger. Bei ihnen sind die Mundwerkzeuge, speziell die Unterlippe (Labium) als Fangeinrichtung ausgeprägt. Sie besteht aus zwei langen, unpaaren Gliedern, die gegeneinander und gegen den Kopf beweglich sind. An ihrer Spitze sind sie mit zwei Klauen oder löffelförmigen Fortsätzen bewehrt. In Ruhestellung wird diese „Fangmaske" vor das Gesicht geklappt. Der Fangschlag erfolgt blitzschnell, durch eine plötzliche Entladung der Energie, die durch den Aufbau hohen Hämolymphdrucks und hoher Muskelspannung aufgebaut wurde. Beim Fangschlag öffnet sich die Fangmaske, schnellt nach vorne, die Zangen an ihrer Spitze ergreifen die Beute. Anschließend wird die Fangmaske wieder zurückgezogen und die Beute zur Mundöffnung geführt.

Die Fangbewegungen der Vorderbeine der Gottesanbeterinnen und der Fangmaske der Libellenlarven gehören zu den schnellsten Bewegungen im Tierreich. Der Vorgang des Fangschlags dauert bei der Gottesanbeterin 50–60 Millisekunden (0,05–0,06 sec) – das ist ca. 6-mal schneller als der Lidschlag des menschlichen Auges. Die Fang-

Kopf einer Libellenlarve mit Fangmaske (Unterlippe). Links oben: in Ruhestellung, unten: Unterlippe ausgeklappt und bereit zur Ergreifung eines Beutetieres (Präparat)

Rhynocoris iracundus, die Rote Mordwanze, aus der Familie der Raubwanzen (Reduviidae) tötet ihr Opfer, einen Käfer, durch einen Stich in die Haut zwischen Kopf und Thorax.

maske der Libellenlarve benötigt für einen Fangschlag sogar nur 20 Millisekunden (0,02 sec).

Fallensteller. Im Gegensatz zum passiven Lauern auf Beute stellen die Vertreter einiger Insektengruppen ihren Beutetieren teils raffinierte Fallen. Zu diesen Fallenstellern gehören die Ameisenlöwen, Larven der Ameisenjungfern (Neuroptera: Myrmeleontidae).

Während die erwachsenen Tiere Libellen ähneln (sich von diesen jedoch durch die langen, am Ende verdickten Antennen unterscheiden) und mit ihren kräftigen Kiefern kleine Raupen

Die als „Teufelchen“ bekannte Raubwanze *Phymata crassipes* („Teufelchen“) ergreift ihre Beute (hier eine Fliege) mit ihren Vorderbeinen, die als Fangbeine spezialisiert sind.

Larve (Ameisenlöwe) und erwachsenes Tier (Ameisenjunger) von *Myrmeleon bore* (Neuroptera: Myrmeleontidae).

Ameisenlöwe mit der kräftigen Saugzange zum Ergreifen der Beute

Das in den Trichter gefallene Beutetier, eine Ameise, wird von den Saugzangen ergriffen.

Durch die Spitze der Saugzange werden Gift und Verdauungssaft in das Beutetier injiziert. Der verdaute Inhalt wird anschließend aufgesaugt.

Das erwachsene Tier (Ameisenjungfer) ernährt sich von Raupen und Blattläusen.

und Blattläuse erbeuten, bauen die Larven mancher Arten Sandtrichter. Dazu gräbt sich die Larve rückwärts in einer Kreisbahn in den trockenen Sand, sodass ein Trichter von wenigen cm Durchmesser entsteht. Dabei wird der innere Sandhügel durch ruckartige Bewegung des Kopfes nach außen geschleudert, sodass der Trichter immer tiefer wird. Der Bau eines Trichters nimmt ca. 15–30 Minuten in Anspruch. Die Larve lauert ihrer Beute am Grund des Trichters auf, den hinteren Teil des Körpers eingegraben und durch die Borsten am Hinterleib im Sand verankert. Der Kopf mit den meist gespreizten Saugzangen (Anteile von Mandibeln und Maxillen) ragt aus dem Sand und kann Ameisen und andere Beutetiere ergreifen, die auf dem rollenden Sand des Trichterrandes in die Tiefe gerutscht sind. Die Beute wird durch ein giftiges Sekret betäubt, vor dem Mund verdaut und ausgesaugt; die Reste werden mit dem Kopf aus dem Trichter geschleudert. Beutetiere, die die Flucht ergreifen, werden durch gezieltes Sandschleudern von der Trichterwand „abgeschossen". Vor kurzem konnte gezeigt werden, dass das Sandwerfen während des Beutefangs auch zur Wartung des Trichters dient: Die Ameisenlöwen werfen bevorzugt kleine Sandpartikel auf die Hänge (größere werden aussortiert), um die Beutetiere zu irritieren und Sandrutsche auszulösen. Ein möglichst steiler Neigungswinkel steigert die Effektivität der Falle.

Der Bau eines Sandtrichters ist derart energieaufwändig, dass der Ameisenlöwe eher seine Stoffwechselrate reduziert und hungert, als den einmal errichteten Trichter zu verlassen und einen neuen zu graben.

Konvergente Evolution hat in einer völlig anderen Insektengruppe eine ganz ähnliche Lebensweise hervorgebracht. Die Larven einiger Vertreter der Schnepfenfliegen (Diptera: Rhagionidae) bauen ebenfalls Sandtrichter zum Beutefang. Die beinlosen Larven („Wurmlöwen") der in Südeuropa vorkommenden Gattung *Vermileo* biegen das Vorderende ihres Körpers ösenförmig, um Sand aufzunehmen und hochzuschleudern. Ganz analog zum Verhalten der Ameisenlöwen lauern auch die Wurmlöwen am Grunde des Trichters auf Beute (ebenfalls Ameisen und andere Insekten), im Sand verankert durch das verdickte und beborstete Hinterende. Auch Wurmlöwen betäuben ihre Beute mit einem Sekret; sie wird ebenfalls vor dem Mund verdaut und ausgesaugt (siehe Kapitel 6, S. 69).

Eine ganz andere, ebenfalls raffinierte Art des Fallenstellens haben die Larven der Sandlaufkäfer (Coleoptera: Cicindelidae) entwickelt. Die Larve gräbt eine senkrechte Erdröhre, deren Öffnung nach oben so gestaltet ist, dass die Larve freie Sicht hat. Sie lauert am Eingang der Röhre auf ihre Beute, wobei sie mit der Kopfoberseite und dem Halsschild die Öffnung der Röhre völlig ausfüllt. Antennen und Mundwerkzeuge (mit gespreizten Kiefern) sind nach oben gerichtet, die sechs Einzelaugen so angeordnet, dass die

Larve ein möglichst großes Gesichtsfeld hat. In Lauerstellung stemmt sich die Larve durch häkchentragende Zapfen am Rücken des 5. Hinterleibssegments in der Röhre fest. Berührt nun ein Beutetier die „Tretmine“, d. h. die Oberseite des Kopfes der Sandlaufkäfer-Larve, schnellt diese mit dem Vorderkörper aus der Röhre, ergreift das Beutetier mit den Kiefern und zieht es in die Röhre. Dort wird die Beute verzehrt; Nahrungsreste und Kot werden aus der Röhre entfernt.

Einen Sonderfall des Fallenstellens stellt die **aggressive Lockmimikry** dar, wie sie z. B. bei den Weibchen des Leuchtkäfers *Photuris versicolor* (Coleoptera: Lampyridae) in Nordamerika beobachtet wurde. Sie imitieren die Signale artfremder Weibchen und ernähren sich von so getäuschten Männchen anderer Arten (siehe Kapitel 10, S. 125).

Im Gegensatz zu Lauerjägern und Fallenstellern machen sich Verfolger aktiv auf die Suche nach Beute, entweder auf dem Boden oder in der Vegetation, aber auch in der Luft als Flugjäger.

Typische **Verfolger** sind z. B. die Imagines der Sandlaufkäfer (Coleoptera: Cicindelidae) und der Laufkäfer (Carabidae).

Sandlaufkäfer (Cicindelidae). Links oben: Larve. Die Pfeile markieren die Häkchen auf dem Rücken zur Verankerung in der senkrechten Wohnröhre, wo sie ihrer Beute auflauert. Unten: *Cicindela sylvatica*, erwachsenes Tier

Erwachsene Sandlaufkäfer nehmen ihre Beute optisch wahr und verfolgen sie mit hoher Geschwindigkeit (bis zu 2,5 m/sec; siehe Kapitel 2, S. 12), wobei sie zwischen den einzelnen Sprints kurze Stopps einlegen. Aufgrund der hohen Eigengeschwindigkeit und der gleichzeitig sich bewegenden Beute „verschwimmen" die wahrgenommenen Bilder während der Laufphase. Der Käfer unterbricht den Lauf, um die Beute erneut zu orten und entsprechend die Richtung für den nächsten Sprint zu kalkulieren. Dabei müssen die Laufphasen schnell genug sein, um die Beute nicht zu verlieren, und die Stopps möglichst kurz, um sich nicht selbst dem Angriff von Räubern auszusetzen. In der Regel erwischen Sandlaufkäfer ihre Beutetiere nach 2–3 *Stop-and-go* Wiederholungen, und packen sie mit ihren gespreizten säbelartigen Mandibeln.

Laufkäfer (Carabidae) leben vorwiegend räuberisch und verfolgen ihre Beutetiere zu Fuß; das Flugvermögen der Imagines ist nur schwach ausgeprägt. Sie ernähren sich von anderen Insekten, aber auch von Schnecken, Regenwürmern und sogar Wirbeltieren (siehe unten). Nach Ergreifen der Beute mit den Mandibeln wird Verdauungssaft ausgespuckt und die Beute vor dem Mund verdaut. Laufkäfer verzehren pro Tag teilweise das Dreifache ihres Körpergewichts.

Als Nützlinge beliebt sind Marienkäfer (Coccinellidae), die sich vor allem

Der Laufkäfer *Carabus scheidleri* erbeutet einen Regenwurm.

Eine Marienkäferlarve der Art *Calvia decemguttata* beim Fressen einer Blattlaus

Choerades femorata, die Kleine Mordfliege (Asilidae, Raubfliegen). Asilidae zeigen ein ähnliches Jagdverhalten wie Libellen. Sie ernähren sich von anderen Insekten. Ihr kräftiger Stechrüssel kann sogar die Panzer von Käfern durchdringen.

vor Blatt- und Schildläusen ernähren. Vor allem die Larven des letzten Stadiums nehmen große Menge Nahrung zu sich und vertilgen bis zu 50 Beutetiere pro Tag. Bei Massenauftreten kann es zu Kannibalismus kommen – die Tiere fressen sich gegenseitig auf.

Flugjäger. Erwachsene Libellen (Odonata) sind schnelle und wendige Flieger (siehe Kapitel 9, S. 116). Aufgrund der hohen Zahl an Einzelaugen und deren Anordung (siehe Kapitel 7, S. 73) verfügen sie über ein großes Gesichtsfeld. Bei Großlibellen ist der dorsale Bereich des Komplexauges auf Fernsicht adaptiert. Der Kopf ist über einen dünnen „Hals" mit der Vorderbrust verbunden und entsprechend beweglich. Libellen lokalisieren ihre Beutetiere optisch und fangen diese mithilfe der Beine im Flug. Die Schienen (Tibien) und Oberschenkel (Femora) sind auf der Innenseite mit Dornen besetzt und bilden in ihrer Gesamtheit eine Art „Fangkorb". Die Beute wird entweder noch im Flug oder nach der Landung mit kauend-beißenden Mundwerkzeugen verzehrt.

Vertreter der Raub- oder Jagdfliegen (Diptera: Asilidae) sind ebenfalls geschickte Flugjäger. Die Beute, u. a. Käfer und Honigbienen, wird von einem Aussichtspunkt (z. B. einem Baumstubben) lokalisiert, und dann in einem Stoßflug mit den dornentragenden Vorderbeinen gepackt. Asilidae besitzen Mundwerkzeuge mit kräftigen Stechborsten, die sogar die Panzer von Käfern durchstoßen können. In das Beutetier wird Speichel injiziert, der offenbar lähmende oder tötende Eigenschaften besitzt, sowie Enzyme zur Verdauung.

Fressen Insekten auch Wirbeltiere?

Insekten sind zweifellos eine der wichtigsten Nahrungsquellen für viele Wirbeltiere, insbesondere für Vögel, Amphibien, Reptilien, aber auch für viele Säugetiere. Allerdings ist das umgekehrte Räuber-Beute-Verhältnis offenbar weiter verbreitet als allgemein angenommen und spielt in vielen Nahrungsnetzen eine bisher unterschätzte Rolle. Die häufigsten Wirbeltierjäger sind Gottesanbeterinnen (Mantodea: Mantidae) und Riesenwanzen (Hemiptera: Belostomatidae), aber auch die Larven von Großlibellen (Odonata: Anisoptera) und die Larven und Erwachsenen einiger Käferarten. Charakteristisch für alle diese Arten ist, dass sie Beutetiere überwältigen können, die wesentlich größer und schwerer sind als der Räuber. Zum Beutespektrum von 12 Arten der Gottesanbeterinnen gehören Eidechsen, Vögel, und zwar Nestlinge ebenso wie erwachsene Tiere. Vor allem in den USA werden häufig Mantiden beobachtet, die an Kolibri-Tränken auf ihre Opfer lauern. Außer Kolibris fressen Mantiden auch kleinere Spatzenvögel. Eine ca. 8 g schwere Gottesanbeterin überwältigt eine ca. 16 g schwere Eidechse, indem das eine Fangbein den Kopf der Eidechse in den „Schwitzkasten“ nimmt, und das andere die Hinterbeine an einer Abwehrbewegung hindert. Das Opfer wird bei lebendigem Leib von der Beckenregion her verspeist.

Auch am oder im Wasser lauert Gefahr für verschiedene Wirbeltiere. Größere Exemplare der Larven von Großlibellen ergreifen Kaulquappen und kleinere Fische, u. a. Forellen, mit ihren Fangmasken. Die wasserlebenden Riesenwanzen packen ihre Beute mit ihren kräftigen Vorderextremitäten, die als Fangbeine ausgebildet sind, und saugen sie mit ihrem kräftigen Saugrüssel aus. Die Jugendstadien bevorzugen Kaulquappen und kleine Fische, die adulten Tiere Frösche, die bis zu doppelt so groß sind wie sie selbst.

Larven und Imagines der Laufkäfer-Gattung *Epomis* (Coleoptera: Carabidae) leben in der Uferzone von Gewässern und jagen Frösche und andere Amphibien. Die Larve verhält sich zunächst wie ein Beutetier, verbeißt sich jedoch dann in den (unvorsichtigen) Frosch. Falls die Larve aus Versehen verschluckt wurde, wird sie wieder hervorgewürgt. Erwachsene *Epomis* schleichen sich von hinten an ihre Beutetiere, d. h. Frösche, bis zu 3-mal so groß wie der Käfer, an und beißen sich mit ihren Mandibeln in der Beckenregion des Opfers fest. Das Beutetier wird dadurch gelähmt und in ca. 1–1,5 Stunden bis auf den Kopf und die Extremitäten verzehrt.

Halten Insekten Diät?

Bienen und Hummeln (Hymenoptera: Apidae) beziehen ihre Nährstoffe aus Nektar und Pollen. Der Nektar liefert Kohlehydrate, während im Pollen Eiweiße, Fette, Mineralien und Vitamine enthalten sind. Erdhummeln, *Bombus terrestris*, sind in der Lage, den Gehalt an Eiweißen und Fetten bei verschiedenen Pollen zu unterscheiden. Lange galt die Vermutung, dass es den Tieren vor allem darum geht, möglichst eiweißreiche Nahrung zu sich zu nehmen. Laborexperimente konnten jedoch zeigen, dass Hummeln gegenüber dem Eiweißgehalt von Pollen eher gleichgültig sind. Allerdings vermeiden sie Pollen mit hohem Anteil an Fettsäuren. In Wahlversuchen wurden den Hummeln Pollen angeboten, die mit Aminosäuren (AS, Eiweißbaustoffe) und Fettsäuren angereichert worden waren. Dabei zeigte sich, dass die Hummeln keine Unterschiede machten zwischen reinem und mit Aminosäuren angereichertem Pollen: Sie fraßen konstant zwischen 11–17 mg pro Tag und Tier. Die Ernährung mit angereichertem AS-Gehalt hatte keinen Einfluss auf die Überlebens- und Fortpflanzungsrate. Dagegen zeigten die Hummeln eine eindeutige Vorliebe für Pollen, der nicht mit Fettsäuren angereichert worden war. Von diesem konsumierten sie durchschnittlich 18 mg pro Tag und Tier. Wurde ihnen jedoch ausschließlich Pollen angeboten, der mit Fettsäuren angereichert worden war, fraßen sie nur 7 mg. Sie hielten also eine Art „Low-Fat"-Diät. Die Ernährung mit fettreichem Pollen war außerdem mit einer reduzierten Überlebensrate korreliert sowie mit einer stark beeinträchtigten Fortpflanzungsrate. Die so gefütterten Hummeln legten weniger Eier, aus denen sich zudem keine einzige Larve entwickelte. Hummeln (und vermutlich viele andere Insekten) sind also in der Lage, den für sie optimalen Nährstoffgehalt verschiedener Pollensorten in ihrem natürlichen Lebensraum einzuschätzen.

Die Kenntnisse der Nahrungspräferenzen von Insektenarten können dazu beitragen, optimale, d. h. auf die Bedürfnisse von Insekten mit Bestäuberfunktion zugeschnittene Saatmischungen für Blühstreifen an Feld- oder Straßenrändern zu entwickeln.

Leben und sterben lassen – wie schädigen Parasiten und Parasitoide ihre Insekten-Wirte?

Räuber sind in der Regel größer als ihre Beute und töten diese vor oder beim Verzehren. Im Gegensatz dazu sind Parasiten und Parasitoide kleiner als ihre Wirte. Sie ernähren sich von deren lebendem Gewebe; der Wirtsorganismus wird geschwächt, überlebt aber meist die Attacke (Parasiten) oder geht an ihren Folgen zugrunde (Parasitoide). Parasiten und Parasitoide sind sehr viel stärker auf ihre Wirte spezialisiert als Räuber auf ihre Beute. Parasitoide, die sich von Insekten ernähren, haben eine Vielzahl von Strategien entwickelt, um die Abwehrmechanismen ihrer Wirte zu durchbrechen, sodass sie ihre gesamte Entwicklung an oder in ihrem Wirt vollenden können. Weltweit gibt es mindestens 250.000 Insektenarten mit einer parasitoiden Lebensweise, vor allem in den Ordnungen Hymenoptera (Hautflügler) und Diptera (Zweiflügler). Alle Arten der holometabolen Ordnung Strepsiptera (Fächerflügler) leben endoparasitisch bzw. parasitoid an verschiedensten Insekten-Wirtsarten. Unter den Hautflüglern sind vor allem die „Schlupfwespen" als Parasiten bzw. Parasitoide bekannt. Unter dem Sammelbegriff „Schlupfwespen" werden mehrere, teilweise nicht näher miteinander verwandte Familien der Hymenopteren zusammengefasst, bei denen die Weibchen über mehr oder weniger lange Eiablageröhren verfügen und ihre Eier an oder ins Innere des Körpers ihrer Wirte ablegen. Auch Eier werden parasitiert (siehe auch Kapitel 13, Eiablage, S. 206). Als „Schlupfwespen" werden Arten der Ichneumonidae (Echte Schlupfwespen), Trichogrammatidae, Chalcididae, Braconidae (Brackwespen), Mymaridae (Zwergwespen), Dryinidae (Zikadenwespen) bezeichnet. Die Weibchen der Schlupfwespen orten ihre Wirte durch ihren Geruchssinn, entweder angelockt durch den Duft des Wirts oder seiner Nährpflanze. Die Weibchen riechen

Die Spornzikade (Delphacidae) *Javesella pellucida* mit Befall durch einen Parasiten (Rote Samtmilbe, unter den Flügeln) und einen Parasitoiden (Strepsiptera)

Eine Schlupfwespe (rechts) sticht mit ihrem Legebohrer einer Blattlaus in den Hinterleib, um dort ein Ei abzulegen.

offenbar auch, ob ein potenzieller Wirt bereits parasitiert ist oder nicht.

Die aus den Eiern schlüpfenden Larven ernähren sich vom Wirtsgewebe, verpuppen sich entweder im Körper

des Wirts und verlassen den Wirtskörper erst als erwachsenes Tier, oder sie verlassen den Wirtskörper kurz vor der Verpuppung und vollenden ihre Entwicklung am Boden oder in der Vegetation, wie z. B. Arten der Zikadenwespen (Dryinidae). Von diesen Wespen parasitierte Zikaden erkennt man an den großen, dunkel gefärbten „Dryiniden-Säcken". Das Dryiniden-Weibchen platziert ein Ei im Körperinneren der Zikade, meist einer Larve. Die Wespenlarve entwickelt sich im Körper des Wirts; erst die ältere Larve durchbricht die Intersegmentalhaut und wird zum Ektoparasiten. Sie ist noch von der Hülle ihrer abgestreiften Larvalhaut umgeben, diese bildet den „Sack". Die Wespenlarve programmiert den Stoffwechsel ihres Wirtes dahingehend um, dass die Zikadenlarve viel Hämolymphe und Fettkörpergewebe produziert, die der Wespenlarve als Nahrung dienen. Gleichzeitig wird bei der Zikade die Bildung der Geschlechtsorgane unterdrückt: das Wirtstier erfährt eine parasitäre Kastration.

Die Zikaden-Wirte leben oft in enger Beziehung zu Ameisen, die sich vom Honigtau der Zikaden ernähren und

Links oben: Larve der Zwergzikade (Cicadellidae) *Arocephalus* cf. *longiceps* mit Doppelbefall durch Zikadenwespen (Dryinidae), der schließlich zum Tod des Wirts führt.

Unten: Das Weibchen der Holzschlupfwespe *Rhyssa persuasoria* (Ichneumonidae) durchdringt mit ihrem überkörperlangen Ovipositor Holz, lähmt mit ihrem Stich ihren Wirt (Holzwespenlarve) und legt in ihm ihre Eier ab.

ihrerseits den Zikaden Schutz vor Fressfeinden bieten. Die Weibchen der Dryinidae imitieren Ameisen in ihrer Körpergestalt und in ihrem Verhalten, und „unterlaufen“ so die natürlichen Schutzmechanismen ihrer Wirte.

Die Körpergröße der Parasiten oder Parasitoide variiert stark zwischen den Arten: das Weibchen der Ichneumonide *Rhyssa persuasoria* ist ca. 7 cm lang, die Weibchen von Arten der Mymaridae dagegen winzig: 0,2 – 0,3 mm. Mymaridae sind Eiparasiten, d. h. die Larven entwickeln sich in den Eiern anderer Insekten, auch wasserlebender Arten, wie z. B. von Libellen und Wasserwanzen, bspw. dem Rückenschwimmer *Notonecta glauca*.

Ein interessantes Phänomen ist der sogenannte **Hyperparasitismus**: einige Arten haben sich auf Wirte spezialisiert, die selbst Parasiten oder Parasitoide sind. Sekundärparasitismus ist bei Hymenopteren und Dipteren weitverbreitet; Fälle von Tertiärparasitismus (der Sekundärparasit dient einem weiteren Parasiten als Wirt) sind dokumentiert, aber offenbar selten.

Aufgrund der hohen Wirtsspezifität können Insekten mit parasitischer oder parasitoider Lebensweise zur biologischen Kontrolle von Schadinsekten an Kulturpflanzen eingesetzt werden, wie z. B. die Schlupfwespe *Trichogramma brassicae* (Trichogrammatidae), gegen den Maiszünsler *Ostrinia nubilalis* (Lepidoptera: Crambidae), einem wirtschaftlich bedeutenden Schädling an Mais.

Besonders interessant und vielfältig sind die Beziehungen, die sich zwischen Parasiten bzw. Parasitoiden und ihren Wirten im Laufe der Evolution herausgebildet haben. So können z. B. zahlreiche Arten das Verhalten ihrer Wirte dahingehend manipulieren, dass deren Flucht- und Verteidigungsmechanismen außer Kraft gesetzt werden. Arten der Grabwespen-Gattung *Ampulex* nutzen Schaben (Blattodea) als Wirte für die Entwicklung ihrer Larven. Das *Ampulex* Weibchen lauert einer Schabe auf und lähmt durch Injektion eines Gifts in den Thorax deren Vorderbeine. Ein zweiter Stich direkt ins Gehirn (Protocerebrum) der Schabe setzt deren Fluchtreaktion außer Kraft. Nach einer kurzen Wartezeit prüft die Wespe durch Abbeißen der Antennenglieder, ob die Hämolymphe des Wirts die richtige Menge Gift abbekommen hat – eine zu geringe Menge würde eventuell zu einer Erholung der Schabe führen, eine zu große Menge zu ihrem verfrühten Tod. Hat die Wespe die Giftmenge als adäquat befunden, schleppt sie die Schabe in ihren Erdbau, und legt ein Ei an deren Hinterleib ab. Anschließend verschließt sie die Öffnung ihres Erdbaus sorgfältig, was bis zu einer halben Stunde dauern kann. Die Wespenlarve, die aus dem Ei schlüpft, verteilt keimtötende Substanzen in der (immer noch lebenden) Schabe, die ihr als Wohnraum und Nahrung dient. Nach ca. 1 Woche verpuppt sich die Wespenlarve, und die Schabe stirbt. Nach weiteren 3–5 Wochen schlüpft die nun erwachsene Wespe aus dem Bau. Entsprechend ihrer manipulativen Eigenschaften trägt eine *Ampulex*-Art den Namen *A. dementor*, benannt nach den Dementoren aus der Harry-Potter-Romanreihe, bösartige Wesen, die anderen Lebewesen alle mentalen Kräfte rauben und sehr gefürchtet sind.

Wie lange können Insekten ohne Nahrung auskommen?

Vor allem Arten, deren Nahrungsquelle nicht kontinuierlich zur Verfügung steht, sind darauf angewiesen, Hungerzeiten zu überbrücken. Dies geschieht entweder durch Reduktion des Stoffwechsels oder durch Nutzung von körpereigenen Energiereserven. Insekten können Glykogen, Fette und sogar Eiweiße in bestimmten Zellen des Fettkörpers speichern. Wirbeltiere sind dagegen nicht in der Lage, Proteine als Reservoir für Aminsosäuren zu speichern – so scheiden z. B. Menschen mit der Nahrung aufgenommene Aminosäuren, die nicht unmittelbar benötigt werden, wieder aus. Während der Puppenruhe holometaboler Insekten (siehe Kapitel 14, S. 217) und während jahreszeitlich bedingter Ruhephasen (Diapause) wird ebenfalls keine Nahrung aufgenommen.

Die Bettwanze *Cimex lectularius* (Cimicidae) bei einer ausgiebigen Blutmahlzeit

Auch temporäre Ektoparasiten, die nicht kontinuierlich auf ihren Wirten leben, müssen in der Lage sein, längere Zeit ohne Nahrung auszukommen. Bettwanzen, *Cimex lectularius* (Hemiptera: Cimicidae), können wochen- oder monatelang, bei niedrigen Temperaturen sogar mehr als ein Jahr ohne Blutmahlzeit auskommen, indem sie ihren Stoffwechsel reduzieren. Normalerweise besaugen Bettwanzen ihre Wirte alle 3–7 Tage, wobei ein Saugakt zwischen 3 und 20 Minuten dauert. Kopfläuse, *Pediculus humanus* (Anoplura: Pediculidae) dagegen, die dauerhaft ihre Wirte besiedeln, nehmen pro Tag 4–5 Blutmahlzeiten zu sich.

Eine besondere Art der Vorratshaltung betreiben Honig- oder Honigtopf-Ameisen unterschiedlicher Evolutionslinien in ariden Regionen Nordamerikas, Südafrikas und Australiens. Ihnen allen gemeinsam ist eine spezielle Kaste, deren Aufgabe die Speicherung von Flüssigkeit und Nahrung ist.

Die Angehörigen dieser Kaste dienen als „lebende Konserven“: Die Nahrung, die ihnen von Arbeiterinnen verabreicht wird, speichern sie in ihrem stark dehnbaren Kropf. Dadurch wird der Hinterleib bis zur Größe einer kleinen Weintraube aufgebläht, und die Tiere hängen als „Honigtöpfe“ bewegungsunfähig von der Decke des Nestes. Gespeichert werden der Honigtau von Blattläusen sowie die honigartigen Ausscheidungen der Galläpfel von Zwerg-Eichen oder Nektar. Pro Nest wurden 500–1.500 Honigtöpfe beobachtet, wobei 500 Honigtöpfe zusammen ca. 250 g Honig enthalten. Bei Bedarf, d. h. während der Trockenzeit, wird die gespeicherte Flüssigkeit und hochwertige Nahrung an Arbeiterinnen abgegeben, und die Honigtopf-Tiere werden wieder beweglich. Die australische Ameisen-Art *Camponotus inflatus* speichert offenbar den süßesten Honig und wird entsprechend auch von Menschen gerne verzehrt.

Myrmecocystus mexicanus, Arizona, eine Honigtopf-Ameise

Vorratskammer mit Honigtopf-Ameisen

Betreiben Insekten Ackerbau?

Ackerbau, also die Produktion von Kulturpflanzen, ist unter Insekten tatsächlich verbreitet: Vor allem Ameisen, einige Termiten und die Ambrosiakäfer züchten Pilze, die ihnen bzw. ihrem Nachwuchs als Nahrung dienen.

Blattschneiderameisen. Die Staaten der südamerikanischen Ameisengattungen *Atta* und *Acromyrmex* (Hymenoptera: Formicoidea: Attini) sind in einem komplexen Kastensystem organisiert, wobei jeder Kaste eine bestimmte Aufgabe zukommt. Die Arbeiter einer bestimmten Kaste schneiden mit ihren Mandibeln Stücke aus lebenden Pflanzen (daher „Blattschneiderameisen“) und transportieren sie ins Nest. Während des Transports sind die Arbeiterinnen wehrlos, da die Mandibeln

Blattschneiderameise (*Atta* spec.) beim Ausschneiden eines Blattstücks

die Pflanzenteile festhalten. Die Verteidigung gegen Parasiten oder Parasitoide übernimmt eine Angehörige der körperlich kleinsten Kaste, die auf dem Blatt mitgetragen wird. Die Larven von *Atta-* und *Acromyrmex* – Arten sind für ihre Ernährung auf bestimmte Hutpilze (Basidiomyceten) angewiesen. Um diesen Pilz in ihrem Nest zu kultivieren, lecken Blattschneiderameisen, die wiederum einer anderen Kaste angehören als die Transporteure, die wachsartige Schutzschicht von den Blättern bevor sie diese zerkauen. Der entstehende Brei wird mit einer Mischung von Enzymen aus dem Enddarm versehen, was zu einer Zersetzung des frischen Pflanzenmaterials führt und so das Wachstumsmedium für den Pilz bereitstellt. Der entstehende „Pilzgarten" wird von Angehörigen einer weiteren Kaste gepflegt, indem neues Substrat mit Pilzhyphen „bepflanzt" und von unerwünschten Pilzen frei gehalten wird. Die so aufrechterhaltene Monokultur bildet unter bestimmten Bedingungen spezielle Gewebe aus, die die einzige Nahrung für die Larven der Ameisen darstellen. Die Ameisenlarven verfügen über Enzyme, durch die sie in der Lage sind, das Pilzgewebe zu verdauen. Ameisen und Pilze kooperieren also, um die Abwehrmechanismen der Pflanze gegenüber dem Pilz (Wachsschicht der Blätter) zu überwinden: Der Pilz verwandelt die für Ameisen unverdauliche Zellulose in verwertbare Kohlehydrate.

Termiten. Die Arten der Termiten-Unterfamilie Macrotermitinae (Termitidae), die in den tropischen Savannen Afrikas und der indo-malayischen Region vorkommen, kultivieren ebenfalls einen bestimmten Pilz, *Termitomyces*, der ausschließlich in Termitennestern oder im Körper von Termiten vorkommt. In ihrem Lebensraum erreichen Termiten hohe Populationsdichten und konsumieren mehr als ein Viertel aller anfallenden toten Pflanzenmaterie. Die Termiten fressen Holz, Gras, und Blätter, verdauen diese jedoch nicht, sondern schleusen sie rasch durch den Darm. Das unverdaute Material wird in mehrere kleine Kammern oder eine zentrale große Kammer innerhalb des Nests verbracht und dort zu einer Art Wabe geformt. Auf diesen Waben entwickelt sich der Pilz. Dieser verdaut durch seine Stoffwechselvorgänge während des Wachstums die ausgeschiedene Pflanzensubstanz, wobei auch der Stickstoffgehalt ansteigt. Auch *Termitomyces* wächst als

Monokultur, allerdings weniger durch das Fernhalten unerwünschter Pilze, sondern durch die Aufrechterhaltung eines ganz speziellen und konstanten Mikroklimas. Dieses wird durch die komplexe Bauweise des Nests mit integrierter „Lüftungsanlage" (= eine durch ein Gangsystem ermöglichte Luftzirkulation) erreicht. Die Termiten verlagern also einen Teil ihrer Verdauung auf den Pilz *Termitomyces* – dieser erschließt offenbar ein breiteres Nahrungsspektrum für die Termiten, als diese selbst – ohne Hilfe des Pilzes – nutzen könnten.

Ambrosiakäfer. Als Ambrosia werden Pilzrasen bezeichnet, die die Wohnröhrenwände mancher holzbesiedelnder Käfer auskleiden. Sie dienen den Larven der Ambrosia-Käfer (ca. 3.400 Arten), die zu den Borkenkäfern (Curculionidae: Scolytinae) gehören, jedoch keine systematische Einheit bilden. Die Pilzrasen dienen der Ernährung der Larven. Erst vor wenigen Jahren wurde bei einigen Ambrosiakäfer-Arten ein hoch entwickeltes Sozialsystem entdeckt. So helfen die Nachkommen eines Weibchens, das ein neues Nest mit Pilzgärten angelegt hat, diesem bei der Pflege der Pilze durch Entfernen von Fremdpilzen und bei der Aufzucht des Nachwuchses. Sie erfüllen damit ähnliche Aufgaben wie die Arbeiterinnen der Honigbiene, bleiben im Gegensatz zu diesen jedoch fortpflanzungsfähig. Auch bei den Ambrosiakäfern übernimmt der Pilz die Erschließung von Holz als Nahrungsquelle.

Halten sich Ameisen Nutztiere?

Im Vergleich zu den Anstrengungen, die mit der Fähigkeit zum „Ackerbau" bei Insekten verbunden sind, scheint die Tierhaltung unter Insekten wesentlich weniger aufwändig. So besteht zwischen vielen Ameisen- und Blattlaus-Arten ein Mutualismus, d. h. eine Beziehung zu gegenseitigem Nutzen. Blattläuse (Hemiptera: Aphidina) sind Pflanzensaftsauger; die Cuticula ihrer Körper ist weich und für Fressfeinde leicht zu durchdringen. Die Ausscheidungen der Blattläuse sind zuckerhaltig; sie werden daher auch Honigtau genannt. Diesen Honigtau nutzen die Ameisen als Nahrung oder zur Fütterung ihrer Larven. Ameisen stimulieren die Abgabe des Honigtaus durch Betrillern des zarten Blattlaushinterleibs

Eine Blattlaus „kickt" einen Honigtautropfen mit dem Hinterbein weg.

Die Buckelzikade *Bolbonota* spec. (Membracidae) ist mit Ameisen vergesellschaftet, die sich von ihrem Honigtau ernähren (Trophobiose).

mit ihren Antennen. Um die konstante Versorgung mit Honigtau zu gewährleisten, bewachen und verteidigen die Ameisen Blattlauskolonien, und transportieren deren Larven an geeignete Saugplätze (z. B. an die Blattspitzen). Ähnliche Ernährungsbeziehungen (Trophobiosen) zwischen Ameisen und Honigtauspendern bestehen auch zu Schildläusen (Hemiptera: Coccoidea) und Kleinzikaden (z. B. Buckelzikaden, Membracidae und Käferzikaden, Tettigometridae).

Manche Ameisenarten betreiben Sklavenhaltung, d.h. sie unterwerfen und manipulieren Artgenossen oder Individuen anderer Arten dahingehend, dass diese an ihrer Stelle die Nahrungsbeschaffung übernehmen und ihre „Halter“ sogar füttern (siehe Kapitel 16, S. 252).

Welche Insekten haben einen besonders extravaganten Geschmack?

Während die meisten Insektenarten sich von lebenden Pflanzen oder Tieren ernähren, haben sich zahlreiche Arten unterschiedlichster Gruppen auf Nahrungsquellen verlegt, die (uns) als wenig appetitanregend erscheinen, wie z. B. Dung, Aas, Mumien, und sogar die Objekte naturkundlicher Sammlungen.

Die Verfügbarkeit von Dung und Aas ist naturgemäß zufällig und damit für Insekten unvorhersehbar – tauchen sie als Nahrungsquelle auf, kommt es darauf an, sie möglichst schnell zu lokalisieren. In den verschiedenen Stadien der Zersetzung, die Dung und Aas nach ihrer Ablage durchlaufen, sind sie für unterschiedliche Nutzer attraktiv. Ihre Besiedlung und Nutzung durch aufeinanderfolgende Arten mit unterschiedlichen Nahrungsvorlieben wird als ökologische Sukzession bezeichnet.

Dung. In Regionen, in denen große Huftiere häufig sind, wie z. B. in den Prärien Nordamerikas und den Savannen Afrikas, existiert eine artenreiche Dungfauna. Die wichtigsten Dungnutzer (Koprophagen) sind Arten verschiedener Fliegenfamilien und Dungkäfer (Scarabaeidae). Dung stellt als vorverdaute Pflanzensubstanz eine stickstoffreiche Nahrungsquelle dar und enthält zusätzlich Bakterien und

Einzeller aus dem Verdauungstrakt der Huftiere. Bald nach der Ablage des Dunges, d.h. solange er noch feucht ist, legen Fliegen ihre Eier oder Larven in oder an ihm ab. Ihre wichtigsten Konkurrenten stellen erwachsene Dungkäfer dar, die entweder direkt unter oder neben dem Dung, z.B. einem Kuhfladen, Gänge graben, in die sie Dungballen transportieren und darin jeweils ein Ei ablegen. Bei Arten der Gattung *Scarabaeus* (Pillendreher), die im Mittelmeergebiet und in Nordafrika vorkommen, nehmen Männchen oder Weibchen jeweils eine Portion vom Dunghaufen ab und formen daraus eine Futterpille. Diese wird mit den Hinterbeinen festgehalten und rückwärts weggerollt. Unterwegs kommt es häufig zu Konkurrenz mit Artgenossen um die Futterpille. Schließlich wird die Futterpille eingegraben, und Männchen und Weibchen verzehren sie gemeinsam. Ähnliche Dungpillen werden zur Proviantierung der Larve während ihrer Entwicklung durch das Weibchen angelegt (siehe unten).

Erwachsene Dungkäfer ernähren sich vorwiegend von den flüssigen Anteilen und feineren Partikeln und Fasern des Dunges, während die Larven auch gröbere Bestandteile fressen. Einige Arten sind Generalisten und akzeptieren jede Art von Dung, andere

Rechts oben: Ein frischer Kuhfladen ist eine willkommene Nahrungsquelle und Eiablageplatz für Dungfliegen (Scathophagidae). Unten: Männchen und Weibchen einer *Scarabaeus*-Art beim Transport einer Dungkugel („Pillendreher")

Der Aaskäfer *Silpha obscura* verzehrt eine tote Honigbiene.

Nicrophorus (Synonym: *Necrophorus*) *sepultor* (Silphidae), ein „Totengräber", lebt an Aas von Wirbeltieren, vorwiegend kleinen Vögeln und Mäusen. Männchen und Weibchen graben gemeinsam ein Loch unter dem Kadaver, entfernen Federn oder Haare und polstern das Grab damit aus. Der Körper der Leiche wird mit einem konservierenden Sekret versehen und zusammengerollt. Die Eier werden in der Fleischkugel abgelegt, wo sich auch die Larven entwickeln.

differenzieren nach Konsistenz, Feuchtigkeits- und Fasergehalt. In Regionen, in denen es keine einheimischen Huftiere gibt, wie z.B. in Australien, sind die dort ansässigen Dungkäfer nicht in der Lage, den Dung der für die Viehzucht eingeführten Rinder, Pferde und Schafe abzubauen. Durch die fehlende Konkurrenz konnten sich Fliegen massenhaft vermehren. Erst durch die Einführung von Dungkäfern aus Europa konnte deren bis dahin ungebremstes Populationswachstum unter Kontrolle gebracht werden.

Aas. Noch ausgeprägter als auf Dung ist die Sukzession der Besiedler von Aas. Diese ist besonders bei Aas von Säugetieren gut untersucht. Die Abfolge der Arten, die Aas in den einzelnen Stadien der Verwesung als Nahrungsquelle und Eiablageplatz nutzen, hängt von verschiedenen Faktoren ab, wie z.B. der Größe des toten Körpers, von der Umgebungstemperatur, der Luftfeuchtigkeit sowie vom Bodentyp. Sobald die Körperflüssigkeiten der Leiche in den Boden sickern, zieht sich die „normale", also ortsübliche Bodenfauna zurück. Die Arten-Zusammensetzung der Aasnutzer ist jeweils typisch für eine bestimmte Region, allerdings sind die breiten taxonomischen Kategorien weltweit ähnlich. Die 1. Besiedlerwelle, die innerhalb kürzester Zeit, oft innerhalb von Minuten, auf der Leiche landet, sind Fliegen-Arten (Diptera: Echte Fliegen, Muscidae, und Schmeißfliegen, Calliphoridae). Sobald die Leiche den typischen Verwesungsgeruch ausströmt, erfolgt die 2. Besiedlerwelle: Fleischfliegen (Diptera: Sarcophagidae) sowie weitere Musciden und Schmeißfliegen. Alle Fliegenarten legen Eier oder Larven auf dem toten Körper oder in den Körperöffnungen ab. Die Besiedler der 1. und 2. Welle werden nun ihrerseits zur Beute von räuberischen Insekten (v. a. Käfer der Familien Staphylinidae, Silphidae und Histeridae) und zu Wirten parasitischer Hautflügler (Hymenoptera). In diesem Stadium der Sukzession verlassen die Maden der Schmeißfliegen (Calliphoridae) das Aas und verpuppen sich im Boden. Die 3. Besiedlerwelle rollt an, sobald das Fett der Leiche ranzig wird: weitere Arten der Fliegenfamilien Phoridae, Drosophilidae und Syrphidae. Die bei fortschreitender Fettfermentation entstehende Buttersäure zieht mit ihrem käsigen Geruch weitere Fliegen-Arten an (Piophilidae). Ist der Körper schließlich ausgetrocknet, fressen die Arten der letzten Besiedlerwelle die noch verbliebenen Proteine, wie z. B. das Keratin. Zu ihnen gehören die Larven und erwachsenen Tiere bestimmter Käferfamilien (Dermestidae, Cleridae) sowie Kleidermotten (Tineidae).

Die für eine gegebene Region charakteristische Zusammensetzung der Aasfauna in den verschiedenen Stadien der Verwesung ist eine der Grundlagen für die Einschätzung der Leichenliegezeit (bzw. des Postmortem-Intervalls, PMI), also dem Zeitraum zwischen dem Tod eines Organismus und dem Auffinden einer Leiche. Die forensische Entomologie, ein Teilgebiet der Rechtsmedizin, bedient sich dieser Informationen, um Rückschlüsse auf den Todeszeitpunkt ziehen zu können. So konnten bereits spektakuläre Kriminalfälle mithilfe von Insekten gelöst werden.

Mumien. Auch Leichname, die durch Konservierungsmittel oder durch Austrocknung vor dem Zerfall geschützt wurden, wie z. B. Mumien, enthalten noch organische Substanz, die für Insekten nutzbar ist. So wurden z. B. im Grab des ägyptischen Pharaos Ramses II. Vertreter der Buntkäfer (Coleoptera: Cleridae) gefunden. Im Schädel der Mumie befanden sich Überreste des Rotbeinigen Kolbenbuntkäfers, oder Koprakäfers, *Necrobia rufipes*. Die Art, deren erwachsene Tiere nur 4–5 mm groß werden, ernährt sich räuberisch oder von Aas, und frisst die Larven anderer Insekten oder fetthaltige Substanzen, wie z. B. auch Fleisch, Wurst, Käse, Trockenfisch und Kopra (ölhaltiges Kokosnussgewebe). Vermutlich waren die Käfer ursprünglich mit Grabbeigaben, die u. a. auch aus Lebensmitteln bestanden, in die Grabkammern eingeschleppt worden.

Naturkundliche Sammlungen

Überall dort, wo Produkte tierischer Herkunft vorkommen, seien es Kadaver, Haare und Felle, Federn, aber auch Wolle in Kleidung und Teppichen, finden sich Arten der Speckkäfer (Coleoptera: Dermestidae) ein. Zwei häufige Schädlinge in Wolltextilien und naturkundlichen Sammlungen sind der Museumskäfer, *Anthrenus museorum*, und der Teppichkäfer, *Anthrenus scrophulariae*. Die adulten Tiere sind nur ca. 3 mm groß; sie vertragen hohe Temperaturen, sind aber empfindlich gegen Trockenheit.

Warum ernähren sich Dungkäfer besonders nachhaltig?

Dungkäfer legen ihre Eier in Dungballen oder Dungkugeln, die sie von der Originalquelle, z. B. einem Kuhfladen abgeteilt und entweder direkt darunter, daneben oder in größerer Entfernung vergraben haben. In jede Dungkugel, die sogenannte Brutpille, wird ein Ei abgelegt. Die daraus schlüpfende Larve ernährt sich von allen Bestandteilen des Dungs, indem sie die Wände ihrer Kammer mit ihren Mundwerkzeugen abschabt. Mit dem daraufhin anfallenden eigenen Kot „tapeziert" sie die Wände ihrer Dungkammer, die wiederum abgeschabt werden. Dieser Vorgang wird während der Larvalentwicklung mehrfach wiederholt. Nach der Verpuppung frisst das frisch gehäutete, erwachsene Tier die Reste des Kotballens vollständig auf.

Durch die besondere Art seiner Entwicklung galt eine in Nordafrika vorkommende Art, *Scarabaeus sacer*, der Heilige Pillendreher, im Ägypten der Antike als Symbol für den Kreislauf der Sonne und für die Wiedergeburt. Entsprechend waren (und sind auch heute noch) *Scarabaeus*-Amulette und -Darstellungen beliebte Glücksbringer.

12. Insekten und Pflanzen – eine ganz besondere Beziehung?

Im Laufe der Evolution haben sich zwischen Insekten und Pflanzen zahlreiche Beziehungen unterschiedlichster Komplexität herausgebildet – die Entstehung der Diversität beider Gruppen ist eng miteinander verknüpft. Die in diesem Kapitel präsentierten Beispiele zeigen nur einen kleinen Ausschnitt aus der Vielfalt dieser Beziehungen: die Nutzung von Holz als Nahrung und Lebensraum, Insekten als Gallbildner, Symbiosen zwischen Insekten und Pflanzen, die Rolle von Insekten bei der Reproduktion und Verbreitung der Pflanzen, sowie das Durchbrechen von Abwehrmechanismen der Pflanzen durch Insekten.

Wie wird der Rohstoff Holz von Insekten genutzt?

Verholzte Pflanzen machen einen Großteil der lebenden und toten Gesamtbiomasse in terrestrischen Ökosystemen aus. Holz liefert Nahrung und Unterschlupf (Eiablageplätze, Aufwuchsorte für Jugendstadien) für eine Vielzahl von Insektenarten, die zu einer xylophagen (holzfressend) oder sogar xylobionten (im Holz lebend) Lebensweise übergegangen sind, und zwar in mehreren, voneinander unabhängigen Evolutionslinien. Verholztes Pflanzengewebe enthält als Hauptbestandteile die Biopolymere Zellulose und Hemizellulosen (beides Kohlehydrate) und Lignin (organische Alkohole). Zellulose ist das häufigste Biopolymer in der Natur. Als Kohlehydrat ist es ein potenzieller Energielieferant, der jedoch nur von wenigen Tieren direkt verdaut werden kann (siehe Kapitel 11, S. 141, 149). Lediglich wenige Termitenarten produzieren Cellulasen in ihren Speicheldrüsen und im Mitteldarm, beherbergen aber auch endosymbiontische Bakterien im Enddarm.

Die Weibchen des Alpenbockkäfers *Rosalia alpina* (Cerambycidae) legen ihre Eier im Holz verschiedener Baumarten ab. Die schlüpfenden Larven ernähren sich von absterbendem bzw. totem Holz. Ihre Entwicklung dauert 3–4 Jahre.

Alle anderen xylophagen Insekten sind auf die Cellulasen von Bakterien angewiesen, die als Endosymbionten in ihrem Darm leben. Bei 200 untersuchten Termitenarten konnten insgesamt 450 verschiedene Endosymbionten festgestellt werden. Bei Termiten, Schaben und Silberfischchen sind alle Entwicklungsstadien in der Lage, Zellulose aufzuschließen; bei den Holometabola ist die Xylophagie auf die Larvenstadien beschränkt. Xylophage Larven finden sich bei Schmetterlingen (Cossidae, Sesiidae), bei Hautflüglern (Siricidae) und vielen Käferfamilien (u.a. Buprestidae, Cerambycidae, Curculionoidea). Zahlreiche Insektenarten ernähren sich bevorzugt oder ausschließlich von verrottendem Totholz; sie werden als Saproxylophage bezeichnet. Die Zersetzung von Totholz wird in erster Linie von Pilzen geleistet, die selbst Cellulasen produzieren. In Europa kommen ca. 1.600 Arten holzbewohnender Pilze vor. Pilzsporen sind weit verbreitet und besiedeln anfallendes Totholz relativ schnell. Die sich ausbreitenden Myzelien schaffen Mikrohabitate für Tiere, wie z.B. Baumhöhlen, Spalten- und Gangsysteme, und dienen selbst als Nahrung. So ist z.B. der Zunderschwamm (*Fomes fomentarius*) an der Rotbuche eine ergiebige Nährstoffquelle für verschiedene Käferfamilien (Tenebrionidae, Anobiidae), Wanzen (Aradidae) und Schmetterlinge (Tineidae). Außer Nahrung bietet Totholz in den verschiedenen Stadien der Zersetzung auch zahlreichen Insektenarten Eiablageplätze und Schutz während der Larvalentwicklung. Ein ca. 6- bis 8-jähriger Buchenstubben und seine unmittelbare Umgebung enthalten Mikohabitate für die Larven von mindestens 20 Familien der Zweiflügler (Diptera): Gänge und Spalten im Holz, in weißfaulem Stockholz, unter loser und unter anliegender Rinde, in baumbesiedelnden Pilzen, in laubgefüllten Hohlräumen, unter Moosplaggen, in der Humusschicht, in Laubblattlagen, und in stocknahen Moospolstern). Auch durch Waldbrände verkohltes Holz ist eine wichtige Nahrungsquelle für pyrophile, d.h. an Ökosysteme mit regelmäßigen Bränden adaptierte Arten. Einige Arten der Prachtkäfer (Buprestidae) nehmen die Wärmeabstrahlung von Waldbränden über große Distanzen durch spezielle Infrarotsensoren wahr (siehe Kapitel 7). Einer der ersten Besiedler von verkohltem Holz nach Waldbränden in Europa ist *Henoticus serratus*, ein Vertreter der Schimmelkäfer (Coleoptera: Cryptophagidae). Er trägt auf der Unterseite des 2. und 3. Brustsegments taschenartige Aushöhlungen (Mycangien), in die er mit den Beinen Material des Schlauchpilzes *Trichoderma* (Ascomycetes) stopft, und das angebrannte Holz mit diesen Pilzen versetzt. Das Holz bietet den *Trichoderma*-Pilzen, der Nahrung von *Henoticus*, ein ideales Substrat. Insekten sind maßgeblich an den Zersetzungsprozessen von Holz beteiligt und spielen daher eine wichtige Rolle im Stoffkreislauf der Waldökosysteme.

Wie entstehen Pflanzengallen?

Eine Pflanzengalle ist charakterisiert als „abnorme Wachstumsreaktion einer Pflanze unter dem Einfluss eines fremden Organismus. Sie umfasst eine Vergrößerung und/oder Vermehrung von Wirtszellen und bietet dem fremden Organismus sowohl Schutz als auch Nahrung oder Nährstoffe". Gallen (oder Cecidien) können an allen Organen der Pflanzen entstehen, sowohl an den Blättern, am Stamm, an Blütenständen, oder an Früchten. Die Form der Galle selbst ist meist für die verursachende Art charakteristisch, d.h. sie lässt oft zuverlässige Rückschlüsse auf den Verursacher zu, was oft einfacher ist als die Bestimmung des Verursachers selbst. Unter den Insekten sind vor allem Vertreter der Hemipteren (Wanzen, Blattläuse, Blattflöhe, Schildläuse, vereinzelt auch Zikaden) sowie die Larven holometaboler Insekten wie Käfer und Schmetterlinge, Zweiflügler (u.a. Gallmücken) und Hautflügler (u.a. Gallwespen) Gallbildner. Im einfachsten Fall besteht eine Galle aus einer Zellhäufung, die das Insekt überwuchert. Gallen können aber auch hochkomplex organisiert sein und dem Verursacher ideale Bedingungen (Nahrung, Mikroklima, Schutz) für die Entwicklung der Larven bieten. Diejenigen Gewebe der Galle, die den inneren Hohlraum auskleiden, in dem sich der Gallbildner befindet, bestehen aus Zellen mit einem höheren Nährstoffgehalt (Zucker, Lipide, Proteine) als im Pflanzengewebe außerhalb der Galle. Die Wand der Galle bietet dem Gallbildner Schutz vor seinen natürlichen Feinden und vor ungünstiger Witterung. Allerdings haben sich einige Insektenarten ihrerseits darauf spezialisiert, sich von Gallenbewohnern zu ernähren oder diese zu parasitieren. Auch nutzen Insektenarten, die nicht an der Gallbildung beteiligt waren, die Gallen als Schutzraum oder Nahrungsquelle. Sie werden als Inquilinen bezeichnet.

Jede Galle ist also genau genommen ein Mikroökosystem, in dem Wechselwirkungen zwischen Pflanze und Verursacher bestehen. Wie die Gallbildung im Detail vor sich geht, ist allerdings noch weitgehend unerforscht, obwohl bislang ca. 13.000 Insekten-Arten als Gallbildner bekannt sind. Auslöser für die Entstehung einer Galle sind pflanzliche Wuchsstoffe (Auxine und Cytokinine). Entweder werden diese Stoffe von der Pflanze selbst gebildet oder von den gallbildenden Insekten, oder die Insekten schleußen genetisches Material (z.B. Viren) in die Pflanze ein, die dadurch veranlasst wird, eine Galle zu bilden.

Häufig anzutreffende und auffällige Bildungen sind die Gallen an Eichen oder Rosen, ausgelöst durch Gallwespen (Hymenoptera: Cynipidae). Eichen lagern Gerbstoffe in hoher Konzentration in das Gallengewebe ein, vermutlich als Abwehrreaktion gegen die Insektenlarve. Bis zum Ende des 19. Jahrhunderts dienten die aus Eichengallen gewonnen Gerbstoffe zum Gerben von Leder. Aus den Gallen verschiedener Gallwespen, wie z. B. der mediterranen Färber-Gallwespe wird seit dem 3. Jahrhundert v. Chr. eine hochwertige, dokumentenechte Tinte gewonnen, die in der Vergangenheit zur Unterzeichnung von wichtigen Dokumenten und Schrif-

Ein verdickter Pflanzenstängel deutet auf die Anwesenheit einer Larve des Kleinen Pappelbocks, *Saperda populnea* (Cerambycidae) hin. Das Weibchen nagt ein Loch in die Rinde, in das es das Ei ablegt. Um die untere Hälfte des Eilochs herum beißt es einen nahezu hufeisenförmigen Schlitz. Das Kallusgewebe, das die Pflanze daraufhin erzeugt, dient der aus dem Ei schlüpfenden Käferlarve als Nahrung.
Rechts oben: Stängelgalle, verursacht durch die Larve des Pappelbocks. Unten links: geöffnete Galle. Die Larve verpuppt sich kopfüber im Innern des Stängels. Die in der Galle geschlüpfte Imago beißt sich durch die Wand der Galle ins Freie. Unten rechts: Imago, Körperlänge 9–15 mm.

ten diente, wie z. B. dem Codex Sinaiticus, einem Bibelmanuskript aus dem 4. Jahrhundert, der Magna Carta, der Grundlage des englischen Verfassungsrechts aus dem Jahr 1215, und der Unabhängigkeitserklärung der Vereinigten Staaten von Amerika aus dem Jahr 1776. Die „Eisengallus-Tinte", die wichtigste Tinte des Mittelalters und der Neuzeit bis ins 20. Jahrhundert, wird noch heute von Künstlern und Künstlerinnen genutzt. Eine nicht minder wichtige Rolle spielen die wollig behaarten Gallen der Rosengallwespe (*Diplolepis rosae*) in der Volkskultur seit vorchristlicher Zeit. Den „Schlafäpfeln" wurden Heilkräfte zugesprochen, z. B. gegen Epilepsie und Zahnschmerzen. Als Einschlafhilfe wurden sie Säuglingen in die Wiege gelegt; als Talismane – dem ge-

Verschiedene von Insekten hervorgerufene Pflanzengallen

Links oben: Schlafapfel, Galle der Rosengallwespe *Diplolepis rosae* (Cynipidae). Unten: Seidenknopfgalle an laubabwerfenden Eichen-Arten, verursacht durch die Eichenseidenknopf-Gallwespe *Neuroterus numismalis* (Cynipidae).
Rechts oben: Spiralgalle an Stielen von Pappelblättern, verursacht durch die Spiral- oder Pappelblattlaus *Pemphigus spirothecae* (Aphidoidea: Pemphigidae). Unten: Galle der Wolfsmilchgallmücke *Bayeria captigena* (Cecidomyiidae)

liebten Menschen unter das Kopfkissen gelegt – sollten sie für guten Schlaf und schöne Träume sorgen sowie vor Blitzschlag schützen. Die Rosengallen wurden auch als Orakel herangezogen, um ungünstige Ereignisse vorauszusagen, wie z. B. das Auftreten der Pest, bevorstehende Ausbrüche von Maul- und Klauenseuche oder sogar von drohendem Krieg.

Insekten und carnivore Pflanzen – Beute oder Partner?

Carnivore Pflanzen wachsen meist auf nährstoffarmen Böden, wie z. B. in Mooren. Um ihren Bedarf vor allem an Stickstoff zu decken, sind sie auf die Verdauung tierischen Proteins angewiesen. Sie haben daher Strategien entwickelt, um Insekten anzulocken und diese in Fangeinrichtungen festzuhalten, z. B. durch Klebsekret absondernde Drüsen wie der Sonnentau (*Drosera-Arten*) oder durch einen Klappmechanismus nach Art eines Fangeisens wie die Venusfliegenfalle (*Dionaea muscipula*). Besonders komplexe Beziehungen unterhalten die Kannenpflanzen mit unterschiedlichen Insekten, die weit über ein einfaches Räuber-Beute-Verhältnis hinausgehen. Kannenpflanzen haben sich mehrfach unabhängig voneinander in der Alten Welt, der Neuen Welt und in Australien entwickelt. Die „Kannen" sind Bildungen der Blätter und dienen als Fallen zur Anlockung und zum Fang von Insekten, die in der Flüssigkeit im Innern der Kanne verdaut werden. Die Flüssigkeit enthält Enzyme zur Aufspaltung von Proteinen. Die verdauten Endprodukte werden ebenfalls im Innern der Kanne resorbiert. Die Verdünnung der Flüssigkeit durch Regenwasser wird durch die umgebogene Blattspitze, die einen Deckel über der Kanne bildet, verhindert. Beutetiere werden durch Nektar angelockt, der in speziellen Organen außerhalb der Blüte, den Nektarien, gebildet wird. Die Ränder der Kanne sind glatt, sodass die angelockten Beutetiere in das Innere der Kanne abgleiten; Zähnchen am Kannenrand verhindern das Entkommen. Häufige Opfer sind Ameisen, die auf der Suche nach Nektar auf dem Kannenrand ausrutschen und in die Kannen fallen. Einige Insektenarten haben sich jedoch auf das Leben in Innern der Kannen oder in einer Gemeinschaft zum gegenseitigen Nutzen (Symbiose, oder Mutualismus) spezialisiert. So gelingt es z. B. Ameisen- und Wanzenarten, durch spezielle Anpassungen der Tarsen auf den glatten Rändern der Kannen zu patrouillieren, ohne auszurutschen und in die Kanne zu fallen. Sie ernähren sich ihrerseits von bereits in der Flüssigkeit gefangenen, noch lebenden oder toten Tieren. Außerdem verteidigen sie die Kannenpflanze gegen Herbivore. Einige Ameisen sind sogar in der Lage, in der Flüssigkeit nach Beute zu schwimmen oder zu tauchen. Ebenso nutzen verschiedene wasserlebenden Mücken- und Fliegenlarven den „Swimming Pool" im Innern der Kanne als Lebensraum.

Wie schützen sich Pflanzen durch Insekten-Bodyguards?

Einige Kannenpflanzen-Arten locken gezielt Ameisen an, in dem sie ihnen Nahrung (Nektar aus speziellen Strukturen außerhalb der Blüten) und Unterkunft (von der Pflanze gebildete Hohlräume für die Behausung der Kolonien) bieten; sozusagen als „Gegenleistung" säubern die Ameisen die Kannenränder von Pilzbefall und halten sie dadurch funktionsfähig. Ähnliche Beziehungen existieren auch zwischen nicht-carnivoren Pflanzen und Ameisen. Diese „Ameisenpflanzen" locken Ameisen durch die Bereitstellung von Hohlräumen (Domatia; aus dem Griechischen, „Zimmer") und durch spezielle Nektardrüsen (die außerhalb der Blüten angelegt sind und als extraflorale Nektarien bezeichnet werden) oder proteinreiche Gewebe an. Die in den Hohlräumen nistenden Kolonien versorgen die Pflanze mit Stickstoff aus ihren Exkrementen oder ihren toten Körpern, und die erwachsenen Ameisen schützen die Pflanze nicht nur vor herbivoren Insekten, sondern auch vor der Beweidung durch Huftiere. Ein

Arbeiterinnen einer *Pseudomyrmex*-Art aus Costa Rica leben in enger Beziehung mit gegenseitigem Nutzen mit einer Akazie. Die Pflanze stellt Lebensraum und Nahrung zur Verfügung, die Ameise verteidigt die Pflanze vor Pflanzenfressern.
Rechts oben: Die Kolonien leben im Inneren der hohlen Dornen. Mitte: Die Akazie produziert proteinhaltige Gewebe (gelb), sog. Belt'sche Körperchen, die den Ameisen als Nahrung dienen. Unten: Eine *Pseudomyrmex*-Arbeiterin beim Verzehr eines Belt'schen Körperchens.

gut untersuchtes Beispiel sind die Akazien der Savannen Afrikas und Südamerikas. Bei diesen Arten leben die Ameisen in den Hohlräumen der Pflanze, wo sie teilweise mit Schildläusen vergesellschaftet sind und sich u. a. von deren Ausscheidungen, dem Honigtau, ernähren. Im Fall der afrikanischen *Acacia*-Arten konnte gezeigt werden, dass die sie bewohnende Ameisen der Art *Crematogaster mimosae* durch Vibrationen alarmiert werden, welche durch äsende Huftiere, wie z. B. Giraffen, ausgelöst werden. Dabei können die Ameisen nicht nur zwischen Tierfraß-induzierten und durch Wind bedingten Vibrationen unterscheiden, sondern auch die Quelle der Vibrationen bestimmen, also diejenige Stelle am Baum, die gerade befressen wird, um so möglichst schnell den Angreifer attackieren zu können.

Welche Rolle spielen Insekten bei der Reproduktion von Pflanzen?

Die Fähigkeit fliegender Insekten, den Pollen (die männlichen Keimzellen der Pflanze) von Blüte zu Blüte zu übertragen, ist essentiell für die Fremdbestäubung. Dadurch wird Erbmaterial zwischen verschiedenen, genetisch unterschiedlichen Pflanzenindividuen derselben Art ausgetauscht und in der nächsten Generation neu kombiniert. Durch die Rekombination wird die genetische Vielfalt innerhalb der Pflanzenart, und damit ihre Fähigkeit, sich an veränderliche Umweltbedingungen anzupassen, erhalten. Die Bestäubung durch Insekten (Entomophilie) hat gegenüber der Bestäubung durch Wind (Anemophilie) den entscheidenden Vorteil, dass eine hohe Effizienz erreicht werden kann, d. h. bestimmte Insekten bestäuben bestimmte Pflanzen, während der Bestäubungserfolg windverdrifteter Pollen mehr oder weniger zufällig ist und viel Pollen verlorengeht. Außerdem ist Bestäubung durch Insekten auch unter Bedingungen möglich, die für Windbestäubung eher ungünstig sind, wie z. B. in dichter Vegetation, oder bei Regen. Die meisten Blütenpflanzen (Angiospermen), also auch viele unserer Kulturpflanzen, werden von Insekten bestäubt. Blütenpflanzen traten in der Erdgeschichte vermutlich bereits in der Trias, also vor 252–247 Millionen

Bestäuberabhängige Kulturlandschaft, Obstbau (hier Mirabellenbaum)

Jahren auf. Die ersten Bestäuber waren vermutlich pollenfressende Käfer, die auf der Suche nach Nahrung Pollen von Blüte zu Blüten verschleppten. Auch heute werden noch viele Pflanzenarten von Käfern bestäubt, u.a. von Vertretern der Buprestidae (Prachtkäfer), Cerambycidae (Bockkäfer) und Scarabaeidae (Blatthornkäfer). Im Laufe der Evolution entwickelten die Pflanzen Strategien, bestäubende Insekten gezielt anzulocken: z.B. durch die Produktion von zuckerhaltigem Nektar, verschieden Düften, Farben und Formen sowie mechanischen Einrichtungen zur gezielten Pollenabgabe. Insekten entwickelten ihrerseits Verhaltensweisen, diese Angebote effektiv zu nutzen und die Nahrungsresourcen für sich zu sichern. Aus dieser gegenseitigen Anpassung (Koevolution) entstanden teilweise sehr enge und spezialisierte Beziehungen, dergestalt, dass der eine Partner essentiell auf den anderen angewiesen ist. Ein Beispiel extremer gegenseitiger Abhängigkeit und Anpassung sind Arten der vorwiegend tropischen Gattung *Ficus* (Feigen) und ihrer Bestäuber, die Feigenwespen

Rechts oben: *Rutpela maculata*, ein pollenfressender Bockkäfer (Cerambycidae). Mitte: Die 5–7 mm großen Imagines des Glänzenden Blütenprachtkäfers *Anthaxia nitidula* (Buprestidae) ernähren sich von Wildrosenblüten; die Larven leben unter der Rinde von Schlehen und Obstbäumen. Unten: Der Glattschienige Pinselkäfer, *Trichius gallicus* (synomym: *T. zonatus*), ein Rosenkäfer (Scarabaeidae: Cetoniinae) kommt in offenen Landschaften, z.B. Flussauen, oft auf Doldenblütlern, vor.

(Agaonidae). Die meisten der ca. 800 Feigenarten werden von einer einzigen Feigenwespenart bestäubt. Die winzigen Wespen vollziehen ihre Entwicklung im Blütenstand der Feige, der in einem fleischigen, hohlen „Gefäß", dem Synconium, eingeschlossen ist. Dabei ist der Lebenszyklus der Feigenwespe mit dem Entwicklungszyklus der entsprechenden Feigenart genau synchronisiert.

Sammlerin der Honigbiene mit gefüllten Pollenkörbchen („Höschen") an den Hinterbeinen

Die adulten Tiere der Hainschwebfliege *Episyrphus balteatus* (Syrphidae) spielen eine wichtige Rolle bei der Bestäubung von Blütenpflanzen.

Außer von Käfern werden Blütenpflanzen vor allem von Vertretern der Zweiflügler (Diptera), der Hautflügler (Hymenoptera), Fächerflüglern (Thysanoptera) und Schmetterlingen (Lepidoptera) bestäubt. Die Bestäuber besuchen die Blüten vor allem, um Nektar und/oder Pollen zu fressen. Hauptbestandteil des Nektars sind verschiedene Zucker. Pollen ist reich in Protein, enthält aber auch Zucker, Fette, Mineralstoffe und Vitamine. Einige Insekten werden jedoch nicht von den Nährstoffen, die die Blüte verspricht, angelockt, sondern von deren Form: Einige Orchideen-Arten locken die Männchen bestimmter Hautflügler-Arten an, indem sie deren Weibchen in Gestalt, Farbe und Geruch nachahmen. Die Männchen kopulieren mit der Blüte und übertragen so den Pollen.

Einige Blütenpflanzen besitzen Staubgefäße, die den Pollen nur dann freigeben, wenn sie durch die Vibrationen, die durch den Flügelschlag von Echten Bienen (Apidae) auf die Blüte übertragen werden, dazu angeregt werden. Eine vibrationsbestäubte Pflanze ist z. B. der Bittersüße Nachtschatten, *Solanum dulcamara*, eine auch in Europa weit verbreitete Art feuchter Standorte. Für diese sogenannte Vibrationsbestäubung werden auch Erdhummeln,

Bombus terrestris, in Gewächshäusern eingesetzt, um Tomatenpflanzen zu bestäuben und deren Ernteertrag zu erhöhen.

Ein eindrucksvolles Beispiel, wie Blütenmorphologie und Bestäuberverhalten ineinandergreifen, bieten die Lippenblüten von *Salvia*-Arten (Lamiaceae), z. B. des Wiesensalbeis, *Salvia pratensis*. Sobald eine Biene oder Hummel auf der „Unterlippe" der Blüte landet, versucht sie, mit ihrem Saugrüssel den Nektar am Blütenboden zu erreichen. Dabei löst sie einen Hebelmechanismus in der Pflanze aus, durch den die Staubgefäße wie mit einem Pinsel oder Stempel auf den Rücken des Bestäubers tupfen. Dabei entleeren die Staubbeutel ihren Inhalt, den Pollen, auf die dichte Behaarung des Bestäubers. Beim Besuch der nächsten Blüte wird der Pollen durch den oberen Teil des weiblichen Teils der Blüte (Narbe und Griffel), der von der „Oberlippe" über die Öffnung der Blüte ragt, abgestreift.

Das zeitgleiche Auftreten von Blüten und ihren Bestäubern garantiert das Überleben beider Partner. In den meisten Fällen funktioniert diese Koordination, obwohl Pflanzen ihre Blühphasen nach der Tageslänge, Insekten ihre Entwicklung jedoch nach der Temperatur ausrichten. So kann es passieren, dass z. B. Hummeln so zeitig im Frühjahr aktiv werden, dass noch nicht ausreichend Blüten vorhanden sind. Die hungrigen Hummeln behelfen sich durch einen Trick: Sie bei-

Bestäubern droht Gefahr: eine Krabbenspinne überwältigt eine Honigbiene.

Pfauenauge beim Nektartrinken auf einer *Echinacea*-Blüte

ßen Löcher in die Blätter bestimmter Pflanzen. Offenbar lösen diese Verletzungen eine Stressreaktion bei den Pflanzen aus und bringen sie dazu, früher als gewöhnlich zu blühen, und zwar bis zu 30 Tagen. Im Experiment konnte gezeigt werden, dass Hummeln dieses Verhalten tatsächlich nur bei Pollenmangel zeigten. Vermutlich geben die Hummeln mit ihrem Speichel auch eine Substanz an die Pflanze ab, die die Bildung von Blüten stimuliert. Bei experimenteller, rein mechanischer Verletzung der Blätter blühten die Pflanzen zwar ebenfalls früher, allerdings nicht in dem Ausmaß wie durch einen Hummelbiss.

Viele unserer Nutzpflanzen sind bei ihrer Fortpflanzung auf die Bestäubung durch Insekten angewiesen: So werden von den 107 weltweit am häufigsten angebauten Kulturpflanzen 91 in unterschiedlichem Ausmaß von Insekten bestäubt. Viele Obst- und Gemüsesorten liefern besonders reiche Ernten, wenn sie von Wildbienen oder anderen Insekten bestäubt werden. Dazu gehören Äpfel, Birnen, Kirschen und verschiedene Beeren sowie Gemüsesorten (v.a. Tomaten, Gurken, Bohnen, Zucchini und Kürbisse, und Ölsaaten (Raps, Sonnenblumen). Eine Studie der Universität Hohenheim aus dem Jahr 2021 hat gezeigt, dass in Deutschland in den Jahren 2006–2016 die Obst-und Gemüseproduktion, die direkt von der Bestäubung durch Insekten abhängig war, einem Wert von 3,9 Milliarden Euro entsprach.

Außer der Bestäubung tragen Insekten auch auf andere Weise zur Reproduktion von Pflanzen bei, und zwar durch die Verschleppung von Samen. Vor allem Ameisen sammeln und fressen Samen, bringen sie jedoch auch in ihre Nester. Einige gehen dabei verloren und keimen im Ameisennest aus, wo die Jungpflanzen den Schutz der Ameisen genießen. Samen, deren Schale zu hart ist, um von Ameisen gefressen zu werden, haben oft spezielle Anhänge (Elaiosomen), die aus nährstoffreichen Geweben bestehen und durch ihren Gehalt an Kohlehydraten, Eiweißen und Fetten für die Ameisen attraktiv sind. Die Ameisen bringen die so ausgestatteten Samen in das Nest und verfüttern die Elaiosomen an ihre Larven. Die Samen selbst bleiben lebensfähig und überdauern – geschützt vor anderen Samenräubern, wie z.B. Vögeln, oder auch vor Buschfeuern – bis zu einem günstigen Zeitpunkt für die Keimung. Von dieser Art der Verbreitung von Samen durch Ameisen (Myrmecochorie) profitieren sowohl die Ameisen (Erhalt von Nahrung) als auch die Pflanzen (Verbreitung und Schutz der Samen). Entsprechend entstand Myrmecochorie im Laufe der Evolution unabhängig in mehr als 80 Pflanzenfamilien.

Warum sterben Hummeln unter Linden?

Im Sommer findet man gelegentlich auffällig viele tote Hummeln unter Silberlinden (*Tilia tomentosa*). Lange wurde vermutet, der Nektar von Linden könnte für Hummeln toxisch sein. In der Folge wurden Linden in großem Stil gefällt. Inzwischen mehren sich die Indizien, dass das Hummelsterben andere Ursachen hat. Hummeln werden von den stark duftenden Blüten von Linden angezogen. Während der Bütezeit von Sommer- und Winterlinde (ab Juni bis Juli) stehen für kurze Zeit große Mengen an Nektar und Pollen zur Verfügung. Die Hummelvölker wachsen stark und erreichen ihren Höhepunkt zum Ende der Blütezeit im Juli. Ab Ende Juli bleibt in Städten nur die spätblühende Silberlinde als einzige Nahrungsquelle übrig, die den Bedarf der Hummeln an Nektar nicht zu decken vermag. Die Hummeln konkurrieren um den Restnektar der Saison, der nun nicht mehr in ausreichender Menge vorhanden ist, und verhungern. Obwohl Hummeln auch den Nektar anderer Pflanzen akzeptieren, scheinen sie besonders den Nektar von Linden zu schätzen, vermutlich aufgrund seines Gehalts an Koffein. Die Anpflanzung alternativer Nahrungspflanzen in unmittelbarer Nähe von Linden zeigte nicht den erwünschten Erfolg. So wurde Lavendel, der ebenfalls stark duftet und eigentlich für Hummeln attraktiv sein müsste, in Freilandversuchen von diesen ignoriert.

Wie überwinden Insekten die Abwehrmechanismen von Pflanzen?

Pflanzen verfügen über eine Reihe von Möglichkeiten, um sich gegen herbivore Insekten zur Wehr zu setzen. So können sie durch Bedornung oder Behaarung, durch Ausscheidung von Wachsen oder durch Verhärtung von Geweben verhindern, von Insekten gefressen oder besaugt zu werden. Viele Pflanzenarten wehren pflanzenfressende Tiere, nicht nur Insekten, chemisch ab, und zwar durch Stoffe, die nicht primär dem Stoffwechsel der Pflanze dienen. Diese sekundären Pflanzeninhaltsstoffe wirken entweder qualitativ, d. h. in kleinen Mengen wie z. B. Gifte, oder quantitativ, also in großen Mengen, wie z. B. Gerbstoffe.

Qualitativ wirkende Inhaltsstoffe wie Toxine werden in der Regel eher von unscheinbaren und kurzlebigen Pflanzen produziert; sie sind mit geringem Energieaufwand für die Pflanze verbunden. Auffällige und langlebige Pflanzen besitzen eher quantitativ wirkende Inhaltsstoffe, wie z. B. Tannine in Bäumen; ihre Produktion ist mit hohem Energieaufwand für die Pflanze verbunden. Sekundäre Pflanzeninhaltsstoffe beeinflussen das Verhalten und/oder die Physiologie herbivorer Insekten. So können sie direkten Fraß oder die Eiablage verhindern, toxisch auf Insekten wirken oder die Qualität des Pflanzengewebes so negativ beeinflussen, dass es für herbivore Insekten an Attraktivität verliert. Insekten haben im Gegenzug ebenfalls eine Reihe von Strategien entwickelt, um die Abwehrmechanismen der Pflanzen zu durchbrechen. Sie überwinden mechanische Barrieren der Pflanze gegen Herbivorenbefall durch entsprechende Anpassung der Mundwerkzeuge: Durch Einlagerung von Metallen in die Cuticula der Mandibeln gelingt es ihnen, auch harte Gewebe wie Samenschalen zu zerkauen, oder durch Verlängerung des Saugrüssels sind sie in der Lage, sogar Pflanzen mit starker Behaarung zu besaugen. Hinsichtlich der sekundären Pflanzeninhaltsstoffe sind die Beziehungen zwischen Pflanzen und herbivoren Insekten außerordentlich facettenreich: So kann z. B. ein bestimmter Inhaltsstoff, der für die eine Insektenart abstoßend ist, auf eine andere durchaus anziehend wirken. Viele Insektenarten sind in der Lage, Pflanzentoxine zu tolerieren, oder sie sogar zu neutralisieren. Einige Arten nehmen die Giftstoffe aus der Pflanze auf und nutzen sie für ihre eigene Verteidigung gegen Fressfeinde (siehe Kapitel 15, S. 237). Auf den Befall durch herbivore Insekten reagieren manche Pflanzen mit der Abgabe flüchtiger Substanzen, die den Artgenossen der Herbivoren das Vorhandensein einer Nahrungsquelle signalisieren und diese damit anlocken. Einige Pflanzenarten sondern bei Befall mit Herbivoren bestimmte Lockstoffe für Parasitoide ab, die ihrerseits die Herbivoren attackieren und damit die Schädigung der Pflanze durch Herbivoren-Befall zumindest begrenzen. Alle diese Beziehungen zu dokumentieren und die Wechselwirkungen von den molekularen Grundlagen bis zu ihrem Beitrag zum Funktionieren bestimmter Ökosysteme zu verstehen, ist Gegenstand aktiver Forschung weltweit.

13. Wie funktioniert die Fortpflanzung bei Insekten? (Reproduktion)

Wie kommen die Geschlechtszellen zusammen?

Die meisten Insektenarten pflanzen sich bisexuell fort, d. h. es existieren Männchen und Weibchen. Die männlichen Keimzellen werden in den paarigen Hoden der Männchen, die Eier der Weibchen in den ebenfalls paarigen Ovarien produziert.

Bei primär ungeflügelten Insekten erfolgt die Samenübertragung indirekt. Dabei setzen die Männchen ein Spermapaket, die Spermatophore, auf einem Substrat ab. Die Weibchen nehmen diese dann in ihre Geschlechtsöffnung auf. Um sicherzustellen, dass ihre Spermatophore nicht „verlorengeht", haben die Männchen dieser Gruppen teilweise komplexe Verhaltensmuster entwickelt, um konspezifische Weibchen zur Aufnahme ihres Spermapakets zu animieren: So bauen die Männchen bestimmter Collembolen regelrechte „Hindernis"-Parcours aus gestielten Spermatophoren und locken die Weibchen durch Tänze an die entsprechenden Stellen. Die Männchen der Silberfischchen

Männchen und Weibchen der Grünschrecke *Odontopodisma* cf. *schmidtii*, einer Kurzfühlerschrecke (Acrididae), bei der Paarung

produzieren Spinnfäden aus Anhangsdrüsen des Geschlechtsapparates, heften diese an Wände und Boden von Hohlräumen, und setzen unter diesen Schrägfäden ihre Spermatophore ab. Das Weibchen, vom Männchen geleitet, kriecht unter den Hauptfaden und tastet mit ihrem Hinterleib den Untergrund nach der Spermatophore ab. Hat es sie gefunden, wird die Spermatophore in die Geschlechtsöffnung aufgenommen.

Bei den meisten Arten der geflügelten Insekten erfolgt die Samenübertragung direkt, d. h. das Männchen deponiert mit seinem Penis, dem Aedeagus, seine Samen während der Kopulation in den Geschlechtstrakt des Weibchens (Ausnahmen siehe S. 196, 201). Der Aedeagus kann sehr kompliziert gebaut sein und ist oft mit ausstülpbaren Anteilen und Dornen versehen, die der Verankerung im Weibchen und auch der Stimulation dienen. In den Genitaltrakt der Weibchen münden der Eileiter, eine Tasche zur Speicherung der Spermien (Receptaculum seminis, oder Spermatheca) sowie die Ausgänge verschiedener Drüsen. Bei der Eiablage passieren die Eier das Spermienreservoir und werden dabei befruchtet. Einige Arten, wie z. B. Libellen, besitzen Vorrichtungen am Aedeagus, mit dem sie das Sperma eines Konkurrenten aus dem Genitaltrakt des Weibchens entfernen können.

Der eigentlichen Kopulation geht bei vielen Arten eine Art „Vorspiel" voraus, wobei sich die Partner mit Gliedmaßen oder Antennen betasten, und/oder akustische oder vibratorische Signale produzieren.

Bevor es jedoch überhaupt zu einer Kopulation kommen kann, müssen Männchen und Weibchen ein- und derselben Art nicht nur aufeinandertreffen, sondern einander auch als potenzielle Geschlechtspartner erkennen.

Eine der Möglichkeiten des Aufeinandertreffens ist die Bildung von Schwärmen durch eine variable Anzahl von Individuen, meistens den Männchen. Spektakuläre Schwarmbildungen sind bekannt von Eintagsfliegen, Libellen, Fliegen, Mücken und Schmetterlingen. Eintagsfliegen (Ephemeroptera) sind kurzlebig, die adulten Tiere leben nur einige Stunden bis zu wenigen Tagen. Das Schlüpfen der Erwachsenen erfolgt synchronisiert, was bei günstigen Temperatur- und Lichtverhältnissen zur Entstehung der Schwärme führt. Berühmt sind Phänomene wie die „Theiß-Blüte" in Ungarn und Serbien, bei der Hunderttausende Individuen der Eintagsfliege *Palingenia longicauda* jeweils Mitte Juni für nur wenige Stunden während der Abenddämmerung dichte Wolken über dem Gewässer bilden. Die Wahrscheinlichkeit, einen Sexualpartner in einem Schwarm zu finden, ist höher als durch aktives Suchen einzelner Individuen. Die erwachsenen Männchen vieler Eintagsfliegen-Arten besitzen ein spezialisiertes Turbanauge, d. h. die dorsale Hälfte des Komplexauges ist deutlich abgesetzt: Die Ommatidien in diesen Bereichen sind nach oben ausgerichtet und zeigen hohe Empfindlichkeit im UV-Bereich. Die Turbanaugen sind auf das Sehen in der Dämmerung spezialisiert, sodass sie die Position der Weibchen im Schwarm gut erkennen. Die Weibchen fliegen jeweils nur zu wenigen in die Schwärme der Männchen ein, während die anderen sich abseits halten. Die verpaarten Weibchen verlassen den Schwarm zur Eiablage, und die nächsten Weibchen sind an der Reihe.

Vertreter der Tanzfliegen (Diptera: Empididae) bilden zur Paarungszeit „Tanzgruppen", also kleinere Schwärme, die jeweils nur aus Männchen oder Weibchen bestehen. In den Tanzgruppen veranstalten die Individuen Zick-Zack- und Auf-und Abflüge. Vertreter des jeweils anderen Geschlechts fliegen die Tanzgruppen zur Paarung an.

Die Angehörigen vieler Arten treffen sich an oder auf ihrer Nahrungsquelle, wie z.B. ihrer Nährpflanze, einem Dunghaufen, oder – im Fall von Parasiten – auf ihrem Wirt. Eine weitere Möglichkeit, potenzielle Geschlechtspartner auf sich aufmerksam zu machen, ist die Abgabe von Lockstoffen (Pheromonen) und optischen oder akustischen Signalen (siehe Kapitel 10).

Haben Männchen und Weibchen ein- und derselben Art über größere Distanzen zueinander gefunden, kommt es zur Auswahl des Sexualpartners. Dies geschieht im Rahmen der Werbephase, die der Kopulation vorausgeht. Die Männchen vieler Insektenarten zeigen ein aufwändiges Balzverhalten, das mit dem von Wirbeltieren, z.B. Vögeln, in seiner Komplexität durchaus vergleichbar ist. Bestimmte Signale

Adultes Männchen einer Eintagsfliege mit sog. Turbanaugen, die dem Erkennen der Weibchen im Schwarm dienen

Turbanauge des Männchens: die dorsale Augenhälfte weist deutlich größere Facetten auf als die ventrale; die Sehzellen der Turbanaugen nehmen UV-Licht wahr.

Weibchen der Distelbohrfliege *Urophora cardui* (*Tephritidae*), Körperlänge 5–6 mm. Die auffallend hell-dunkel gemusterten Flügel werden bei der Balz rotiert und gespreizt und dem Partner präsentiert.

Das Hirschkäfer-Männchen (*Lucanus cervus*) wehrt Rivalen mit seinem „Geweih" (Mandibeln) ab.

oder Signalmuster werden nur bei diesem „Vorspiel" präsentiert, wie spezifische Rufe, z.B. bei Grillen, oder ritualisierte Bewegungen, wie das Spreizen und Rotieren der lebhaft gemusterten Flügel, z.B. bei Bohrfliegen (Diptera: Tephritidae). Jede Art hat ihre ganz spezifische Kombination von Signalen – selbst nahe verwandte Arten unterscheiden sich in mindestens einer Komponente. Dadurch wird sichergestellt, dass sich nur Angehörige ein- und derselben Art miteinander paaren. Allerdings sind die Komponenten des Werbeverhaltens auch innerhalb einer Art variabel. Ebenso variabel reagieren die Weibchen auf das Werbeverhalten der Männchen, die um die Weibchen konkurrieren. Das in diesem Konkurrenzkampf erfolgreiche Männchen wird vom Weibchen zur Paarung zugelassen, d.h. es überträgt seine Spermien auf das umworbene Weibchen und sichert so den Fortbestand seiner Gene. Diese sexuelle Selektion spielt eine wichtige Rolle bei der Entstehung neuer Arten (siehe Kapitel 6, S. 68). Im Konkurrenzkampf um die Weibchen setzen die Männchen alle möglichen Tricks ein, um ihre Rivalen auszustechen: Sie präsentieren dem Weibchen Beutetiere oder andere „Geschenke" (siehe unten), unterdrücken die Bereitschaft des Weibchens, sich erneut zu paaren (durch bestimmte Substanzen in der Samenflüssigkeit), entfernen das Sperma ihrer Vorgänger aus dem Genitaltrakt des Weibchens oder versuchen sogar, die Weibchen hinsichtlich ihrer körperlichen Vorzüge zu täuschen. So stridulieren die Männchen der Blütengrille *Oecanthus henryi* (Gryllidae: Oecanthini) normalerweise von den Blatträndern aus. Weibchen bevorzugen große, laut stridulierende Männchen. Kleinere und leiser stridulierende Männchen gleichen ihr körperliches Manko dadurch aus, dass sie ein Loch in die Mitte eines Blattes nagen. Das Blatt verstärkt die Signale und wirkt dadurch als Megaphon. Die Weibchen lassen sich durch die lauteren Signale nicht nur täuschen, sondern kopulieren auch länger mit den kleineren Männchen.

Die Paarungsstellung ist innerhalb ein- und derselben Art kaum variabel, allerdings bestehen zwischen verschiedenen Insektengruppen große Unterschiede. Die häufigste Stellung ist bei Käfern verbreitet: Das Männchen besteigt den Rücken des Weibchens, biegt die Spitze seines Abdomens unter das Weibchen und führt seinen Aedeagus in den weiblichen Genitaltrakt ein. Männchen und Weibchen „schauen“ dabei in die gleiche Richtung. Bei anderen Gruppen sind die Genitalien während der Paarung an der Spitze des Abdomens so miteinander verbunden, dass Männchen und Weibchen in entgegengesetzte Richtungen schauen; die Bauchseite beider Partner ist dabei der Unterlage zugewandt (viele Wanzen- und Schmetterlingsarten). Eine weitere Variante ist die „V-Stellung“: Männchen und Weibchen bilden mit ihren Körpern ein „V“, das Männchen biegt sein Genital unter das Abdomen des Weibchens; die Bauchseiten entweder bei-

Männchen und Weibchen des Gerippten Brachkäfers („Junikäfer“), *Amphimallon solstitiale* (Scarabaeidae), bei der Paarung. Die Art ist in der Paläarktis weit verbreitet.

Sexualdimorphismus beim Großen Leuchtkäfer *Lampyris noctiluca* (Lampyridae): ungeflügeltes Weibchen (rechts) und geflügeltes Männchen (links) bei der Paarung

der oder nur eines Partners sind der Unterlage zugewandt.

Eine ungewöhnliche Paarungsstellung nehmen Libellen ein: Männchen und Weibchen bilden ein „Paarungsrad". Männliche Libellen übertragen ihr Sperma nicht mit ihrem Aedeagus, sondern mit einem sekundären Geschlechtsorgan, einer Neubildung, die sich am vorderen Ende des Hinterleibs, also dicht hinter dem Thorax, auf der Bauchseite befindet. Da die Geschlechtsöffnung, aus der das Sperma austritt, am 9. Hinterleibssegment liegt, muss das Libellenmännchen seinen Hinterleib nach unten und vorne biegen, um sein Sperma in dem sekundären Geschlechtsorgan zu deponieren. Bei der territorialen Gebänderten Prachtlibelle, *Calopteryx splendens* (Zygoptera) wählen die Männchen einen geeigneten Eiablageplatz innerhalb ihres Reviers, noch bevor überhaupt ein Kontakt zu einem Weibchen besteht. Lässt sich ein Weibchen im Revier des Männchens nieder, wird es vom Männchen gepackt, und zwar entweder direkt hinter den Kopf oder weit vorne am Thorax. Daraufhin biegt das Weibchen seinen Hinterleib in Richtung des Spermareservoirs, um mit seiner Geschlechtsöffnung dort das Sperma zu entnehmen. Die Partner verbleiben mindestens 90 Sekunden, oft aber auch länger, in der Radstellung und können so auch fliegen. Nach der Trennung der Partner erfolgt die Eiablage, wobei das Männchen das Weibchen bewacht.

Der Hornissenglasflügler *Sesia apiformis*, ein Schmetterling der Familie Sesiidae, bei der Paarung. Die Tiere erinnern mit ihrer gelb-schwarzen Warnfärbung und mit ihrem Verhalten an Hornissen.

Nicht alle Arten der Insekten zeigen ein ausgeprägtes und komplexes Paarungs- bzw. Werbeverhalten (siehe „Was ist eine traumatische Insemination?", S. 201). So zeigen z. B. Alpenschrecken (*Anonconotus alpinus* und *A. italoaustriacus*) ein extremes

Paarungsrad einer Kleinlibelle: Das Männchen (rechts) hält das Weibchen mit seiner Hinterleibsspitze hinter dem Kopf fest; das Weibchen bringt seine Geschlechtsöffnung zum sekundären Begattungsorgan des Männchens.

Sexualverhalten. Die Männchen zeigen keinerlei Werbeverhalten, sondern stürzen sich auf die größeren Weibchen, die sich heftig wehren, halten sie mit ihren zu Greifzangen spezialisierten Cerci (abdominale Anhänge) in einem schraubstockartigen Griff fest und kopulieren sofort. Während die Männchen anderer Laubheuschrecken-Arten sich nach einer Kopulation mehrere Tage erholen, sind die Männchen von *Anonconotus* schon nach 18 Sekunden (!) bereit, sich erneut zu paaren. Sie vergreifen sich auch an anderen Heuschrecken-Arten, und sogar an Männchen und Larven.

Machen Insekten Hochzeitsgeschenke?

In mehreren Insektengruppen ist die Übergabe von Nahrungs-„Geschenken" der Männchen an die Weibchen Bestandteil des Paarungsverhaltens. Die Nahrung besteht entweder aus Tieren, die das Männchen erbeutet hat, Pflanzenteilen, die es gesammelt hat, oder aus Drüsensekreten des Männchens. Im Extremfall kommt es zu Kannibalismus, d.h. das Männchen selbst dient als Nahrung. Die Übergabe der Hochzeitsgeschenke ist eingebettet in komplexe Verhaltensmuster, wie einige Beispiele zeigen.

Bei mehreren Arten der Tanzfliegen (Diptera: Empididae) übergibt das Männchen dem Weibchen ein „Geschenk“ (meist ein erbeutetes Insekt), das dieses während der Paarung aussaugt. Bei manchen Arten wird das Geschenk von Spinnfäden umhüllt, die das Männchen aus Drüsen im 1. Tarsalglied ausscheidet. Bei einer Art, *Empis opaca*, wurde beobachtet, dass das Männchen nach der Paarung das Geschenk wieder mitnimmt und einem anderen Weibchen übergibt. Die Übergabe des Geschenks allein wirkt offenbar paarungsstimulierend: Oft wird die Gabe zwar vom Weibchen angenommen, aber nicht genutzt. Manchmal funktioniert die Stimulation des Weibchens sogar mit einer Attrappe: Das „Geschenk“ besteht lediglich aus einem eingewickelten (für das Weibchen nutzlosen) Blattstück oder sogar nur aus der leeren Verpackung, der Spinnfadenhülle.

Die Tanzfliege *Empis tesselata* (Empididae) bei der Paarung (Männchen: oben rechts, Weibchen: Mitte) mit Hochzeitsgeschenk, einer Fliege (links unten)

Gehaltvollere Geschenke machen die Männchen vieler Heuschrecken- und einiger Grillen-Arten (Orthoptera: Tettigoniidae und Gryllidae): Sie kleben ihre vergleichsweise große Spermatophore an die Genitalien des Weibchens. Die Spermatophore ist zweiteilig – ein Teil, die Ampulle, enthält das Sperma, der meist größere Teil, die Spermatophylax, ist spermafrei, aber reich an Proteinen. Während das Weibchen die Spermatophylax verzehrt, wird das Sperma aus der Ampulle in den Genitaltrakt des Weibchens übertragen. Die Spermatophylax enthält Substanzen, welche die Bereitschaft des Weibchens, sich mit weiteren Männchen zu paaren, hemmen. Gleichzeitig wird das Weibchen zur Eiablage stimuliert. Wem nützt nun die Übergabe eines solchen „Protein-Snacks“? Einerseits profitiert das Männchen: Durch die verlängerte Paarungsdauer und die eiablage-stimulierende Wirkung der Spermatophylax kann es sicherstellen, dass tatsächlich sein Sperma (und nicht das eines anderen Männchens) die Eier des Weibchens befruchtet. Andererseits profitiert vermutlich auch das Weibchen vom Verzehr der Spermatophylax, da die Produktion der Eier energieaufwändig ist und eine zusätzliche Proteinmahlzeit Defizite im Stoffwechsel ausgleicht. Die Funktion der Spermatophylax variiert zudem zwischen den untersuchten Arten verschiedener Gattungen. Ursprünglich diente wohl eine (kleine) Spermatophylax dem Schutz des Spermas.

Der Ausgleich von Defiziten im Stoffwechsel ist mit hoher Wahrscheinlichkeit auch der Grund für den Paarungskannibalismus, der von den Weibchen einiger Arten der Gottesanbeterinnen (Mantodea) praktiziert wird. Das Männchen wird vom Weibchen durch Pheromone und optische Signale angelockt, nähert sich dem Weibchen vorsichtig, und springt von hinten auf ihren Rücken. Nach der Paarung, die sich über mehrere Stunden erstrecken kann, zieht sich das Männchen schnell zurück, um der Gefahr des Gefressenwerdens zu entgehen. Bei Laborexperimenten zeigte sich, dass – je schlechter der Ernährungszustand der Weibchen – die Bereitschaft zu sexuellem Kannibalismus um so höher war, und dass diese nach dem Verzehr des Männchens größere Eipakete, und damit eine höhere Zahl an Nachkommen produzierten.

Anspruchsvolle Weibchen einiger Käfer- und Schmetterlingsarten prüfen genau, ob Männchen ihren Anforderungen, nämlich der Deckung des Bedarfs an bestimmten Stoffen, wie

Ein Weibchen der Langfühlerschrecke *Ephippiger* spec. Unterhalb der Eiablageröhre ist als große, weiße Masse die proteinreiche Spermatophylax und die kleinere, spermahaltige Ampulle (orange) zu erkennen. Die gelb-orange Färbung kommt durch Carotinoide zustande, die den Grundstoff für den Aufbau der Sehpigmente liefern und als Antioxidantien das Sperma in der Ampulle schützen.

z.B. dem Giftstoff Cantharidin oder auch Natrium, entsprechen, bevor sie ein bestimmtes Männchen zur Paarung akzeptieren.

Ein Ölkäfer-Männchen (*Meloe* cf. *proscarabaeus*) besteigt das Weibchen zur Paarung. Seine Antennen sind kräftiger als die des Weibchen und zeigen in der Mitte einen deutlichen Knick.

Ein Männchen des Scharlachroten Feuerkäfers *Pyrochroa coccinea* (Pyrochroidae) nimmt die cantharidinhaltige Hämolymphe (gelber Tropfen) des Ölkäfers *Meloe proscarabaeus* (Meloidae) auf.

Ein ganz besonders begehrter Stoff ist Cantharidin, ein starkes Reizgift aus der Gruppe der Terpenoide. Es findet sich in der Hämolymphe verschiedener Käferfamilien, wie den Meloidae (Ölkäfer) und den Oedemeridae (Scheinbockkäfer). Bei den Meloidae dient es als Wehrsekret und wird bei Bedrohung in Tröpfchen aus den Beingelenken ausgepresst.

Beim Menschen löst Cantharidin Blasenbildung auf der Haut, Nekrosen und Entzündungen aus. Es wird seit der Antike als Gift (zur Vollstreckung von Todesurteilen), aber auch als Droge zur Anstiftung sexueller Ausschweifungen und als potenzsteigerndes Mittel eingesetzt (gewonnen aus der Ölkäfer-Art *Lytta* (früher: *Cantharis*) *vesicatoria*, die fälschlicherweise unter dem Namen „Spanische Fliege" bekannt ist). Heute wird Cantharidin in Medikamenten gegen Warzenbildung eingesetzt, ist aber auch noch als „Spanische Fliege-Liebestrank" im Sortiment eines bekannten Erotik-Versands vertreten.

Die Männchen verschiedener, sogenannter cantharidiphiler Insektenarten, können Cantharidin nicht selbst produzieren, nehmen es aber gezielt aus den Ausscheidungen z.B. von lebenden oder toten Ölkäfern auf und nutzen es zu ihrem eigenen Schutz. Ein Teil des aufgenommenen Cantharidins wird entweder in Vorratsbehältern unter den Flügeln (bei Blumenkäfern, Anthicidae) oder in einer Spalte auf der Stirn (bei Pyrochroidae, Feuerkäfern) aufbewahrt, ein anderer Teil wandert in akzessorische Drüsen im männlichen Genitalstrakt.

Das aufgenommene Cantharidin schützt die Männchen nicht nur vor Fressfeinden, sondern macht sie auch für die Weibchen attraktiv. Die Weibchen prüfen (z. B. durch das Einführen ihrer Mandibeln in die Kopfspalte des Männchens) das Vorhandensein von Cantharidin, bevor sie das Männchen zur Paarung akzeptieren. Bei der Kopula wird das Cantharidin mit dem Sperma in den weiblichen Genitaltrakt aufgenommen und bei der Eiablage auf die Eier gegeben. Diese sind dann ebenfalls vor Fressfeinden geschützt.

Ein anderer begehrter Stoff ist Salz (Natriumchlorid), das für tierische Organismen aufgrund seiner physiologischen Funktionen, u. a. im Wasserhaushalt, essentiell ist. Natrium bzw. Natrium-Ionen sind in einigen Pflanzenarten unterrepräsentiert, und Insekten, die sich von diesen Pflanzen ernähren, müssen das Defizit auf andere Weise ausgleichen. Die Männchen vieler Schmetterlingsarten kommen oft massenhaft an Wasserstellen zusammen und nehmen große Mengen Flüssigkeit und damit auch Natrium-Ionen auf. Abhängig von der Natrium-Konzentration des Wassers verbleiben sie kürzere oder längere Zeit zum Trinken. Die Raupen der Zahnspinner-Art *Gluphisia septentrionis* (Lepidoptera: Notodontidae) ernähren sich von einer Pappelart, die unterdurchschnittlich wenig Natrium enthält; entsprechend muß der Mangel auf anderem Weg behoben werden. Untersuchungen er-

Der Gemeine Einhornkäfer *Notoxus monoceros*, ein Vertreter der Blumenkäfer (Anthicidae), Mitte, sucht einen toten Ölkäfer (links) auf, um dessen cantharidinhaltige Hämolymphe aufzunehmen. Auch Speckkäfer (Dermestidae) nutzen den Kadaver als Nahrungsquelle (oben: erwachsenes Tier, rechts: Larve).

Baum-Weißlinge *Aporia crataegi* (Pieridae) beim Trinken an einer Wasserstelle.

gaben, dass *Gluphisia* Männchen durch übermäßiges Trinken tatsächlich Natrium im Körper anreichern, da die ausgeschiedene Flüssigkeit wesentlich weniger Natrium enthielt als die aufgenommene. Im Experiment schied ein einzelnes Männchen in weniger als 3,5 Stunden 38,4 ml Flüssigkeit aus, das entspricht dem 600fachen der Körpermasse eines 80 mg schweren *Gluphisia*-Männchens. Umgerechnet auf die Körpermasse eines Menschen entspräche dies einer Urinmenge von 45.500 Litern, wobei pro Sekunde 3,8 Liter ausgeschieden werden müssten. Bei *Gluphisia* Männchen wird etwas mehr als die Hälfte des im Körper angereicherten Natriums bei der Paarung auf das Weibchen übertragen, das wiederum die Hälfte des auf sie übertragenen Natriums an ihre Eier weitergibt. Je exzessiver die Männchen trinken (und damit Natrium"geschenke" in Aussicht stellen), desto attraktiver sind sie für die Weibchen.

Wie oft paaren sich Insekten und wie lange dauert die Paarung?

Die Männchen der meisten Insektenarten paaren sich mehrfach und mit verschiedenen Weibchen. Die Weibchen paaren sich i.d.R. seltener, aber ebenfalls mit verschiedenen Partnern, im Extremfall jedoch nur ein einziges Mal, z. B. bei Termiten. Auch die Königin der Honigbiene *Apis mellifera* paart sich nur während des (einmaligen) Hochzeitsflugs mit 10–15 Drohnen. Dabei legt sie einen Vorrat von bis zu 10 Millionen Spermien an, den sie während ihres ganzen Lebens zur Befruchtung ihrer Eier aufbewahrt.

Das gegensätzliche Extrem zeigen die Weibchen der Südlichen Beißschrecke *Platycleis affinis* (Ensifera: Tettigoniidae): Sie bringen es während der 2 Monate ihres erwachsenen Lebens auf bis zu 23 Sexualpartner. Wohl um der Promiskuität ihrer Weibchen gerecht zu werden, haben die Männchen der Art die relativ größten Hoden unter allen Tieren entwickelt: sie machen 14 % der Körpermasse eines erwachsenen Männchens aus.

Je mehr Eier ein Männchen befruchten kann, desto größer ist sein Reproduktionserfolg, d. h. die Zahl der Nachkommen, die seine Gene tragen. Dabei tritt das Männchen, bzw. sein Sperma, in Konkurrenz zum Sperma anderer Männchen, die sich mit den Weibchen paaren. Um sicherzustellen, dass die Eier der Partnerin tatsächlich vom eigenen Sperma (und nicht dem eines anderen Partners des Weibchens) befruchtet werden, bewachen und kontrollieren die Männchen vieler Arten die Weibchen vor, während und nach der Kopulation. Abhängig von der Energie, die das Männchen in die Sicherstellung seiner Vaterschaft investiert, variieren die Zahl der Paarungen und ihre Dauer von Art zu Art. Kurze, aber häufige Paarungen verlangen geringe Investition seitens des Männchens, bedeuten aber auch geringere Wahrscheinlichkeit der Vaterschaft, während ein elaboriertes Paarungsverhalten (u.a. durch die Übergabe von Hochzeitsgeschenken) die Wahrscheinlichkeit der Vaterschaft erhöht, aber weniger Paarungen pro Zeiteinheit zulässt. Die Dauer einer einzelnen Kopulation reicht von wenigen Sekunden (bei der Stubenfliege, *Musca domestica*) bis zu 79 Tagen (bei der Indischen Stabschrecke *Carausius morosus*).

Was ist eine traumatische Insemination?

Bei manchen Vertretern der Plattwanzen (Heteroptera: Cimicidae) führen die Männchen ihren Penis nicht in die Geschlechtsöffnung der Weibchen, sondern durchstechen mit einem dolchartigen penis-artigen Organ die Cuticula des Hinterleibs an einer beliebigen Stelle. Bei der Bettwanze, *Cimex lectularius*, ist an der Bauchseite eine blind geschlossene Tasche, das Ribaga'sche Organ, ausgebildet, deren Wand vom Männchen durchbohrt wird. Die Spermien werden direkt in die Leibeshöhle injiziert und gelangen innerhalb von 12 Stunden entweder direkt in die Eiröhren oder in die Samenbehälter des Weibchens. Ein Überschuss an Spermien wird vom Ribaga'schen Organ wieder ausgestoßen, bzw. von bestimmten Zellen in der Hämolymphe aufgenommen und verdaut. Ein ähnliches Verhalten wurde auch bei der Taufliege *Drosophila bipectinata* (Diptera: Drosophilidae) beobachtet. Der Grund für diese außergewöhnliche Art der Spermaübertragung ist nicht völlig geklärt: Sowohl Konkurrenzvermeidung seitens des Männchens als auch Nährstoffkomplementierung seitens des Weibchens sind denkbar.

Wie sehen Insekteneier aus?

Die Eier von Insekten sind zwischen 0,2 mm und ca. 13 mm lang. Auch ihre Form variiert stark zwischen den Insektengruppen: Sie sind entweder rundlich, an den Polen abgeplattet, oder länglich. Die Schale kann dünn oder solide sein, die Oberfläche glatt oder skulpturiert, z.B. mit Rippen und Stacheln versehen. Die Eier einiger Arten sind extrem elastisch und verformbar, sodass sie durch lange, enge Ovipositoren tief ins Substrat versenkt werden können (z.B. bei Schlupfwespen, Ichneumonidae); andere, wie z.B. die Eier der Indischen Stabschrecke *Carausius morosus* (Phasmatidae) sind hartschalig und erinnern in Form und Farbe an Pflanzensamen. Bei einigen Gruppen, z.B. Schaben (Blattodea) und Fangschrecken (Mantodea) werden die dünnschaligen Eier vor der Ablage in einer „Tasche" gebündelt und verpackt. Diese Tasche, oder Oothek, wird durch ein Drüsensekret aus dem weiblichen Genitaltrakt gebildet und schützt die Eier, bzw. die sich in ihnen entwickelnden Embryonen vor Austrocknung. Die Eischale weist bei manchen Insektengruppen vorgebildete Bruchlinien auf; an ihnen platzt die Hülle beim Schlüpfen der Larven.

Gebildet werden die Eier in den paarigen Ovarien, die jeweils aus einer unterschiedlichen Zahl von Eiröhren, oder Ovariolen, bestehen. Die Eiröhren münden in die beiden Eileiter, die sich zu einem unpaaren Eileiter, dem Ovidukt, vereinigen. Am ihrem blinden Ende werden in der Keimzone die Eizellen, in vielen Fällen auch Nährzellen gebildet. Die Eizellen wandern durch die Ovariolen Richtung Eileiter, währenddessen sie an Größe zunehmen. Sie sind dabei von sich stets teilenden Epithelzellen, dem Follikelepithel umgeben, das der Hämolymphe Nährstoffe entzieht und diese der Eizelle zuleitet, in einigen Fällen unterstützt von Nährzellen. Die Nährstoffe dienen dem Aufbau sowohl des Eiplasmas als auch des Dotters. Die Eibildung ist abgeschlossen, sobald die äußere Ooplasmaschicht eine Dotterhaut gebildet hat und das Follikelepithel das Ei mit einer zweischichtigen Ei-Schale, dem Chorion, umgeben hat. Am vorderen Pol des Eies finden sich eine oder mehrere Poren, die Mikropylen, durch die die Spermien in das Ei gelangen. Der Ei-Schale kommen wichtige Aufgaben zu: Schutz der Eizelle vor mechanischer Beanspruchung, vor Austrocknung, und Gasaustausch (Sauerstoff, Kohlendioxid). Der Aufbau des Chorions und seine spezifischen Eigenschaften sind daher stark beeinflusst von den äußeren Bedingungen des Eiablageplatzes. Die Eischale terrestrischer Arten ist oft von einer Wachsschicht umgeben und entsprechend wasserabstoßend. Die Wachsfilamente bilden ein dichtes Netz um das Ei, schließen eine Luftschicht ein und ermöglichen so den Gasaustausch durch Poren in der Eihülle.

Wieviele Eier legen Insekten?

Wieviele Eier ein Insektenweibchen im Laufe seines Lebens produziert, ist zwischen den verschiedenen Insektengruppen hochgradig variabel. Die Zahl der produzierten Eier hängt von verschiedenen Faktoren ab: von der Verfügbarkeit einer bestimmten Nahrungsquelle des Weibchens, seinem physiologischen Zustand, aber auch von den Risiken, denen der Nachwuchs ausgesetzt ist (Räuber, Parasiten, Parasitoide, Klima) sowie von der Menge der Energie, die in die Aufzucht des Nachwuchses investiert wird, außerdem von der Lebensdauer des Weibchens. So legt z. B. ein Ölkäfer Weibchen (*Meloë* spec.), dessen Larven des 1. Stadiums ein hohes

Risiko haben, das Wirtsnest nicht zu erreichen (siehe S. 122), 2.000–4.000 Eier. Vergleichsweise wenige Eier legen dagegen die Weibchen der Florfliege *Chrysoperla carnea* (100–900), und der Stabschrecke *Carausius morosus* (3 Eier/Tag; ca. 1.200 im Laufe ihres Lebens). Die Stubenfliege *Musca domestica* legt während des Sommers alle 3–4 Tage jeweils 150–400 Eier ab. Die Rekordhalterinnen hinsichtlich der Zahl der abgelegten Eier sind die Königinnen staatenbildender Insekten: Eine Bienenkönigin legt 1.000–1.440 Eier/Tag (im Laufe ihres Lebens also insgesamt 100.000 bis 200.000 Eier); eine Termitenkönigin bis zu 30.000 Eier/Tag. Da Termitenköniginnen bis zu 20 Jahre alt werden können, produziert ein einzelnes Weibchen in seinem Leben bis zu 146 Millionen Eier.

Wie und wo erfolgt die Eiablage?

Die Weibchen vieler Insektenarten lassen ihre Eier einfach fallen. Die Eier sind jedoch eine willkommene Nahrungsquelle für räuberische und parasitische Arten von Insekten und anderen Arthropoden. Entsprechend sind Insekten in diesem Stadium besonders gefährdet. Um das Risiko zu minimieren, werden die Eier – einzeln oder in Gruppen – an geschützten Stellen abgelegt oder an ein Substrat geklebt, oder von den Weibchen, vereinzelt auch von den Männchen, bewacht. Die meisten Insektenarten verfügen über einen Legeapparat am Hinterleib, den Ovipositor, mit dem die Eier tief in ein Substrat versenkt werden können. Häufige Eiablageplätze sind Pflanzen, d.h. auf Blättern, oft der Blattunterseite, und unter der Rinde.

Bestimmte Kleinzikaden „sägen“ mit ihren Ovipositoren Schlitze in Pflanzenstängel, versenken ihre Eier im Gewebe und verschließen die Schlitze mit einem lackähnlichen Drüsensekret, andere legen die Eier in die Erdkrume und bepudern sie mit Wachs. Singzikaden legen ihre Eier in oberirdische Pflanzenteile; die Larven fallen nach dem Schlüpfen zu Boden, graben sich ein und saugen an Pflanzenwurzeln.

Die Weibchen der Florfliegen (Neuroptera: Chrysopidae) versehen jedes ihrer Eier mit einem ca. 10 mm langen Stiel und kleben diesen an die Blattunterseite in die Nähe von Blattlauskolonien. Die Eier sind so vor Räubern geschützt, und die Larven, die sich von Blattläusen ernähren, schlüpfen bereits in der Nähe ihrer Nahrung.

Bei den Vertretern der Hymenoptera (Hautflügler) kann der Ovipositor mehrere Zentimeter tief ins Holz von Laub- und Nadelbäumen eindringen, z.B. bei Holzwespen (Siricidae). Der Ovipositor der Siricidae trägt in einer Reihe angeordnete Grabkellen, mit denen das Holzmehl, das beim Bohren anfällt, aus dem Bohrkanal geschaufelt wird. Die Eier werden dann tief in diesem Bohrgang versenkt.

Die meisten Parasiten und Parasitoide legen ihre Eier direkt an oder in ihren Wirten ab. Läuse der Gattung *Pediculus*, also auch die Kopf-, Scham- und Kleiderlaus des Menschen, kleben ihre Eier (Nissen) mit einem wasserunlöslichen Kitt an einzelne Haare oder Textilfasern, und zwar so fest, dass sie manuell entfernt werden müssen. Das „Lausen" ist integraler Bestandteil der gegenseitigen Fellpflege und damit des Sozialverhaltens von Menschenaffen.

Einige Hymenopteren, z.B. Arten der Schlupfwespen (siehe Kapitel 11, S. 163) verfügen teilweise über mehr als körperlange Ovipositoren, mit denen sie ihre Wirte, die Eier und Larven anderer Insekten, die sich tief im Innern von Pflanzen entwickeln, erreichen können.

Bei der Honigbiene ist der ursprüngliche Ovipositor zu einem Stachelapparat umgewandelt – er dient nicht länger der Ablage der Eier; diese treten an der Basis des Ovipositors aus.

Viele Käfer haben raffinierte Strategien zum Schutz der Eier und der sich daraus entwickelnden Larven entwickelt.

Weibchen der Marmorierten Baumwanze *Halyomorpha halys* (Pentatomidae) bei der Eiablage. Die Art stammt aus Ostasien und wurde erstmals 2004 in Europa (inzwischen auch in Deutschland) dokumentiert. Sie besitzt ein intensiv riechendes Abwehrsekret und richtet Schaden an Nutzpflanzen durch Besaugen von Früchten und Gemüse an.

Einige Rüsselkäfer (Curculionidae) nutzen ihre Mundwerkzeuge, um Gänge ins Pflanzengewebe zu nagen, in die sie dann ihre Eier ablegen. So legt z. B. der Haselnussbohrer (*Curculio nucum*) je ein Ei in die jungen Früchte; die aus dem Ei schlüpfende Larve ernährt sich vom fetthaltigen Samengewebe, während die Nuss-Schale um sie herum aushärtet. Die verpuppungsreife Larve verfügt über außerordentlich kräftige Mundwerkzeuge, mit denen sie ein Loch in die Haselnuss-Schale beißt, durch dieses die Nuss verlässt und zur Verpuppung den Boden aufsucht.

Die Arten der Rüsselkäfer, die der funktionellen Gruppe der „Roller" angehören, betreiben aufwändige Vorbereitungen zur Eiablage und Brutfürsorge: Sie stellen eigens Blattrollen für die abzulegenden Eier her. Dazu schneiden die Mundwerkzeuge an der Rüsselspitze durch die Blattfläche und unterbrechen die Saftzufuhr zu einigen Bereichen. Diese welken und verlieren an Festigkeit, was offenbar dem Käferweibchen das Aufrollen der Blatt-Teile erleichtert. Die Eier werden im Innern der Rollen abgelegt. Die Zipfel der napf- oder zigarrenähnlichen Rollen werden eingeschlagen und durch Rüsselstiche durch mehrere Gewebelagen, die die Pflanzenepidermis aufspleißen, regelrecht „vernäht". Die Larven entwickeln sich im Innern der Blattrollen; die Verpuppung erfolgt ebenfalls entweder dort, oder – nach Abfallen des Wickels – im Boden. Beispiele für „Roller" unter den Rüssel-

Weibchen der Riesenholzwespe *Urocerus gigas*, der größten Holzwespe (Siricidae) Europas (bis zu 4 cm Körperlänge), bei der Eiablage. Mit den Eiern werden auch die Sporen eines mitgebrachten Pilzes ins Holz gegeben. Der Pilz zersetzt das Holz, das dann von den Larven als Nahrung genutzt werden kann.

Das Weibchen des Eichelbohrers *Curculio glandium* (Curculionidae) fressen tiefe Löcher in eine unreife Eichel und legen 1–2 Eier ab. Die Larven entwickeln sich in der Frucht, verlassen diese, wenn sie eine gewissen Größe erreicht haben und überwintern als Larve im Boden (in ca. 25 cm Tiefe). Die Verpuppung erfolgt im Frühling des Folgejahres.

Einige Rüsselkäferarten (Curculionidae) stellen Blattrollen für die abzulegenden Eier her (Text siehe S. 205). a–c, der Eichenblattroller *Attelabus nitens* rollt das Blatt in Quer- und Längsrichtung auf, wobei jeweils 1–3 Eier mit eingerollt werden. Überlappende Blattränder werden durch Rüsselstiche miteinander „vernäht" und die Rollen dadurch stabilisiert.
a: *Attelabus nitens*, erwachsenes Weibchen, b: Mehrere Eichenblattrollen, c: Einzelne Eichenblattrolle. Das Loch am oberen Rand stammt vermutlich vom Weibchen des Kuckucksrüsslers, *Rhynchites sericeus*, einem Brutparasiten, das sein Ei in die bereits fertige Rolle legt. Die Larven beider Arten wachsen gemeinsam heran.
d: Die Weibchen des Birkenblattrollers *Deporaus betulae* fertigen durch einen gezielten Doppelschnitt durch ein Birkenblatt eine Trichterrolle an. Nach der Ablage von bis zu 6 Eiern werden die Blattspitzen umgeschlagen und ebenfalls durch Rüsselstiche (ohne Klebsekret) „vernäht".

Links: Charakteristische zylinderförmige Rolle des Haselblattrollers *Apoderus coryli*. Rechts: *Apoderus coryli*, erwachsenes Weibchen beim Zuschneiden eines Haselblatts.

käfern sind u. a. der Haselblattroller (*Apoderus coryli*), der Eichenblattroller (*Atelabus nitens*), Birkenblattroller (*Deporaus betulae*) und der Ahornblattroller (*Chonostropheus tristis*).

Einige Arten der Blattkäfer (Chrysomelidae) tarnen ihre Eier mit eigenen Kotballen, die sie mit dem Sekret einer besonderen Drüse auf die Eier kleben, derart kunstvoll, dass das Ei einem kleinen Kiefern-Zapfen ähnelt. Weibchen der Art *Clytra laeviuscula* lassen dieses Gebilde, die Skatoconche, in der Nähe von Nestern der Roten Waldameise fallen. Die Ameisen transportieren die Skatoconche in ihr Nest. Dort schlüpft die Käferlarve in ihrem Kot-Sack, der ihr als Schutz gegen die räuberischen Ameisen dient, und verlässt diesen nur so weit, dass sie sich von Resten toter Ameisen, und gelegentlich von Ameiseneiern ernährt.

Einen ähnlichen Transportdienst nimmt die Amerikanische Dasselfliege, *Dermatobia hominis* (Diptera: Oestridae) in Anspruch. Die Weibchen heften ihre Eier nicht direkt an ihre Wirte (Warmblüter, auch der Mensch), sondern an Stechmücken. Bei Hautkontakt – der Landung der Mücke auf der Haut eines Wirts – schlüpfen die Larven und bohren sich in die Haut ein, wo sie schmerzhafte, furunkelartige Knoten verursachen. Die reifen Larven verlassen nach ca. 10 Tagen den Wirt durch die Haut nach außen und verpuppen sich im Boden.

Teilweise oder völlig ans Wasser gebundene Insektenarten, wie z. B. Stechmücken (Culicidae) legen ihre Eier auf der Wasseroberfläche ab, sodass diese regelrechte Flöße bilden. Die Wasserkäfer-Art *Hydrous aterrimus* (Hydrophilidae) produziert einen Eikokon von wenigen Zentimeter Größe), der unter einem Wasserpflanzenblatt verborgen, an der Wasseroberfläche schwimmt. Der Kokon wird mit einem luftgefüllten Fortsatz versehen, der über die Wasseroberfläche ragt und die Luftzufuhr zum Gelege gewährleistet.

Bei vielen Arten der Riesenwasserwanzen (Belostomatidae) legt das Weibchen seine Eier auf dem Rücken des Männchens ab; dort verbleiben sie bis zum Schlüpfen der Larve. Das Männchen verteidigt die relativ großen Eier gegen Feinde und sorgt für ihre Versorgung mit Sauerstoff, indem

Ein Weibchen des Roten Ameisen-Sackkäfers *Clytra laeviuscula* (Chrysomelidae) bei der Vorbereitung der Skatoconche, (siehe Text S. 207). Links oben: Vom Käferweibchen unbemerkt, nähert sich eine Erzwespe (am unteren Bildrand). Mitte: Die Erzwespe hat offensichtlich das Ei (innerhalb der Skatoconche) des *Clytra* Weibchens entdeckt. Unten: Während das Käferweibchen sein Ei immer noch zur Ablage vorbereitet, ist die Erzwespe bereits auf der Skatoconche gelandet und wird gleich ihr eigenes Ei in das des Käferweibchens ablegen.

es entweder durch entsprechende Bewegungen Wasserströme erzeugt oder den Rücken so dicht unter der Wasseroberfläche hält, dass das obere Ende der Eier aus dem Wasser ragt und Luftsauerstoff aufnehmen kann.

Ein kurioser Fall eines Schadens durch die Massenablage von Zuckmücken-Eiern (Chironomidae) wurde 1972 aus Südafrika bekannt. In einem Ort nahe Kapstadt, einem Zentrum der Automobilindustrie, hatten offenbar die Weibchen mehrerer *Chironomus*-Arten die glänzenden Dächer der zahlreichen dunklen Autos auf einem Parkplatz für Wasserflächen gehalten, zumal die Autos in der Dämmerung – dem bevorzugten Zeitraum für die Eiablage – von Tau benetzt waren. Die ca. 1 mm großen Eier der Art *Chironomus (Nilodorum) brevibucca* sind von einer Substanz umgeben, die bei Kontakt mit Wasser (hier: Tau) zu einer gallertigen Masse aufquillt. Diese enthält offenbar eine Substanz, die den Lack von insgesamt 180 Autos derartig angriff, dass eine Neulackierung erforderlich wurde.

Die Männchen der Riesenwasserwanzen (Belostomatidae) tragen die Eier bis zum Schlüpfen auf ihrem Rücken und sorgen für deren Schutz vor Fressfeinden und Austrocknung sowie für ihre optimale Versorgung mit Sauerstoff.

Das Phänomen, dass Insekten Autodächer oder andere glänzende Oberflächen für Wasserkörper halten, wird auch bei anderen Insektengruppen beobachtet, z. B. bei Libellen (Odonata) und Corixiden (Ruderwanzen).

Welche Insekten sind lebendgebährend?

Die meisten Insektenarten legen ihre Eier mehr oder weniger unmittelbar nach der Befruchtung ab, und ungefähr zeitgleich mit der Eiablage beginnt die Embryonalentwicklung, also die Teilung und weitere Differenzierung der befruchteten Eizelle, bis schließlich eine schlüpfreife Larve entsteht (siehe unten). Nicht alle Insektenarten folgen jedoch diesem Muster: Bei einigen Gruppen erfolgt die Entwicklung des Embryos noch vor der Eiablage, also im Körper des Weibchens, sodass entweder bereits lebende Larven geboren werden (Viviparie) oder aber die Larven bei oder unmittelbar nach der Eiablage schlüpfen (Ovoviviparie).

Blattläuse (Hemiptera: Aphidina) produzieren mehrere Generationen pro Jahr, wobei ein Wechsel zwischen ungeschlechtlicher (parthenogenetischer) und geschlechtlicher (sexueller) Fortpflanzung stattfindet, oft verbunden mit einem Wechsel der Nährpflanzen und Veränderungen in der Körpergestalt. Die Weibchen legen Eier oder gebähren bereits entwickelte Larven.

Lebendgeburt einer Larve der Erbsenblattlaus *Acyrthosiphon pisum* (Aphididae). Die Art gilt als Schädling an Nutzpflanzen, vorwiegend an Hülsenfrüchten. Die erwachsenen Tiere werden bis zu 3 mm lang. Oben: Weibchen mit Larve, Übersicht. Unten: Geburt der Larve

Weitere Beispiele für Viviparie sind Madagaskar-Fauchschaben, *Gromphadorhina portentosa* (Blattodea: Blaberidae), und Arten verschiedener Fliegenfamilien (Muscidae, Calliphoridae, Tachinidae). Die Weibchen der Madagaskar-Fauchschabe tragen die Oothek bis zum Schlüpfen der Larven in ihrem Genitaltrakt, und schützen auf diese Weise ihre nur 3.5–5 mm großen und weichhäutigen Nachkommen. Die Weibchen der Tsetsefliegen (Diptera: Glossinidae), die mit ca. 30 Arten in Afrika verbreitet sind und Überträger von Krankheitserregern (Trypanosomen) für Menschen (Schlafkrankheit) und Weidetiere (Nagana Seuche) sind, tragen jeweils eine Larve zur Zeit im Abdomen und ernähren diese mit dem Sekret einer Drüse, die als „Milchdrüse“ bezeichnet wird. Nach ca. 10 Tagen legen sie eine weit entwickelte, bewegliche und große Larve im Boden ab, die sich dort bereits nach 1–2 Stunden verpuppt.

Was passiert nach der Befruchtung im Ei?

Bereits zu einem frühen Stadium der Eibildung werden Vorder- und Hinterende sowie Rücken- und Bauchseite innerhalb des Eies festgelegt. Die Entwicklung des eigentlichen Embryos beginnt mit der Befruchtung der Eizelle. Es handelt sich dabei um einen auf zellulärer wie molekularer Ebene komplizierten Prozess, der an dieser Stelle nur stark vereinfacht wiedergegeben werden kann. Die Zygote (= befruchtete Eizelle) beginnt sich zu teilen, und zwar bei den meisten Insekten nicht vollständig, sondern lediglich an der Oberfläche, sodass nicht Tochterzellen, sondern lediglich Tochterkerne entstehen. Diese superfizielle Teilung ist durch den Dotterreichtum der Eier bedingt. Die entstandenen Zellkerne und das sie umgebende Plasma (die Synergiden) wandern zur Peripherie des Eies. Dort bilden sich nun Zellmembranen um die einzelnen Synergiden, und es entsteht eine einschichtige Zell-Lage (Blastoderm). Aus den Zellen des Blastoderms gehen letztendlich die Zellen der Larve hervor, während der Dotter der Ernährung des sich entwickelnden Embryos dient. Durch weitere Differenzierung des Blastoderms bildet sich aus einigen Zellen anfangs noch die einschichtige Keimanlage, aus anderen eine dünne Membran, die Keimhülle (Serosa). Anschließend sinkt die Keimanlage ins Innere des Eies, und wird zum Keimstreif. Dieser besteht nun aus zwei Zell-Lagen und ist bereits in die Grundform der späteren Larve differenziert: Die Körperabschnitte, die einzelnen Segmente und ihre Anhänge sind erkennbar. Der Keimstreif stellt den ventralen Bereich der späteren Larve dar, der dem Dotter direkt aufliegt. Im weiteren Verlauf der Embryonalentwicklung wachsen seine Seitenränder um den Dotter herum Richtung Rücken, wobei gleichzeitig die Gewebe der späteren inneren Organe, z. B. des Darms, angelegt werden. Die Embryonalentwicklung ist abgeschlossen, sobald sich die Seitenränder auf dem Rücken des Embryos der Länge nach vereinigt haben. Durch diesen „Rückenschluss", bei dem sich auch das Darmepithel zu einem Rohr formt, gelangt der Dotter des Eies direkt in den Darm des Embryos und liefert die erste Nahrung für die schlüpfende Larve.

14. Wie wird aus dem Ei ein erwachsenes Tier? (Entwicklung)

Wie befreit sich die Larve aus dem Ei?

Schlüpfen einer Wanzenlarve aus dem Ei. Links: Das 1. Larvenstadium der Raubwanze *Rhynocoris* spec. befreit sich aus dem Ei, den Eideckel noch auf dem Kopf. Rechts: Die Larve verlässt die Eihülle.

Die Larven vieler Insekten besitzen höckerartige Auswüchse am Kopf („Ei-Zähne“), mit denen die Eihülle aufgerissen wird. Larven mit starken Mandibeln, wie z. B. Schmetterlingsraupen und die Larven einiger Käfergruppen, nagen die Eischale von innen auf. Larven von Läusen (Anoplura) schlucken Luft und Flüssigkeit im Innern des Eis und sprengen den Eideckel durch die Erhöhung des Binnendrucks ab. Die Larven einiger Blattkäfer (Chrysomelidae) verbleiben nach dem Schlüpfen für einige Zeit in der Eihülle und nutzen diese als Schutzhülle (siehe Kapitel 13, S. 207f).

Wie verläuft die Entwicklung der Larve zum erwachsenen Tier?

Die Entwicklung der Larve zum erwachsenen Tier verläuft stufenweise: Die Larve durchläuft mehrere konkrete Stadien, die durch Häutungen voneinander getrennt sind. Die Zahl und die Dauer der einzelnen Larvalstadien variieren zwischen den Insektengruppen (Anzahl der Stadien) und Arten (Dauer der Stadien).

Prinzipiell existieren drei Modi der Entwicklung einer Larve zum erwachsenen Tier:

Modus 1: Ametabolie. Die Larven primär ungeflügelter Insekten, wie z. B. Silberfischchen (Zygentoma) und Springschwänze (Collembola), ähneln in ihrer Gestalt bereits stark den adulten Tieren. Sie wachsen bis zu einer bestimmten Größe heran und erlangen die Geschlechtsreife nach einer bestimmten Zahl von Häutungen, häuten sich aber auch noch mehrfach als adulte Tiere. Silberfischchen der Art *Lepisma saccharina* sind etwa ab der 10. Häutung geschlechtsreif, werden bis zu acht Jahre alt und häuten sich lebenslang, insgesamt bis zu 40-mal (Ametabolie).

Die Larven der geflügelten Insekten (Pterygota) durchlaufen dagegen im Laufe ihrer Entwicklung zum erwachsenen Tier eine Transformation, oder Metamorphose, während derer sich ihre Gestalt verändert. Die Veränderungen in der Gestalt erfolgen dabei entweder graduell (Hemimetabolie) oder tiefgreifend und vollziehen sich während eines Ruhestadiums (dem Puppenstadium), aus dem das adulte Tier hervorgeht (Holometabolie).

Modus 2: Hemimetabolie. Die Larven, oder Nymphen, der hemimetabolen Insekten (Kapitel 4, S. 46) ähneln bereits den erwachsenen Tieren, allerdings sind die Flügel lediglich als Flügelscheiden angelegt und noch nicht funktionsfähig, ebenso die äußeren Geschlechtsorgane. Mit jeder Häutung werden die Tiere der Imago immer ähnlicher. Sobald die Flügel frei beweglich, funktionsfähig und die Geschlechtsorgane voll ausgereift sind, ist das Tier erwachsen und häutet sich nicht mehr. Die einzige Ausnahme bilden die Eintagsfliegen (Ephemeroptera): Bei ihnen häutet sich die bereits flugfähige Subimago (erkennbar an den milchig getrübten Flügeln) noch ein weiteres Mal, bevor sie Geschlechtsreife erlangt.

Nicht nur ähneln die Nymphen der landlebenden Insektengruppen mit hemimetaboler Entwicklung den Erwachsenen, sie leben auch meist mit ihnen im gleichen Lebensraum, z. B. Schaben, Heuschrecken, Wanzen und Zikaden.

Die Nymphen einiger Insektentaxa mit hemimetaboler Entwicklung, nämlich der Libellen (Odonata), Eintagsfliegen (Ephemeroptera), und Steinfliegen (Plecoptera), verbringen ihre

Unvollständige Entwicklung (Hemimetabolie) am Beispiel der Marmorierten Baumwanze, *Halyomorpha halys* (Pentatomidae)

Eier und 1. Larvenstadium

Häutung vom ersten zum zweiten Larvenstadium

Frühe (I. und II.) Larvenstadien

Mittleres Larvenstadium

Letztes (V.) Larvenstadium

Imago (Körpergröße 12–17 mm)

gesamte Larvalentwicklung im Wasser; erst die letzten Larvalstadien oder die frisch geschlüpften Imagines verlassen das Wasser zur Paarung und Verbreitung. Die Nymphen sind an den aquatischen Lebensraum angepasst (z. B. durch den Besitz von Tracheenkiemen) und unterscheiden sich in ihrer Gestalt deutlich von den erwachsenen Tieren.

Modus 3: Holometabolie. Eine Reihe von Insektengruppen durchläuft eine vollständige Entwicklung zum

Larve einer Großlibelle (Odonata: Anisoptera) bei der Häutung zum adulten Tier. Die Larve verlässt den Lebensraum der Jugendstadien, das Wasser, und erklimmt einen Pflanzenstängel. Dort schlüpft die Imago aus der Larvenhaut und entfaltet ihre Flügel durch Einpumpen von Hämolymphe. Bis zur vollständigen Aushärtung der Cuticula vergehen bis zu 3 Stunden. Die beiden weißen Linien entlang des Hinterleibs bei der Imago sind Tracheenstämme, die ebenfalls mitgehäutet werden.

Vollständige Entwicklung (Holometabolie) einer Kamelhalsfliege (Raphidioptera). Oben: Puppenstadium. Anders als bei den meisten Endopterygota ist die Puppe der Kamelhalsfliegen (und einiger anderer Gruppen) beweglich, Flügelscheiden und Beine sind nicht mit dem Körper verklebt. Die Mandibeln sind funktionsfähig und durchtrennen schließlich die Puppenhülle. Unten: Imago

Vollständige Entwicklung (Holometabolie) am Beispiel des Mulmbocks *Ergates faber* (Cerambycidae), einer der größten in Mitteleuropa vorkommenden Bockkäfer-Arten. Oben: Larve, Mitte: Puppe, unten: Imago (Körperlänge bis zu 6 cm)

erwachsenen Tier. Ihnen allen gemeinsam ist die Unterdrückung der adulten Merkmale während fast der gesamten Larvalentwicklung, insbesondere der Flügelanlagen, die ins Körperinnere verlagert werden. Die Insektentaxa mit einer derartigen Entwicklung werden als Endopterygota zusammengefasst. Die Entwicklung einer Larve, die völlig andere Merkmale zeigt als das adulte Tier, und daher in der Lage ist, ganz andere Lebensräume zu besiedeln und andere Nahrungsquellen zu erschließen, war eine der wichtigsten Schlüsselinnovationen in der Evolution der Insekten (Kapitel 4, S. 46). Sie trug maßgeblich zur Entstehung des Artenreichtums innerhalb der mega-diversen Ordnungen (Käfer, Zweiflügler, Hautflügler, Schmetterlinge) bei. Die vollständige Umgestaltung des Körpers erfolgt während des Puppenstadiums.

Ein eindrucksvolles Beispiel für die enorme Diversifizierung der larvalen Lebensweise endopterygoter Insekten liefern die Larven der Dipteren (Zweiflügler): Freilebende Larven sind aquatisch oder terrestrisch, sie besiedeln Gewässer aller Art (fließende und stehende Gewässer, kristallklare Gebirgsbäche, Schmelzwässer, heiße Quellen, schwefel- und salzhaltige Gewässer, Jauchegruben, Erdölpfützen); an Land besiedeln sie die verschiedensten Bodenarten sowie gärende, faulende, sich zersetzende tierische und pflanzliche Substanzen, bilden Gallen, minieren in lebendem Pflanzengewebe, fressen Kot und Aas, oder leben als Parasiten in tierischem Gewebe.

Was sind Raupen, Maden, Engerlinge?

Die Larven aller Holometabola (Endopterygota), u.a. Schmetterlinge, Käfer, Hautflügler, Zweiflügler und Netzflügler, zeigen keine äußerlich sichtbaren Flügelanlagen. Anders als bei den Erwachsenen variiert die Zahl ihrer Beine – außer den Brustbeinen besitzen z.B. die Larvalstadien von Schmetterlingen und manchen Hautflüglern auch Beine am Hinterleib. Diese Formen werden als Raupen bezeichnet. Larven höherer Fliegen (Cyclorrhapha: z.B. Muscidae, Calliphoridae) ohne Beine und ohne eine deutlich abgesetzte Kopfkapsel werden Maden genannt. Als Engerlinge werden die Larven einiger Maikäfer-Arten (Scarabaeoidea: *Melolontha*) bezeichnet, die sich im Boden entwickeln und als Wurzelfresser z.T. beträchtlichen Schaden an Kulturpflanzen verursachen. Sie sind an ihrer deutlich abgesetzten, dunklen Kopfkapsel und ihrem gedrungenen, fleischig wirkenden hellen Körper erkennbar.

Was passiert während der „Puppenruhe“?

Sobald die Larve eine bestimmte Größe erreicht, gibt das Gehirn das Startsignal, um die Verpuppung einzuleiten. Der Juvenilhormonspiegel wird abgesenkt, und die Larve häutet sich zur Puppe. Diese unterscheidet sich von der Larve vor allem dadurch, dass sie keine Nahrung aufnimmt. Viele Insektenarten überdauern ungünstige Witterungsbedingungen in der Puppenphase, teilweise mehrere Jahre. Die äußere Gestalt der Puppe kann in den unterschiedlichen Insektengruppen ganz verschieden ausgeprägt sein: Die Körperanhänge (Antennen, Mundwerkzeuge, Flügelanlagen, Beine) sind entweder frei (und in manchen Fällen eingeschränkt beweglich) oder liegen dem Körper fest auf; andere sind stark sklerotisiert und lassen die spätere Gestalt des erwachsenen Insekts kaum oder gar nicht erahnen. Zu letzteren gehören die Puppen der Zweiflügler und Schmetterlinge. Die Raupen vieler Schmetterlinge produzieren einen dichten Kokon, in dem sich die Raupe verpuppt. Bekannt sind die Kokons der Schmetterlingsüberfamilie Bombycoidea (Spinner), zu der auch der Seidenspinner *(Bombyx mori)* gehört. Die Kokons bestehen aus Spinnseide und eingelagerten kristallisierten Sekreten. Die schlüpfreife Puppe reißt den Kokon entweder mit einem Auswuchs am Kopf oder mit Dornen auf dem Hinterleib auf, verlässt den Kokon, sodass das adulte Tier schlüpfen kann, oder das adulte Tier schlüpft innerhalb des Kokons aus der Puppe und löst mit einem Enzym das Gewebe des Kokons auf.

Der Eindruck geringer oder fehlender Aktivität während des Puppenstadiums täuscht: Im Innern der Puppe finden tiefgreifende Umbauten statt. Auf der

Grundlage larvaler Strukturen entstehen die Organe des erwachsenen Tieres. Bei einigen Gruppen, wie z. B. bei *Drosophila*, werden die meisten Gewebe der Larve aufgelöst, und aus entsprechend sich differenzierenden Zellnestern, den Imaginalscheiben, entstehen die Organe und Körperanhänge des adulten Tieres.

Experimente an bestimmten Schmetterlingsarten haben gezeigt, dass trotz dieser gravierenden morphologischen Umstrukturierungen Präferenzen oder Abneigungen für oder gegen bestimmte Nährpflanzen, die während der Larvalphase erworben wurden, beim adulten Tier erhalten bleiben. So „erinnern" sich die Weibchen an die Inhaltsstoffe derjenigen Nährpflanzen, die sie als Raupen aufgenommen haben und legen entsprechend die Eier dort ab.

Wovon hängt es ab, ob die nächste Häutung eine Larve, eine Puppe, oder ein erwachsenes Tier hervorbringt?

Im Laufe der Larvalentwicklung durchläuft die Larve mehrere Stadien, die durch Häutungsereignisse klar voneinander abgegrenzt sind (siehe Kapitel 2, S. 14). Die einzelnen Stadien unterscheiden sich in Größe, Aussehen und Verhalten. Ob die Häutung ein weiteres Larvenstadium, ein Puppenstadium oder ein erwachsenes Tier hervorbringt, hängt vom Zusammenwirken verschiedener Hormone ab. Die beiden wesentlichen Komponenten sind das Häutungshormon Ecdyson, bzw. seine Vorstufe, Ecdysteron, und das Juvenilhormon. Je nach Verhältnis dieser beiden Hormone kommt es bei einer Häutung entweder zu einem weiteren Larvenstadium, zu einer Puppe, oder zu einem adulten Tier. Ecdysteron wird in Hormondrüsen im Prothorax, den Prothoraxdrüsen, produziert, die ihrerseits durch Neuropeptide aus neurosekretorischen Zellen im Gehirn reguliert werden. Ecdysteron wirkt direkt auf die Epidermiszellen und regt diese zur Bildung neuer Cuticula an. Das Juvenilhormon wird in paarigen Drüsen, die hinter dem Gehirn liegen, den Corpora allata, gebildet, und direkt in die Hämolymphe abgegeben. Das Juvenilhormon hemmt die Ausbildung imaginaler Merkmale (z. B. die äußeren Geschlechtsorgane) und bestimmt so die Art der Häutung: Bei einem hohen Juvenilhormonspiegel bringt die Häutung eine weitere Larve hervor, ein absinkender Juvenilhormonspiegel eine Puppe. Wird kein Juvenilhormon mehr gebildet, kommt es zur Adulthäutung. Juvenilhormon wird nicht gespeichert; seine Synthese wird durch aktivierende und hemmende Faktoren gesteuert, die ihrerseits auf Peptidsignale des Gehirns reagieren. Bei erwachsenen Weibchen kann der Juvenilhormonspiegel in Zusammenhang mit der Reifung ihrer Eier wieder ansteigen. Die jahreszeitliche Einpassung der Entwicklungsstadien, also der Zeitpunkt der entsprechenden Häutungen, wird beeinflusst von der Temperatur, der Photoperiode (Tageslänge), der Luftfeuchtigkeit und der Verfügbarkeit und der Qualität der Nahrung der Larven.

Auch die Populationsdichte kann einen gravierenden Einfluss auf die Entwicklung haben. Gut untersucht sind diese Effekte bei der Wanderheuschrecke, *Locusta migratoria* (Orthoptera: Acrididae). Geringe Populationsdichten bringen solitäre Formen hervor, mit einheitlich gefärbten Larven und großen erwachsenen Tieren mit langen Hinterschenkeln. Bei günstigen klimatischen Bedingungen, wie z.B. starken Regenfällen, schlüpfen und überleben mehr Larven, was zu steigenden Populationsdichten führt. Bei hohen Populationsdichten entwickeln sich dunkel gestreifte Larven, die später kleinere erwachsene Tiere mit kurzen Hinterschenkeln hervorbringen. Diese Larven bilden große Ansammlungen, welche nachts auf Wanderschaft gehen. Dieses Verhalten wird offenbar durch Pheromone ausgelöst, die auf der Cuticula gebunden sind und erst bei Körperkontakt von anderen Individuen mit den Antennen wahrgenommen werden. Durch diese Pheromone werden hormonelle Veränderungen hervorgerufen, die zur Entwicklung der Wanderformen führen. Da die Entwicklung der einzelnen Individuen einer Ansammlung mehr oder weniger synchronisiert ist, werden die Tiere fast gleichzeitig geschlechtsreif und flugfähig, und formieren sich zu riesigen Schwärmen (siehe Kapitel 11, S. 151).

Wie alt können Insekten werden?

Die individuelle Entwicklung eines Insekts vom Ei- zum Erwachsenstadium und die Lebensdauer der adulten Tiere variiert stark zwischen und innerhalb der einzelnen Insektengruppen. Auch die relative Dauer der einzelnen Stadien sind von Art zu Art unterschiedlich: Manche Arten haben eine lange Larvalentwicklung und eine kurze Adultphase, andere wiederum eine kurze Larvalphase und eine längere Adultphase. Einige Beispiele sollen die absoluten Zeiträume der verschiedenen Entwicklungsstadien bei verschiedenen Arten illustrieren.

Einen der kürzesten Generationszyklen weist die Fruchtfliege *Drosophila melanogaster* (Diptera: Drosophilidae) auf: Die gesamte Larvalentwicklung (drei Larvenstadien, Puppenstadium) dauert nur neun Tage; das aus der Puppe schlüpfende Tier ist nach zwölf Stunden geschlechtsreif. Entsprechend viele Generationen bringt die Art pro Jahr hervor. Dieser extrem schnelle Reproduktionszyklus bot die ideale Voraussetzung, um *D. melanogaster* als Modellorganismus für genetische und entwicklungsbiologische Untersuchungen zu etablieren. Das gegenteilige Extrem, nämlich einen sehr langen Reproduktionszyklus, zeigen Singzikaden der Art *Magicicada septemdecim* (Hemiptera: Cicadidae) aus Nordamerika. Ihre Larven leben 17 Jahre (!) lang im Boden, wobei sie fünf Larvalstadien durchlaufen. Die adulten Tiere, die entsprechend alle 17 Jahre massenhaft auftreten, leben nur wenige Tage oder Wochen.

Bei staatenbildenden Insekten leben die Individuen unterschiedlicher Geschlechter und Kasten unterschiedlich lange: So kann eine Bienenkönigin (*Apis mellifera*) bis zu fünf Jahre alt werden, Arbeiterinnen dagegen nur sechs Wochen. Die Königin der Schwarzen Wegameise, *Lasius niger* (Hymenoptera: Formicidae) kann sogar 15 und mehr

Erwachsenes Tier der Eschenzikade, *Cicada orni*, einer Singzikade (Cicadidae) aus dem Mittelmeergebiet. Länge des Körpers (ohne Flügel) ca. 3 cm.

Exuvie (= abgestreifte Larvenhaut) einer Singzikaden-Larve. Die bodenlebende Larve besitzt kräftige Grabbeine. Zur Adulthäutung verläßt die Larve den Boden; die Häutung erfolgt an der Rinde von Bäumen oder an Pflanzenstängeln.

Jahre alt werden, während die Männchen nur wenige Stunden oder Tage leben. – Die Larven der Madagaskar-Fauchschabe *Gromphadorhina portentosa* (Blattodea: Blaberidae) entwickeln sich innerhalb von 6–9 Monaten; die adulten Tiere werden 2–3 Jahre alt. Die wasserlebenden Larven von Eintagsfliegen (Ephemeroptera) leben bis zu vier Jahre, die adulten Tiere nur einige Stunden bis wenige Tage.

Die Larven vieler Schmetterlinge (Tag- und Nachtfalter) entwickeln sich innerhalb einiger Monate bis zur Verpuppung; die Puppen können ungünstige Bedingungen mehrere Jahre überdauern; die erwachsenen Tiere leben bis zu drei Monaten.

Der Feldmaikäfer, *Melolontha melolontha* (Coleoptera: Scarabaeidae) benötigt für die Larvalentwicklung 3–5 Jahre; die erwachsenen Käfer leben 4–7 Wochen.

15. Wie verteidigen sich Insekten?

Insekten in allen Entwicklungsstadien sind Nahrungsquellen für andere Arthropoden, v.a. räuberische Insekten-Arten und Spinnen, aber auch für viele Amphibien, Reptilien, Fische, Vögel und Säugetiere. Vor allem in den Tropen spielen Ameisen als Räuber eine wichtige, wenn nicht die dominante Rolle. Einer Schätzung zufolge, die im Rahmen einer ökologischen Studie an Akazien und ihren herbivoren Besiedlern in Australien durchgeführt wurde, wurde jedes Akazienblatt im Durchschnitt alle 15 Minuten von einer Ameise auf Futtersuche inspiziert. Angehörige der Insectivora (u.a. Igel, Spitzmäuse, Maulwürfe) und Fledermäuse (Chiroptera) ernähren sich fast ausschließlich von Insekten. Entsprechend hoch ist der Druck, den die Räuber auf ihre Beute ausüben, und entsprechend vielfältig und raffiniert sind die Strategien, die Insekten im Laufe ihrer Evolution entwickelt haben, um sich vor Fressfeinden zu schützen. Das Verhaltensrepertoire reicht von Verstecken und Totstellen, Flüchten, Tarnen, Warnen, Täuschen, Abwehren, Bilden von Schutzgemeinschaften, bis zum Aushalten der Gefahr und zum ak-

Oben: Eine Honigbiene ist beim Blütenbesuch einer Krabbenspinne zum Opfer gefallen. Unten: Arbeiterin der Roten Waldameise, *Formica rufa*, beim Erbeuten einer Wanze, *Elasmostethus interstinctus* (Acanthosomatidae)

tiven Gegenangriff. Die hier jeweils genannten Beispiele sollen einen kleinen Einblick geben in die Fülle der Strategien, die Insekten zu ihrem Schutz und ihrer Verteidigung entwickelt haben.

Welche Verstecke nutzen Insekten?

Viele Insektenarten nutzen die natürlichen Gegebenheiten ihres Lebensraums, um ihren Fressfeinden zu entgehen. Typische Verstecke für Larven und erwachsene Tiere vieler Arten sind die Laubschichten der Bodenstreu, Moospolster und kleine Hohlräume unter Steinen. Auch die Gewebe von Pflanzen bieten ideale Verstecke – und in vielen Fällen auch Nahrung – für Insekten in allen Stadien ihrer Entwicklung: hohle Stängel, die Räume zwischen den Zellen des Schwammgewebes in Laubblättern, die Blattachseln, aber auch Hohlräume unter der Baumrinde sowie vorgefundene oder eigens angelegte Gänge im Holz. So versenken zum Beispiel viele Hautflügler (Hymenoptera: z. B. Ichneumonidae, Siricidae) ihre Eier mit langen Legebohrern tief im Holz.

Was ist „Kuckucksspeichel“?

Eine besondere Art des Verstecks sind die Schaumnester der Schaumzikaden (Auchenorrhyncha: Cercopidae und Aphrophoridae). Ihre Larven erzeugen eine Schaumhülle, die einem Speicheltropfen ähnelt. Dazu scheiden sie eine klare Flüssigkeit aus dem After aus, die mit Luft aus den Atemöffnungen versetzt wird. Die Schaumnester sind im Frühjahr auf Wiesenpflanzen (Wiesenschaumzikade, *Philaenus spumarius*) und an vielen Sträuchern und Bäumen, u. a. Erlen und Weiden (Weidenschaumzikade, *Aphrophora alni*) zu beobachten. Die Larven der auffällig rot-schwarz gefärbten Blutzikaden (Cercopidae) legen ihre Schaumnester unterirdisch an Wurzeln an. Die Larve macht insgesamt fünf Häutungen in dieser Schaumhülle durch; die letzte Larve häutet sich zum adulten Tier, das die übriggebliebene Blase mit einem Sprung verlässt. Die Larve ist in ihrem Schaumnest für potenzielle Räuber kaum zu erkennen, und so weitgehend vor Vögeln und Raubarthropoden geschützt. Untersuchungen haben gezeigt, dass Spinnen oder Ameisen, die versuchen, die Schaumzikaden-Larve dennoch zu attackieren, und mit dem Schaum in Berührung kommen, sofort beginnen, ihre Mundwerkzeuge zu putzen. Offenbar verändert der Schaum die wasserabstoßenden Eigenschaften der Cuticula, sodass es zu Verklebungen kommt. Allerdings wurden Raubwanzen beobachtet, die mit ihrem Stechrüssel solange im Schaum herumstochern, bis sie eine Schaumzikadenlarve erbeutet haben.

Entwicklung einer Schaumzikade der Gattung *Neophilaenus*.
Links: Kuckuckspeichel – die Schaumhülle der Larve der Schaumzikaden, rechts: Das erwachsene Tier verlässt das Schaumnest.

Hilft Schauspielern bei der Verteidigung?

Viele Tiere, nicht nur Insekten, sondern auch Wirbeltiere, verfallen bei akuter Bedrohung oder in Stress-Situationen in eine Schreckstarre (Thanatose). So schützen sie sich vor Fressfeinden, die bei der Suche nach Beute vor allem auf Bewegung reagieren. Thanatose wird bei vielen Nachtfaltern (Noctuidae) und bei Käferarten beobachtet, bei letzteren oft verbunden mit Reflexbluten (siehe unten). Untersuchungen am Rotbraunen Reismehlkäfer, *Tribolium castaneum* (Tenebrionidae) haben ergeben, dass Sich-Totstellen tatsächlich wirksam ist und adaptiven Wert besitzt: Ihre natürlichen Feinde, Springspinnen (Salticidae), erbeuteten deutlich weniger Exemplare aus Käfer-Zuchtlinien mit längerer als solche aus Linien mit kürzerer Schreckstarre. – Viele Stabschrecken lassen sich bei Bedrohung mit angelegten Beinen fallen, um durch ihre Ähnlichkeit mit Pflanzenstängeln oder Zweigen der Aufmerksamkeit potenzieller Beutegreifer zu entgehen.

Für welche Insekten ist Flucht die beste Verteidigung?

Für manche Insekten ist schnelle Ortsveränderung das Mittel der Wahl, um Beutegreifern zu entkommen. Die wasserlebenden Larven der Großlibellen (Odonata: Anisoptera) katapultieren sich durch ruckartiges, kräftiges Ausstoßen von Wasser aus dem After nach vorne, und manche Kurzflügelkäfer (Coleoptera: Staphylinidae) bringen sich durch „Entspannungsschwimmen" unter Ausnutzung herabgesetzter Oberflächenspannung des Wassers in Sicherheit. Springschwänze (Collembola) und Zikaden (Hemiptera: Auchenorrhyncha) retten sich durch teils enorme Sprünge vor Fressfeinden (siehe Kapitel 9, S. 112). Eine besondere Sprungtechnik haben die Arten der Käferfamilie Elateridae (Schnellkäfer) entwickelt. Die erwachsenen Tiere können sich aus der Rückenlage, in der sie vergleichsweise wehrlos sind, durch einen „Schnell-Mechanismus" wieder in die Bauchlage befördern. Der Schnell-Apparat besteht aus einem kräftigen, nach hinten gerichteten Dorn an der Bauchseite der Vorderbrust (Prothorax), einem Widerlager am Vorderende der Mittelbrust (Mesothorax) und 2 gegenläufig arbeitenden (antagonistischen) Muskeln im Pro-, respektive im Mesothorax. In Ruhestellung ist der Dorn im Widerlager arretiert. Vor dem Hochschnellen wird der Prothorax Richtung Unterlage abgeknickt, wodurch sich durch die Spannung des Prothorax-Muskels Energie aufbaut und gespeichert wird. Bei der Kontraktion des Auslösemuskels auf der Bauchseite des Mesothorax wird diese Energie schlagartig frei, und der Körper des Käfers wird nach oben geschleudert, bei manchen Arten mit einer Beschleunigung, die dem 700fachen der Erdbeschleunigung entspricht. Der unvermittelte Sprung und die damit verbundenen mehrfachen Umdrehungen um die Körperquer- und Längsachse verblüffen den Angreifer und ermöglichen dem Käfer das Entkommen.

Der Schnellkäfer (Elateridae) *Dalopius marginatus* bringt sich bei Bedrohung durch eine besondere Technik in Sicherheit.

Licht am Ende des Tunnels – wie entkommen Insekten scheinbar ausweglosen Situationen?

Wasserkäfer der Art *Regimbarta attenuata* (Coleoptera: Hydrophilidae) aus den Nassreisfeldern Japans werden häufig von Fröschen gefressen. Allerdings sind sie unempfindlich gegenüber den Magensäften der Amphibien, bewegen sich aktiv durch den Darm und verlassen den Frosch lebend – durch seinen After. Die „Darm-Passage" dauert nur wenige Stunden und ist damit wesentlich kürzer als der normale Verdauungsvorgang, der ca. 60 Stunden in Anspruch nimmt. Es wird vermutet, dass sich die Käfer aktiv Richtung Darmausgang bewegen, zumal die Tiere den Darm mit dem Kopf voran verlassen. Im Experiment wurden die Beine der Käfer vor dem Verschlucken durch die Frösche mit Wachs verklebt und in ihrer Mobilität eingeschränkt. Keines dieser Tiere überlebte die Reise durch den Froschdarm. Es ist denkbar, dass die Wasserkäfer den Schließmuskel des Frosch-Afters von innen stimulieren und zur Öffnung anregen.

Wie tarnen sich Insekten?

Links: Die Larve der Staubwanze *Reduvius personatus*, einer Raubwanze (Reduviidae), tarnt sich durch Staub- und Schmutzpartikel, die an den klebrigen Ausscheidungen spezieller Drüsenhaare haften bleiben.
Rechts: Ältere Raupen der Sackträgermotten (Coleophoridae) bauen aus eigenen Spinnfäden und losen Pflanzenteilen ein sackartiges Gehäuse, welches an einem lebenden Blatt angeheftet wird. Durch die Öffnung des Sacks an der Anheftungsstelle dringt die Raupe mit dem Kopf in das Blatt und ernährt sich von den inneren Gewebsschichten. Im Laufe des Wachstums der Raupe wird die Hülle mehrfach erneuert.

Viele Insektenarten verschmelzen durch bestimmte Körperfärbung oder Köperform mit ihrer Umgebung, oder imitieren optisch andere Organismen, seien es Tiere oder Pflanzen. Die Körperfärbung kann individuell jahreszeitlich variieren; so sind manche Heuschrecken-Arten zu Beginn der Vegetationsperiode grün, zu deren Ende bräunlich gefärbt. Manche Arten dekorieren sich mit Pflanzen-, Erd-, oder anderen kleinen Partikeln, die durch Klebsekrete am Körper befestigt werden. Sie lösen damit ihre Silhouette optisch auf und entziehen sich so dem Beuteschema ihrer natürlichen Feinde.

Als **Mimese** bezeichnet man die Nachahmung eines bestimmten Objekts, z.B. eines Zweigs oder eines Blattes, oder sogar von Vogelkot. Die so getarnten Tiere werden von potenziellen Fressfeinden (häufig) nicht als Beute wahrgenommen. Besonders eindrucksvolle Beispiele unter den Schmetterlingen sind der in ganz Europa verbreitete Mondvogel (oder Mondfleck) *Phalera bucephala* (Notodontidae), der mit angelegten Flügeln einen abgebrochenen Birkenzweig imitiert, und die Raupen des Birkenspanners, die von Birkenzweigen kaum zu unterscheiden sind, da sie ihre Färbung an den Untergrund anpassen und ihre Körper kerzengerade und von der Unterlage in einem bestimmten Winkel abgestreckt halten. „Wandelnde Blätter“, d.h. Gespenstschrecken-Ar-

Der Mondvogel, *Phalera bucephala* (Notodontidae, Zahnspinner), ahmt ein abgebrochenes Birkenästchen täuschend ähnlich nach.

Die Raupe des Birkenspanners *Biston betularia* (Geometridae), im Bild links, ist von einem Zweig kaum zu unterscheiden.

Das „Wandelnde Blatt", eine Gespenstschrecke (Phasmatodea: Phyllidae) ist in dichter Vegetation nahezu unsichtbar.

ten der Unterfamilie Phylliinae (Phasmatodea) imitieren als Larven und Imagines grüne, braune und gefleckte Laubblätter bis in Details der Blattaderung und sogar mit „Fraßspuren". Als „Wandelndes Blatt" wird vor allem die Art *Phyllium philippinicum* häufig in Terrarien gehalten. Einige Vertreter gleich mehrerer Ordnungen ahmen welke oder abgestorbene Blätter nach, wie der Totes-Blatt-Schmetterling, *Kallima paralekta* (Nymphalidae) aus Indonesien, der in Mitteleuropa weit verbreitete Totes-Blatt-Fanghaft, *Drepanepteryx phalaenoides* (Planipennia: Hemerobiidae), und die Totes-Blatt-Fangschrecke *Deroplatys lobata* (Mantodea: Mantidae) aus Südost-Asien.

Manche Gottesanbeterinnen (Mantodea) imitieren durch die Form ihrer Extremitäten und ihre weiß-rosa Körperfärbung Orchideenblüten. Bei

Drepanepteryx phalaenoides, ein Vertreter der Braunen Florfliegen (Neuroptera: Hemerobiidae). Im Freiland erkennt nur ein geübtes Auge in diesem welken Blatt die Flügel eines Insekts. Verstärkt wird der „Blatteindruck" durch das Einziehen des Kopfes bei drohender Gefahr.

diesen Arten ist die Funktion der Tarnung mit der Funktion der Anlockung von Beutetieren verknüpft: Es handelt sich in diesem Fall nicht um Mimese, sondern um einen Fall **aggressiver Lockmimikry** (siehe unten).

Raupe des Wolfsmilchschwärmers *Hyles euphorbiae* (Sphingidae) an ihrer Nährpflanze, der Zypressen-Wolfsmilch (Euphorbiaceae). Links: Aus der Ferne gesehen, ist das große (7-8 cm) und auffällige Tier gut getarnt: die rote Längslinie und das rote Analhorn verschmelzen optisch mit den roten Pflanzenstängeln der Wolfsmilch. Rechts: Aus der Nähe betrachtet, wirkt die lebhafte Färbung als Warntracht – die Raupe nimmt mit der Nahrung giftige Pflanzeninhaltsstoffe auf und ist daher ungenießbar für Fressfeinde.

Mit welchen Signalen erschrecken Insekten potenzielle Fressfeinde?

Viele Insektenarten verblüffen oder erschrecken Angreifer durch optische Signale (Schrecktrachten). So präsentieren z. B. manche unauffällig gefärbten Heuschrecken bei Störung durch rasche Öffnung der Vorderflügel ihre auffällig rot oder blau gefärbten Hinterflügel. Auch „Augenmuster“ auf den Hinterflügeln, die normalerweise unter den Vorderflügeln verborgen sind, schrecken Angreifer ab, und zwar um so effektiver, je realistischer das „Auge“ imitiert wird, teilweise mit Ringen, kontrastierender Pupille und sogar Lichtreflex.

Das Tagpfauenauge *Aglais io* (Nymphalidae), einer der häufigsten Tagfalter, trägt auffällige Augenflecke auf Vorder- und Hinterflügeln.

Das Tagpfauenauge, *Aglais io* (Nymphalidae), besitzt Augenflecke auf dem Vorder- und dem Hinterflügel. Auch die Raupen bestimmter Schwalbenschwanz-Schmetterlinge (Lepidoptera: Papilionidae) tragen auffällige Augenflecken, die in Kombination mit der Bewegung der Raupe eine (Mini-) Schlange imitieren, was offenbar in vielen Fällen Beutegreifer, v. a. Vögel, abschreckt.

Täuschend ähnlich – wer ist gefährlich, wer ist harmlos?

Auffällige Warntracht bei Arten der Schmetterlingsfamilie Zygaenidae (Widderchen, Blutströpfchen). Raupen und Imagines enthalten giftige Inhaltsstoffe (an Zucker gebundene Blausäure), die entweder in den Futterpflanzen der Raupen vorhanden sind, oder von den Tieren selbst synthetisiert werden können.

Bei manchen Insekten fällt eine ausgesprochen kontrastreiche Färbung des Körpers oder der Flügel auf, wie z. B. schwarz-rote oder schwarz-gelbe Muster (Warntrachten). Oft haben diese auffälligen Farbmuster (aposematische Färbung) Schutzfunktion, d. h. sie signalisieren dem potenziellen Fressfeind, dass seine avisierte Beute ungenießbar ist, entweder durch giftige Sekrete oder durch wehrhaftes Verhalten (Giftstachel).

Die Färbung der Streifenwanze *Graphosoma italicum* aus Mitteleuropa (früher als *G. lineatum* aufgefasst) warnt Fressfeinde vor dem Wehrsekret, das in Drüsen im Metathorax produziert wird.

Jungkönigin (links) der Steinhummel, *Bombus lapidarius*, und Männchen bei der Paarung – dazwischen sichtbar ist der zum Wehrstachel umgebildete Legebohrer. Er muss bei der Paarung ausgeklappt werden, um die Geschlechtsöffnung freizulegen.

Räuber, die durch schmerzliche Erfahrung gelernt haben, Angehörige dieser Art zu vermeiden, „merken" sich die Eigenschaften der Färbung und Gestalt. Ein typisches Bespiel ist die kontrastierende Schwarz-Gelb-Färbung vieler Hautflügler (Wespen, Bienen, Hummeln), die sich durch Stiche mit ihrem Stachelapparat gegen Freßfeinde zur Wehr setzen.

Die Warntrachten bieten also einen gewissen Schutz gegen Freßfeinde; die Produktion entsprechender Inhaltsstoffe oder das Ausüben von Abwehrreaktionen sind jedoch energieaufwändig. Es liegt daher nahe, dass „harmlose" Arten, die selbst nicht über die genannten Abwehrmechanismen verfügen, diese Farbmuster nachahmen, um potenzielle Feinde zu täuschen. So tritt die Schwarz-Gelb-Färbung auch bei Insekten auf, die selbst keine Stechapparate besitzen, wie u.a. bei Zweiflüglern (Schwebfliegen, Hummelfliegen), Schmetterlingen (wie z.B. dem Hornissenglasflügler) und Käfern (wie z.B. dem Wespenbock). Dieses Phänomen wird als **Mimikry** bezeichnet.

Nicht nur Farbmuster mit Schutzfunktion (siehe oben) werden imitiert,

sondern auch die Gestalt sowie die Bewegungs- und andere Verhaltensmuster. Ein häufig imitiertes Modell sind Ameisen, die – wehrhaft und räuberisch – häufig und weit verbreitet sind. Ameisen-Mimikry findet sich sowohl bei Spinnen, als auch bei verschiedenen Insektenordnungen, z. B. den Zweiflüglern (Diptera) und den Wanzen (Heteroptera). Arten aus mindestens vier Wanzenfamilien imitieren Ameisen in ihrem Aussehen und in ihrer Art der Fortbewegung. Die Larven einer Art der Weichwanzen (Miridae), *Myrmecoris gracilis*, ähneln Ameisen der Gattung *Lasius*, die adulten Tiere dagegen Arten der Ameisengattung *Formica*. Die Wanzen ernähren sich von Pflanzensaft, saugen aber auch die Hämolymphe von Blattläusen. Als Ameise „getarnt“, kommt *Myrmecoris* vergesellschaftet mit Ameisen vor, offenbar geschützt vor Fressfeinden. – Die Schabe *Prosoplecta* spec. sieht auf den ersten Blick wie ein Marienkäfer aus (siehe Kapitel 5, Abb. 6, S. 59), unterscheidet sich von diesen jedoch durch die langen, vielgliedrigen Antennen. Marienkäfer sind oft durch Abwehrstoffe in der Hämolymphe vor Freßfeinden geschützt (siehe unten), und es ist denkbar, dass die Schabe durch ihr Aussehen ebenfalls diesen Schutz genießt. Diese Art der Mimik-

Wespenmimikry. Oben: „Vorbild“, die wehrhafte Feldwespe *Polistes dominulus* (Vespidae), und „Nachahmer“: Schwebfliege *Temnostoma vespiforme* (Syrphidae) (Mitte) und Bockkäfer *Clytus arietis* (Cerambycidae) (unten)

ry – ein harmlose Art imitiert eine giftige oder wehrhafte Art – wird als **Bates'sche Mimikry** bezeichnet.

Ein Spezialfall der Täuschungsmanöver ist die bereits erwähnte **aggressive Lockmimikry**. Hierbei imitiert der Nachahmer (ein Räuber) ein Modell nicht nur zu seinem eigenen Schutz, sondern zur Täuschung seiner Beute. Beispiele sind Arten der Gottesanbeterinnen (Mantodea), die Orchideenblüten nachahmen und auf diese Weise nektarsuchende Insekten anlocken, oder die Weibchen bestimmter Leuchtkäfer-Arten, welche die Lichtsignalmuster anderer Arten imitieren und sich von den „getäuschten" Männchen anderer Arten ernähren (siehe Kapitel 10, S. 127).

Die Beziehungen zwischen Modell, Nachahmer und Akteur in Mimikry-Konstellationen sind vielschichtig; es werden mehrere Formen von Mimikry unterschieden (**Bates'sche Mimikry** –

Ameisenmimikry. Oben: *Paraponera clavata* (Formicidae), oder 24-Stunden-Ameise, eine der größten Ameisenarten der Welt (Körperlänge bis zu 2.5 cm) aus Mittel- und Südamerika wehrt mit ihren Stich Angreifer ab und lähmt ihre Beutetiere mit dem Gift Poneratoxin. Beim Menschen gilt der Stich als der schmerzhafteste Insektenstich überhaupt, der erst nach 24 Stunden nachlässt. Mitte: Die Ameisenwanze *Myrmecoris gracilis* (Miridae) ist in Dorsalansicht nur schwer von einer Ameise unterscheidbar, zumal sie sich wie eine Ameise bewegt. Erst in der Seitenansicht (unten) wird der für Wanzen typische Saugrüssel sichtbar.

Lockmimikry. Die Orchideenmantis *Hymenopus coronatus* (Hymenopodidae) aus Südostasien imitiert eine Orchideenblüte und lockt nektarsuchende Insekten an.

Kopf der Orchideenmantis von vorne

eine harmlose Art imitiert eine wehrhafte oder ungenießbare Art, um den Feind zu täuschen (siehe oben); **Müller'sche Mimikry** – mehrere Arten, die alle für den Feind ungenießbar sind, ähneln einander in der Warntracht), obwohl die Übergänge teilweise fließend sind. Die Aufklärung der Evolutionsprozesse, die zu den beobachteten Phänomenen geführt haben, und der Einfluss derjenigen Faktoren, die dabei eine Rolle gespielt haben, ist ein weites und spannendes Forschungsgebiet der Biologie.

Wie durchkreuzen Insekten das Beute-Ortungssystem ihrer Feinde?

Nachtaktive Fluginsekten wie Nachtfalter (Lepidoptera: Noctuidae) sind die bevorzugte Beute von Fledermäusen. Fledermäuse orten ihre Beutetiere durch die Abgabe von Ultraschall-Signalen, die sie im Kehlkopf erzeugen. Die Schallwellen werden vom Körper des Beutetieres reflektiert und ermöglichen der Fledermaus die Bestimmung seiner Position. Viele Nachtfalter-Arten können jedoch die Ultraschallwellen der Fledermäuse wahrnehmen, und zwar durch spezielle Sensoren auf den Flügeln. Werden sie von einer Ultraschallwelle getroffen, fliegen sie Schleifen und Spiralen, oder vollführen Steil- und Sturzflüge, um sich dem Zugriff durch die Feinde zu entziehen. Einige Arten, wie z. B. Angehörige der Bärenspinner (Arctiinae) erzeugen selbst Ultraschall (durch Stridulation oder Vibrationen) und stören auf diese Weise die Echoortung der Fledermäuse. Diese können die Position der Falter nicht mehr genau bestimmen und verfehlen ihre Beute. Einige Nachtfalter-Arten haben sogar eine „akustische Tarnkappe“ entwickelt. Die handteller-großen Kohlbaum-Kaisermotten, *Bunaea alcinoe* (Saturniidae) aus Afrika, „schlucken“ die Ultraschallwellen der Fledermäuse durch eine spezielle Struktur der Schuppen auf Flügeln und Körper anstatt sie zu reflektieren. Sie werden dadurch für die Fledermäuse un“hör“bar.

Benutzen Insekten chemische und biologische Waffen?

Chemische Abwehr von Fressfeinden ist bei Insekten weit verbreitet. Die wirksamen Substanzen werden entweder vom Insekt selbst produziert oder von anderen Tieren (v. a. anderen Insektenarten) und Pflanzen übernommen. Von einigen Insektenordnungen sind keine toxischen Substanzen bekannt, u. a. von allen primär ungeflügelten Insekten (mit Ausnahme der Springschwänze, (Collembola), Eintagsfliegen (Ephemeroptera), Grillenschaben (Grylloblattodea) sowie den Tier- und Pflanzenläusen (Phthiraptera)). Es handelt sich dabei um Ordnungen mit vergleichsweise wenigen Arten oder um Ektoparasiten. Dagegen haben alle artenreichen Ordnungen, v. a. die der Holometabola, verschiedene Methoden der chemischen Abwehr entwickelt, die teilweise auch nebeneinander bei ein- und derselben Art vorkommen. Giftstoffe in der Hämolymphe sind häufig bei Vertretern der Heuschrecken (Orthoptera), bei Wanzen und Zikaden (Hemiptera), aber auch Käfern, Schmetterlingen, Zweiflüglern und Hautflüglern. Sie werden daher von bestimmten Fressfeinden gemieden. Angehörige mehrerer Ordnungen, wie z. B. der Heuschrecken, Wanzen, Zika-

Ein Ölkäfer der Gattung *Meloe* sondert bei Gefahr Hämolymphe aus den Gelenkhäuten ab.

den und Käfer (u. a. Meloidae, Ölkäfer und Marienkäfer, Coccinellidae) geben die giftige Hämolymphe meist tröpfchenweise ab, und zwar durch Poren in den Intersegmentalhäuten der Beingelenke oder an anderen Stellen des Körpers (Reflexbluten). Einige Wanzen-Arten spritzen die Wehrsekrete gezielt auf Angreifer. Eine Art der Heuschrecken-Gattung *Eugaster* (Tettigoniidae) „schießt" Hämolymphe aus Poren an den Basen der Beine bis zu 80 cm weit, mit einer Geschwindigkeit von 2–3 m/sec. Eine andere Methode der Verteidigung ist das Auswürgen von Mageninhalt und Verdauungssekreten, ein Verhalten, das u. a. bei Vertretern der Heuschrecken, Schaben und Käfern beobachtet wird. Giftinjektion mittels abgewandelter Legeröhren kommt nur bei Weibchen der Hautflügler (Hymenoptera) vor.

Die äußerst vielfältigen Wehrsekrete der Insekten gehören mehreren Stoffklassen an.

Die meisten chemischen Bestandteile der Wehrsekrete sind vergleichsweise kleine Moleküle, wie z. B. Kohlenwasserstoffe, Aldehyde oder Phenole; höhermolekulare Wehrsekrete sind die klebrigen Proteine der Termiten, denen eine mechanische Abwehr zukommt, und Steroide, wie sie auch bei Wirbeltieren verbreitet sind. Auch die Karmesinsäure, ein Anthrachinon, die den Hauptbestandteil der roten Farbe der Cochenille-Schildlaus ausmacht (siehe Kapitel 19, S. 280f), dient den Tieren als Wehrsekret gegen Freßfeinde, vor allem gegen Ameisen.

Teilweise kommen die Wehrsekrete in sehr hohen Konzentrationen vor – so enthält ein einziger Gelbrandkäfer der Art *Dytiscus marginalis* (Coleoptera: Dytiscidae) die gleiche Menge des Steroids Cortexon wie 1.500 Rindernieren. Wehrsekrete werden in unterschiedlichen Drüsen produziert und an den verschiedensten Stellen des Körpers ausgeschieden, oft aus Poren in der Cuticula am Thorax oder Abdomen.

Bei adulten Wanzen (Heteroptera) befinden sich die Duft- oder Stinkdrüsen auf der Bauchseite am hinteren Brustsegment. Die Abwehrstoffe werden in einem Reservoir gespeichert, dessen paarige Ausläufer seitlich vor den hinteren Hüften münden. – Bei einigen Heuschrecken (Caelifera: Tridactyloidea) wird das Wehrsekret in Trachealdrüsen am hinteren Thoraxsegment produziert und durch die seitlich gelegenen Atemöffnungen dieses Segments ausgestoßen. – Die Raupen einiger Schwalbenschwanz-Arten, wie z. B. *Papilio machaon* (Lepidoptera: Papilionidae) stülpen bei Bedrohung ein gegabeltes schlauchförmiges Organ hinter dem Kopf (die Nackengabel) aus und verteilen so ein intensiv riechendes, reizendes Sekret, das Ameisen vertreiben kann. Wurde allerdings die Nackengabel mehrfach hintereinander ohne Erfolg ausgestülpt, flüchten die Raupen.

Ein besonders starkes Gift, das Cantharidin, wird von Vertretern der Ölkäfer (Coleoptera: Meloidae) produziert. Das Toxin, ein Terpenanhydrid, wirkt auf Warmblüter hochgradig toxisch. Schon ein einziger Käfer enthält die für einen Menschen tödliche Dosis. Bei Störung tritt es durch Reflexbluten an den Poren im Bereich der Kniegelenke aus. Vom Cantharidin der Meloidae profitieren auch andere Insekten (siehe Kapitel 13, S. 198f).

Viele Pflanzenarten schützen sich vor Herbivoren durch die Erzeugung von Giftstoffen. Herbivore Insekten aus verschiedenen Ordnungen (Käfer, Heuschrecken, Schmetterlinge) haben sich auf genau diese Giftstoffe (z. B. Alkaloide) spezialisiert: Sie nehmen das Gift der Pflanze auf, speichern es in einer für sie ungefährlichen Form und schützen sich dadurch vor Fressfeinden. Ein Beispiel für diese Spezialisierung ist der in Deutschland weit verbreitete Jakobsbär *Tyria jacobaeae*, ein Nachtfalter aus der Gruppe der Bärenspinner (Noctuidae: Arctiinae). Die Raupen ernähren sich vom giftigen Jakobskreuzkraut, *Senecio jacobaea*, und nehmen dessen Giftstoffe zum Eigenschutz auf. Ihre Giftigkeit signalisieren sie durch ihre auffällige schwarz-gelbe Färbung.

Erst vor wenigen Jahren wurde bekannt, dass Insekten auch biologische Waffen, also lebende Organismen, zur Verteidigung nutzen. Der Asiatische Marienkäfer, *Harmonia axyridis*, war Ende des 20. Jahrhunderts zur biologischen Schädlingskontrolle in die USA und nach Europa eingeführt worden, da er ein äußerst wirksamer Blattlausvertilger ist. Wie viele Marienkäfer sondert er bei Bedrohung Hämolymphe aus den Gelenkhäuten ab (Reflexbluten). Bei genauerer Untersuchung zeigte sich, dass die Hämolymphe antimikrobielle Substanzen enthält, aber vor allem große Mengen an Microsporidien. Dabei handelt es sich um die Sporen (Ausbreitungs- oder Überdauerrungsstadien) eines parasitischen Pilzes, der im Innern der Zellen seines Wirtes lebt und diese schädigt, sodass das betroffene Tier stirbt. Interessanterweise schädigen die Microsporidien *Harmonia axyridis*-Individuen nicht, sondern führen zur Infektion und zum Tod anderer Marienkäfer, die kontaminierte Eier oder Larven von *Harmonia* fressen, wie z. B. dem einheimischen Siebenpunkt-Marienkäfer *Coccinella septempunctata*.

Wieso tragen manche Insekten Sprengstoffrucksäcke?

Bei staatenbildenden Insekten existiert eine mehr oder weniger strikte Arbeitsteilung zwischen den einzelnen Altersgruppen oder zwischen den Kasten (siehe Kapitel 16, S. 248). Jüngere Tiere sind für die Futtersuche außerhalb des Nestes zuständig, während ältere Tiere zunehmend Abwehraufgaben innerhalb des Nestes übernehmen. Bei ihnen sind die Mundwerkzeuge abgenutzt und entsprechend weniger effizient für die Nahrungsbeschaffung. Bei Ameisen und Termiten tritt das Phänomen des Selbstmord-Altruismus auf, d. h. einzelne Tiere wehren Angreifer ab, kommen dabei aber selbst ums Leben. Die Ameisenart *Camponotus saundersi* aus Südostasien besitzt riesige Mandibeldrüsen, die bis in den Hinterleib reichen. Sie produzieren große Mengen einer klebrigen Substanz, sodass der Hinterleib prall gefüllt ist. Bei einer Störung platzen die Intersegmentalhäute des Hinterleibs auf und entlassen das Wehrsekret. – Bei der südamerikanischen Termitenart *Neocapritermes taracua* treten „blaue“ und „weiße“ Arbeiter auf. Beide Formen der Arbeiter besitzen taschenartige Auswüchse des hinteren Rückenschildes, in die farblose Flüssigkeit aus den Speicheldrüsen abgegeben wird. Bei einem Angriff, z. B. durch andere Termitenarten, platzen die unter Druck stehenden Rückentaschen auf. Bei den „blauen“ Arbeitern produzieren zusätzlich Drüsen im vorderen Teil dieser Taschen blaugefärbte Kristalle, die in den Taschen gespeichert werden. Die blauen Kristalle bestehen aus einem kupferhaltigen Protein, das mit dem Speicheldrüsensekret reagiert. Bei einem Angriff entweicht diese nun stark toxische Flüssigkeit explosionsartig aus den „Rucksäcken“, was die Termite nicht überlebt.

Können Insekten ihre Feinde manipulieren?

Haben sich adulte Tiere der amerikanischen Schmetterlingsart *Utetheisa ornatrix* (Noctuidae: Arctiinae) in Netzen der Spinnenart *Nephila clavipes* verfangen, versuchen sie nicht – im Gegensatz zu anderen Schmetterlingsarten – sich durch flatternde Bewegungen zu befreien, sondern bleiben bewegungslos sitzen. Die Spinne eilt herbei, prüft die Beute und beginnt, die Spinnfäden, die den Schmetterling festhalten, einen nach dem anderen mit ihren Mundwerkzeugen durchzuschneiden. Sobald dies erledigt ist, fliegt der Schmetterling unbehelligt davon. Experimente zeigten, dass die Spinne durchaus hungrig war – andere Beutetiere wurden rasch getötet und vertilgt – sondern dass die Falter tatsächlich ganz gezielt verschmäht und befreit wurden. Verhaltensuntersuchungen zeigten, dass bei der leisesten Berührung sowohl bei *Utetheisa* Männchen als auch Weibchen blasige Schaumtropfen beiderseits hinter dem Kopf austraten. Die Flüssigkeit dieses Schaums enthielt diesselben Bestandteile wie die Hämolymphe des Falters. Allerdings befreiten die Spinnen *Utetheisa*-Falter auch dann, wenn sie nicht mit dem Schaum in Berührung gekommen waren. Weitere Experimente zeigten, dass alle Teile des Körpers inkl. der Flügel von *Utetheisa* eine stark giftige Substanz, ein Pyrrolizidin-Alkaloid, enthielten. Das Toxin stammt aus den Nährpflanzen der Raupen, Arten der zu den Hülsenfrüchten (Fabaceae s.l. oder Leguminosae) zählenden Gattung *Crotalaria*. Diese Pflanzenarten sind auch für Weidetiere (Rinder) extrem giftig und können bei Verzehr zum Tod führen. Die Raupen von *Utetheisa* hingegen sind unempfindlich gegenüber dem Alkaloid, und auch sie sind durch das Gift vor Räubern (vor allem Wolfsspinnen, Lycosidae) geschützt. Das durch die Raupen aufgenommene Gift bleibt während der Metamorphose erhalten und schützt die erwachsenen Tiere vor dem Zugriff von Fressfeinden. Die Weibchen geben das Gift an die Eier weiter, die ihrerseits von Eiräubern, z. B. Ameisen, ebenfalls verschmäht werden.

Wie funktioniert die „Waffe“ des Bombardierkäfers?

Eine wirkungsvolle chemische Abwehrwaffe gegen kleine Angreifer, wie z. B. Ameisen, und größere Fressfeinde, u. a. Kröten, haben die Arten der Bombardierkäfer (Brachininae, eine Unterfamilie der Laufkäfer, Carabidae) entwickelt. Die erwachsenen Tiere der weltweit mit ca. 500 Arten verbreiten Bombardierkäfer, in Mitteleuropa z. B. durch *Brachynus crepitans* vertreten, stoßen bei Störung oder Bedrohung ein stechend-riechendes, fast kochend-heißes Gasgemisch aus den paarigen Drüsen, den „Knalldrüsen“,

Brachinus crepitans (Großer Bombardierkäfer), Körperlänge 6–10 mm

an der Hinterleibsspitze aus, begleitet durch ein knallendes Geräusch. Dabei wird die Abdomenspitze gezielt auf den Angreifer gerichtet. Die Kombination von plötzlich auftretendem Gestank, Knall und Hitze sorgt für einen Überraschungseffekt auch bei Angreifern, die dem Käfer in Hinsicht auf die Körpergröße weit überlegen sind: Menschen, die in Unkenntnis seiner Identität einen Bombardierkäfer in die Hand nehmen, lassen diesen sofort fallen, sobald sie mit seinem Abwehrstrahl in Berührung kommen.

Die Knalldrüsen sind außerordentlich kompliziert gebaut – sie bestehen aus einer Drüse mit Ausführgang, einem verschließbaren Vorratsbehälter (dem Reservoir) und der Brenn- oder Explosionskammer. Im Reservoir wird ein Gemisch aus Hydrochinon, Methylhydrochinon und Wasserstoffperoxid bereitgehalten, in der Brennkammer die Enzyme Katalase und Peroxidase. Bei Störung des Käfers wird Reservoirflüssigkeit in die Brennkammer entlassen. Dort kommt es zu einer explosionsartigen chemischen Reaktion, bei der Sauerstoff frei wird, der wiederum mit den Hydrochinonen reagiert. Die dabei entstehenden Chinone werden unter dem Druck des Sauerstoffs und starker Wärmeentwicklung ausgetrieben. Eine Entladung besteht aus 10–20 einzelnen Explosionen und dauert ca. 15 Millisekunden. Chinone sind chemische Verbindungen mit ätzenden Eigenschaften und auch Bestandteil von Wehrsekreten anderer Insekten.

Widerlegt der Bombardierkäfer die Evolutionstheorie?

Der hochkomplex organisierte Abwehrmechanismus der Bombardierkäfer dient Gegnern der Evolutionstheorie oft als Musterbeispiel für die Existenz eines zweckbezogenen und zielgerichteten „*Intelligent Designs*“, also eines Schöpfers. Die Vertreter des Kreationismus halten es für unmöglich, dass ein derart kompliziertes System durch natürliche Selektion entstanden sein könnte. Als Hauptargument wird die Tatsache angeführt, dass schrittweise Evolution – durch zufällige genetische Veränderungen (Mutationen) und Umweltauslese (natürliche Selektion) – eines solchen Systems nicht erfolgt sein kann, da es nur in der existierenden Form seinen Zweck erfüllt, nämlich die Abwehr von Feinden. Würde auch nur eine Komponente fehlen, würde die chemische Reaktion nicht ablaufen können. Diese „nicht-reduzierbare Komplexität" ist ein zentraler Begriff des *Intelligent Design*. In der Tat stellte der Bombardierkäfer mit seinem spektakulären Abwehrverhalten auch Biologen und Biologinnen lange Zeit vor ein Rätsel. Der Argumentation der Evolutionsgegner liegt allerdings ein Denkfehler zugrunde. Die Reagenzien des Bombardierkäfers, Wasserstoffperoxid, Chinone und Hydrochinone, sind bei Insekten weit verbreitet; Wasserstoffperoxid fällt beim Stoffwechsel an, Chinone härten die Cuticula und Hydrochinone machen durch ihren Geschmack und Geruch viele Insekten für Fressfeinde ungenießbar. Die Fähigkeit, Hydrochinone zu speichern, bedeutet also in jedem Fall einen Vorteil, sogar wenn die Speicherung nicht sehr effizient ist und es nicht in allen Fällen zum explosionsartigen Ausstoß kommt. Innerhalb der Laufkäfer (Carabidae) besitzen auch andere Arten als die der Bombardierkäfer solche Reservoire. Der entscheidende Evolutionsschritt beim Bombardierkäfer war die Entwicklung einer Art Ventil zwischen dem Reservoir und der Brennkammer, und einem Muskel, der eine gesteuerte Abgabe der Abwehrstoffe in die Explosionskammer ermöglicht, wo es durch das Zusammentreffen mit den Enzymen Katalase und Wasserstoffperoxidase zu einer kontrollierten Explosion kommt. Bombardierkäfer widerlegen also die Evolutionstheorie nicht, vielmehr halfen sie, die Evolution komplexer Strukturen besser zu verstehen.

16. Verfügen Insekten über Sozialkompetenzen? (Brutpflege, Insektenstaaten)

Beim Menschen gilt das Verfügen über Sozialkompetenz als Voraussetzung für beruflichen Erfolg. Es gibt kaum eine Stellenanzeige, die in ihrem Anforderungsprofil darauf verzichtet. Sozialkompetenz bezeichnet einen „Komplex von Fähigkeiten, die dazu dienen, in Kommunikations- und Interaktionssituationen entsprechend den Bedürfnissen der Beteiligten Realitätskontrolle zu übernehmen und effektiv zu handeln“ (Wikipedia). Auch Insekten kommunizieren und interagieren, sie integrieren die verschiedensten Stimuli, die ihnen in ihrem Lebensraum begegnen und treffen Entscheidungen, die auf effizienter Nutzung der verfügbaren Resourcen basieren, mit dem Ziel des eigenen Überlebens und der Sicherung des Nachwuchses. Bei Insekten existieren soziale Interaktionen in abgestufter Differenzierung, von einfachen Aggregationen von Artgenossen bis zu hochkomplex organisierten Insektenstaaten.

Innerhalb der Insekten gehören die staatenbildenden Insekten zu den am besten untersuchten Gruppen. Aufgrund ihrer Biomasse und ihrer Rollen in den verschiedensten Ökosystemen sind sie sowohl ökonomisch als auch ökologisch relevant. Außerdem sind viele Arten leicht im Freiland zu beobachten oder zu hältern. Entsprechend ist die existierende, auch deutschsprachige Literatur über staatenbildende Insekten umfangreich (eine – kleine – Auswahl findet sich im Anhang,).

Was bedeutet „sozial“ bei Insekten?

Unter sozialem Verhalten beim Menschen verstehen wir gemeinhin das Verhalten von Individuen in einer Gruppe, das die Bedürfnisse aller Gruppenmitglieder berücksichtigt. „Unsozial“ oder gar „asozial“ handelt eine Person, die das Eigenwohl über das Gemeinwohl stellt, respektive, der das Gemeinwohl gleichgültig ist. Als „soziale Insekten“ werden alle Arten bezeichnet, welche die folgenden drei Kriterien erfüllen: a) zwischen den Individuen einer Art besteht Arbeitsteilung, bestehend aus fortpflanzungsfähigen und sterilen Tieren, wobei letztere die fortpflanzungsfähigen Artgenossen unterstützen, b) die Individuen einer Kolonie kooperieren bei der Aufzucht des Nachwuchses, und c) die Generationen überlappen sich, um das Funktionieren der Kolonie zu gewährleisten. Sind diese Kriterien erfüllt, liegt echte Sozialität, oder **Eusozialität**, vor. Dies ist bei allen Ameisen, Termiten und vielen Bienen- und Wespenarten der Fall.

Das Gegenteil von „eusozial“ ist „solitär“, das bedeutet, dass keines der Kriterien für Eusozialität zutrifft. Bei vielen Arten werden jedoch Formen von Sozialverhalten beobachtet, die sich deutlich von solitärer Lebensweise unterscheiden, aber keine echte Sozialität darstellen. Diese Formen werden unter den Begriff **Subsozialität** zusammengefasst.

Wie äußert sich subsoziales Verhalten bei Insekten?

Subsoziales Verhalten wurde bisher bei mindestens 13 Insektenordnungen beobachtet, u. a. bei einigen Vertretern der Schaben (Blattodea), Tarsenspinner (Embioptera), Wanzen, Zikaden, Blattläuse (Hemiptera), Käfer (Coleoptera), Hautflügler (Hymenoptera) und Schmetterlinge (Lepidoptera). Beispiele für subsoziales Verhalten sind Ansammlungen von Individuen einer Art, die nicht in Zusammenhang mit der Fortpflanzung stehen, sondern etwa zum Schutz vor Fressfeinden. Je größer die Gruppe, desto geringer ist das Risiko für das einzelne Tier, erbeutet zu werden. Derartige Ansammlungen werden oft durch Aggregationspheromone ausgelöst. Auch Brutpflege in den verschiedensten Ausprägungen (mit oder ohne Nestbau, mit Einzel- oder Gemeinschaftsnestern, Versorgung der Nachkommen mit Nahrung) gilt als subsoziales Verhalten, sofern nicht alle Kriterien für Eusozialität erfüllt sind.

Einige Beispiele geben einen Eindruck von der Komplexität subsozialen Verhaltens.

In Blattlauskolonien werden hohe Individuendichten erreicht.

Weibchen der Buckelzikade *Polyglypta costata* aus Costa Rica beim Bewachen der Eier und frisch geschlüpften Larven

Aggregation von Individuen der Ritterwanze *Lygaeus equestris* (Lygaeidae)

Ein Weibchen der Erdwanze *Tritomegas sexmaculatus* (Cydnidae) bewacht sein Eigelege.

Die Weibchen der südamerikanischen Buckelzikaden-Art *Umbonia pyramidalis* (Membracidae) versenken ihre Eier in Pflanzengewebe. Kurz vor dem Schlupf der Larven ritzen die Weibchen mit ihrem Ovipositor die Rinde der Wirtspflanzenzweige an. Die frisch geschlüpften Larven, die mit ihren noch zarten Mundwerkzeugen die unverletzte Rinde nicht durchdringen können, saugen den austretenden Pflanzensaft auf. Bis zu 100 Larven und Weibchen leben als „Familie" zusammen, wobei das Weibchen die Larven durch Flügelschlagen und Abwehrbewegungen mit den Hinterbeinen vor Feinden beschützt. Dieses Abwehrverhalten der Mutter wird ausgelöst durch synchron geäußerte Vi-

Weibchen und Nachwuchs der Birkenwanze *Elasmucha grisea* (Acanthosomatidae). Die Weibchen beschützen nicht nur die Eier, sondern auch die ersten Larvenstadien. Die Art wird daher im englischen Sprachraum auch als „parent bug“ (Elternwanze) bezeichnet.

brationen der Larven. Die Mutter äußert ebenfalls Vibrationssignale, sobald die Gefahr vorüber ist. Auch die Weibchen der in Europa und Sibirien weitverbreiteten und häufigen Fleckigen Brutwanze, oder Birkenwanze *Elasmucha grisea* (Heteroptera: Acanthosomatidae) zeigen ein ausgeprägtes Brutpflegeverhalten. Die Eier werden auf die Blattunterseite von Birken- oder Erlenblättern geklebt; das Weibchen sitzt auf dem Gelege und bewacht es. Bei Störung richtet es sich auf und schwirrt mit den Flügeln, wodurch vermutlich ein Alarmpheromon verteilt wird. Auch nach dem Schlupf der Larven bleiben diese mit der Mutter zusammen. Teilweise kooperieren mehrere Weibchen und betreuen gemeinsam auch ältere Larven, und zwar nicht nur die eigenen Nachkommen. – Bei Vertretern der Ohrwürmer (Dermaptera) kümmern sich die Mütter intensiv um ihren Nachwuchs. Sie lecken regelmäßig ihre Eier ab, um Pilzaufwuchs zu verhindern. Sind die Junglarven geschlüpft, verbleiben sie für einige Zeit im Nest, während die Mutter auf Nahrungssuche geht, um die Nachkommen zu versorgen. – In Gemeinschaftsnestern leben Vertreter der Tarsenspinner (Embioptera), die in den Tropen und Subtropen verbreitet sind, aber auch im Mittelmeerraum vorkommen. Die Nester dienen dem Schutz vor Starkregen und vor Feinden. Die Weibchen einiger der (wenigen) untersuchten Arten beschützen ihre Eier vor Parasitoiden und versorgen ihre Larven mit vorverdauter Nahrung.

Warum sind eusoziale Insekten ökologisch so erfolgreich?

Eusozialität, also echte Sozialsysteme, sind bei Insekten im Laufe der Evolution mehrfach unabhängig entstanden, und zwar jeweils innerhalb der Hautflügler (Hymenoptera), der Termiten (Isoptera) und bei einigen Vertretern der Käfer, den Ambrosia-Käfern (Curculionidae: Scolytinae und Platypodinae)

Innerhalb der **Hymenoptera** entwickelte sich Eusozialität ebenfalls mehrfach bei Wespen, Bienen und Ameisen. Die treibende Kraft für die Evolution von Eusozialität ist der Erfolg der Gruppe. Dieser wird erreicht durch das Vorhandensein von Altruismus (uneigennützigem Verhalten) gegenüber Verwandten. Dadurch, dass die Mitglieder einer Kolonie die gleiche Mutter (und oft, jedoch nicht immer, den gleichen Vater) haben, teilen sie einen Großteil ihrer Gene. Verschaffen nun einzelne Individuen anderen Mitgliedern der Kolonie, also ihren Geschwistern, einen Vorteil dadurch, dass sie andere Aufgaben als ihre eigene Fortpflanzung erfüllen, z. B. durch Beschaffung von Nahrung oder Schutz des Nestes, werden ihre Gene dennoch an die nächste Generation weitergegeben.

Eine eusoziale Lebensweise ermöglicht das Teilen der energetischen Kosten für den Nestbau und die Sicherung der Existenz des Nachwuchses durch Nahrungsbeschaffung und Verteidigung zwischen den Individuen einer solchen Gruppe, oder Kolonie. Dabei sind große Kolonien kleineren Kolonien überlegen. Um eine entsprechend große Zahl von Nachkommen hervorzubringen, übernimmt eine Kaste die Aufgaben der Reproduktion, in der Regel wenige Geschlechtstiere, im Extremfall ein einziges Weibchen, dessen einzige Aufgabe es ist, sein Leben lang unablässig Eier zu produzieren (siehe Kapitel 13, S. 203). Bei verschiedenen Ameisenarten kommt es zum Zusammenschluss artgleicher Kolonien, die mehrere tausend Nester und mehr als 1 Milliarde Individuen enthalten. Eine solche „Superkolonie“ von Waldameisen ist aus dem Jura im schweizerisch-französischen Grenzgebiet bekannt.

Unter den landlebenden Insekten sind soziale Insekten die ökologisch dominante Gruppe. Zu ihnen zählen zwar nur 2 % aller bekannten Arten – sie stellen jedoch vermutlich ungefähr die Hälfte der gesamten Insekten-Biomasse. Untersuchungen auf einer ausgewiesenen Fläche im Amazonas-Regenwald bei Manaus ergaben, dass Ameisen und Termiten zusammen dort

Mastotermes darwiniensis, die einzige Art der ursprünglichen Termiten-Familie Mastotermitidae, ist die wirtschaftlich wichtigste Termite Australiens: Sie frisst fast alle organischen Materialien. Bei ausreichender Verfügbarkeit von Wasser und Nahrung können die 11-13mm großen Tiere riesige Kolonien bilden.

fast 30 % der gesamten tierischen Biomasse ausmachen. Allein die Ameisen dieses Gebietes wogen 4-mal so viel wie sämtliche dort vorkommenden Wirbeltiere.

Die Grundlage dieser ökologischen „Vormachtstellung" ist die Kooperation zwischen den Individuen einer Kolonie. Die anstehenden Aufgaben – sei es die Beschaffung von Nahrung, die Verteidigung des Nests und der Nachkommen – können von den Individuen einer organisierten Gruppe, der Kaste, zeitgleich und parallel erledigt werden, in etwa vergleichbar mit Arbeitsabläufen in einer Fabrik gegenüber denen in einer Manufaktur. Kolonien sind außerdem in der Lage, komplexe Nester mit spezialisiertem Mikroklima zu erbauen, die sie mit Verteidigungsanlagen ausstatten. Sie können sich dadurch eine große Bandbreite von Nahrungsquellen und Nistplätzen sichern und drängen solitär lebende Insekten (z. B. Schaben, Heuschrecken, Käfer) in weniger begünstigte Lebensräume.

Bei der Entwicklung von Eusozialität bei **Termiten** spielte mit großer

Wahrscheinlichkeit deren spezielle Ernährung die entscheidende Rolle. Termiten ernähren sich von Holz, das zwar reich an Cellulose, aber arm an Nährstoffen ist. Um Cellulose verdauen zu können, sind Termiten auf endosymbiontische Organismen angewiesen (Einzeller und Bakterien), die sie in einer Tasche im Enddarm aufbewahren. Bei den Häutungen gehen die Endosymbionten verloren und müssen durch Fütterung ersetzt werden. Es wird vermutet, dass die Notwendigkeit der Weitergabe dieser Endosymbionten an die nächste Generation durch Fütterung (Trophallaxis) zur Entwicklung überlappender Generationen geführt hat.

Einflussreiche Mütter, kooperative Schwestern – wie sind Insektenstaaten organisiert?

Die Fähigkeit der Individuen einer Kolonie zur Arbeitsteilung und zur Kooperation gehört zu den faszinierendsten Aspekten der Biologie der Insekten. Die Arbeitsteilung wird durch ein Kastensystem geregelt, das aus einer oder mehreren Königinnen (bei Termiten auch einem König), aus Arbeiterinnen und Soldatinnen besteht. Arbeiterinnen versorgen den Nachwuchs, und oft auch die Königin und die Soldatinnen mit Nahrung. Innerhalb der einzelnen Kasten können Unterkasten ausgebildet sein, deren Angehörige ganz bestimmte Aufgaben übernehmen. Männchen bilden keine Kasten; sie beteiligen sich nicht an der Versorgung des Nachwuchses. Sie sind kurzlebig und sterben bald nach der Paarung. Innerhalb der Hymenoptera existieren Kastensysteme unterschiedlicher Komplexität und unterschiedlicher Organisation. Die Mitglieder verschiedener Kasten können, müssen aber nicht, ganz unterschiedlich aussehen (Polyphenismus). Die Angehörigen ein- und derselben Kaste oder Unterkaste wiederum unterscheiden sich oft in ihrem Verhalten (Polyethismus), abhängig von ihrer spezifischen Tätigkeit oder von unterschiedlichen Funktionen im Lauf ihres Lebens.

Arbeiterin der Honigbiene *Apis mellifera*

Bei der bekanntesten Art der staatenbildender Insekten, der Honigbiene *Apis mellifera*, unterscheiden sich Arbeiterinnen von Königinnen durch ihre geringere Größe, den Besitz von Wachsdrüsen und ihrem Stachelapparat, der nach Gebrauch nicht wieder eingezogen werden kann. Der Stachelapparat der Königin dagegen kann mehrfach ein- und ausgefahren und zur Abwehr von Rivalinnen benutzt werden. Arbeiterinnen unterscheiden sich äußerlich kaum, übernehmen aber im Laufe ihres Lebens unterschiedliche Aufgaben. So sind junge Arbeiterinnen als „Stockbienen" für die Fütterung der Larven und für die Reinigung der Zellen zuständig, ältere Tiere für die Nahrungssuche. Diese Verhaltensänderungen werden u.a. durch Veränderungen im Juvenilhormonspiegel bedingt.

Wie auch bei anderen eusozialen Hymenopteren wird die Differenzierung der Kasten durch Qualität und Quantität der Nahrung der Larven erreicht. Die Königin legt je ein unbefruchtetes oder befruchtetes Ei in eine Zelle der Wabe und instruiert die Arbeiterinnen, welche der ausschlüpfenden Larven welche Nahrung bekommen soll. Die Nahrung, die künftigen Königinnen zuteil wird, wird als Gelée royale bezeichnet. Es enthält einen hohen Anteil an Zucker, Sekrete aus den Mandibulardrüsen (Pantothensäure und Biopterin), und ein Protein, Royalactin. Durch die reichhaltige Ernährung (nicht nur durch Royalactin) entwickeln sich die Bienenlarven zu Königinnen. Nach vier Tagen sind die Kasten ausdifferenziert. Durch die Zusammensetzung der Inhaltsstoffe der Nahrung werden hormonelle Veränderungen ausgelöst und vermutlich auch die Aktivität von Genen reguliert, die bei der Entwicklung der Larven zu Arbeiterinnen oder Königinnen eine Rolle spielen. Die Königin kontrolliert die Reproduktionsfähigkeit der Arbeiterinnen durch die Abgabe von Pheromonen. Die Pheromone hemmen die Eierstockentwicklung der Arbeiterinnen. Sie werden entweder von der Königin selbst während der Eiablage auf der Wabe verteilt oder an Arbeiterinnen abgegeben, die die Pheromone weiter verbreiten. In denjenigen Zellen, die sich außerhalb des Einflussbereichs der Königinnen-Pheromone befinden (beispielsweise wenn das Volk zu groß wird), entstehen neue Königinnen. Arbeiterinnen untereinander kommunizieren ebenfalls durch Pheromone, wobei spezifische Pheromone z.B. bei Gefahr, bei der Orientierung und bei der Wiedererkennung des eigenen Volkes eine Rolle spielen. Um einander die Existenz einer lohnenden Futterquelle, deren Lage und Entfernung mitzuteilen, bedienen sich die Arbeiterinnen der Honigbiene zudem einer im Tierreich einzigartigen „Tanzsprache" (siehe Kapitel 10, S. 137).

Was versteht man unter einem Superorganismus?

Als Superorganismus wird eine Gemeinschaft von vielen Individuen derselben Art bezeichnet, deren Fähigkeiten über die Fähigkeiten der einzelnen Individuen hinausgeht. Derartige Fähigkeiten entstehen durch Arbeits-

Arbeiterin einer Wanderameisenart der Gattung *Eciton* beim Transport des Nachwuchses (Puppe) mit den Mandibeln

teilung und Kooperation innerhalb einer Kolonie, d.h. die Kolonie agiert wie ein Organismus, in dem einzelne Kasten unterschiedliche Funktionen erfüllen, wie z.B. Fortpflanzung, Nahrungsbeschaffung, Brutpflege, Feindabwehr. Der Vergleich zu einem mehrzelligen Organismus liegt nahe: Die reproduktive Kaste entspricht den Geschlechtsorganen, während andere Kasten die Aufgaben z.B. der Organe zur Nahrungsaufnahme und – aufbereitung übernehmen. Der Austausch von Futter unter den Mitgliedern der Kolonie ist vergleichbar mit dem Blutkreislauf und dem Lymphsystem. Der Grad der Arbeitsteilung kann hochkompliziert sein und auf ganz bestimmte Aufgaben spezialisierte Kasten und Unterkasten enthalten, wie das Beispiel der Blattschneiderameisen (siehe nächste Frage) zeigt.

Sowohl auf der Ebene des Organismus als auch auf der Ebene der Kolonie entstehen komplexe biologische Strukturen. Gibt es Gemeinsamkeiten in der Organisation von morphologischen Strukturen und der Entwicklung von unterschiedlichen Kasten? Die Suche nach der Antwort auf diese Fragen ist ein zentrales Thema nicht nur der Insektenkunde, sondern der Biologie insgesamt.

Was leistet ein Superorganismus?

Gut untersucht sind Morpho- und Soziogenese bei Ameisenstaaten. Sie zeigen, wie hochgradig differenziert die Mitglieder eines Superorganismus Arbeitsteilung betreiben. Einen besonders spektakulären Superorganismus stellen die Kolonien der Blattschneiderameisen dar (siehe auch Kapitel 11, S. 167f). Alle Arten züchten Pilze in unterirdischen Kammern. Die Aufrechterhaltung dieser Pilzzuchten erfordert eine Reihe von Arbeitsschritten, die genau aufeinander abgestimmt sein müssen, damit die „Gärten" florieren. Jeder Arbeitsschritt wird von den Angehörigen einer eigenen Kaste durchgeführt, sodass die Verarbeitung der eingetragenen Blätter ähnlich wie an einem Fließband erfolgt. Futtersuchende Arbeiterinnen schneiden mit ihren Mandibeln Stücke aus Blättern und Blüten aus und transportieren sie Richtung Nest, andere (kleinere) Arbeiterinnen übernehmen

Arbeitsteilung bei der Blattschneiderameise *Atta* spec.: Die Arbeiterin einer bestimmten Kaste transportiert ein zuvor abgeschnittenes Blattstück Richtung Nest, während eine wesentlich kleinere Angehörige einer anderen Kaste auf dem Blattstück mitreist und potenzielle Feinde abwehrt.

die Beute und zerkleinern die Blattstücke in millimetergroße Teilchen, die wiederum von noch kleineren Arbeiterinnen übernommen und zu einer breiigen Masse zerkaut und zu Kügelchen geformt werden. Ansammlungen dieser Kügelchen bilden das „Anzuchtsubstrat" für die Pilze, die ursprünglich von der Königin mitgebracht und nach der Nestgründung bis zum Schlupf der ersten Arbeiterinnen allein von ihr versorgt worden waren. Die Pilzgärten werden von Arbeiterinnen weiterer Kasten gepflegt, wovon eine für das gleichmäßige Bepflanzen der Pflanzenmasse mit Pilzen sorgt, die andere (Zwergarbeiterinnen) die Pilzkulturen von Sporen und Zellfäden fremder Schimmelpilzarten säubert.

Die Größe eines einzigen solchen Superorganismus kann enorme Dimensionen erreichen: Jede Kolonie, deren größte bis zu 8 Millionen Arbeiterinnen enthalten kann, verzehrt täglich soviel Blattmasse wie eine erwachsene Kuh. Auch die Ausmaße der Nester einer solchen Kolonie sind beeindruckend: beim Ausgraben eines Nestes der Art *Atta sexdens* in Brasilien wurden über 1.000 unterschiedlich (faust- bis fußball-) große Kammern entdeckt, von denen viele mit Pilzgärten und Ameisen gefüllt waren. Der Erdaushub, der für die Anlage der unterirdischen Kammern und Galerien nötig gewesen war, betrug 22,7 Kubikmeter und wog ca. 40 Tonnen. Bewerkstelligt wurden die Erdbewegungen durch geschätzt eine Milliarde Frachtvorgänge, wobei einzelne Arbeiterinnen viele Mal pro Nacht das 45fache ihres eigenen Körpergewichts transportierten. Beim Nestbau vollbringen die Ameisen Leistungen, die – auf menschlichen Maßstab gebracht – ähnliche Dimensionen erreichen wie der Bau der Chinesischen Mauer. Um Vergleichbares zu leisten, müsste ein Mensch mehrmals in rascher Folge Lasten von jeweils 300 kg 15 km weit transportieren und dabei eine Geschwindigkeit von 26 km/h einhalten.

Warum halten Ameisen Sklaven?

Arbeitsteilung und Spezialisierung haben bei verschiedenen Ameisengruppen eine besondere Form des Parasitismus hervorgebracht, nämlich die Sklavenhaltung (Unterwerfung und Zwangsarbeit von Artgenossen) oder Versklavung von Individuen anderer Arten. Die Arbeiterinnen der Sklavenhalterameisen sind nicht in der Lage, selbst ein Nest zu bauen, sich um den Nachwuchs zu kümmern, oder sogar ihr eigenes Futter zu besorgen, da ihre Mundwerkzeuge einzig auf Kampf und Verteidigung spezialisiert sind. Sie sind daher vollständig von ihren Sklaven abhängig. Die Sklavenhalter überfallen fremde Kolonien, wobei sie äußerst aggressiv vorgehen und Puppenkokons der fremden Art rauben. Die daraus schlüpfenden Arbeiterinnen (die Wirte) werden von ihren Haltern (den Parasiten) um Futter angebettelt oder gezwungen, den Nachwuchs der Sklavenhalter zu versorgen. Lange Zeit war umstritten, ob sich die Sklaven gegen ihre Unterdrücker in irgendeiner Weise zur Wehr setzen. Erst vor kurzem konnte gezeigt werden, dass es unter den Sklaven wohl tatsächlich zu „Aufständen" kommt. Im Experiment zogen die Sklaven wesentlich weniger Nachwuchs groß, als sie das im eigenen Nest gemacht hätten. Stattdessen wurde ein große Teil der Sklavenhalterbrut (bis zu 60 %) umgebracht.

Wie schaffen sich Insekten eine gemeinsame Infrastruktur?

Durch Arbeitsteilung, Kooperation und Kommunikation sind soziale Insekten in der Lage, gemeinsame Infrastrukturen zu schaffen, die weit über die Leistungen einzelner Tiere hinausgehen und die teilweise enorme Dimensionen annehmen können, wie das geschilderte Beispiel des Nestbaus bei Blattschneiderameisen zeigt. Auch die Nester von Termiten sind regelrechte „Wohnblocks“: pilzzüchtende Termiten errichten dauerhafte, mehrere Meter hohe oberirdische Erdhügel, in denen ein ganz spezielles, für die Pilzzucht erforderliches Klima aufrechterhalten wird. – Wanderameisen haben kein permanentes Nest, sondern bilden während der Wanderphase durch die Ausrichtung ihrer Körper temporäre Nester („Biwaks“). Auch außerhalb des Nestes gestalten Ameisen ihre Umgebung, indem sie mehr oder weniger permanente „Straßen“ anlegen (siehe unten). Weberameisen der Gattung *Oecophylla* sind in der Lage, Hängebrücken von bis zu mehreren Metern Länge zu bauen. Dazu ketten die Amei-

Die Bauten oder Hügel der pilzzüchtenden Termiten (Macrotermitinae) prägen die Savannenlandschaften in Afrika und Australien (hier: Queensland). Sie können bis zu 7m hoch werden.

Wander- oder Treiberameisen der Gattung *Eciton* aus Costa Rica bilden während ihrer Raubzüge mit ihren Körpern oberirdische temporäre Nester (Biwaks).

sen ihre Körper aneinander und bilden einen Strang. Je mehr Ameisen dazu kommen, desto länger wird der Strang. Dieser schwingt frei im Wind, bis eine oder mehrere Ameisen einen Halt, zum Beispiel an einem benachbarten Baumstamm, finden. Dort verankern sie sich und bilden eine lebende Brücke für ihre Artgenossinnen. Feuerameisen der Gattung *Solenopsis* bilden auf ähnliche Weise Flöße, mit denen sie – getragen von der Oberflächenspannung des Wassers – Flüsse überqueren.

Wie verhindern Ameisen Verkehrsstaus auf ihren Straßen?

Ameisen eignen sich in idealer Weise, um die Organisation kollektiver Bewegung von Individuen einer Art, also „Verkehr", zu untersuchen. Analog zu unseren Verkehrswegen legen Ameisen „Straßen" zwischen ihren Nestern und/oder zwischen den Nestern und Nahrungsquellen an. Die Straßen werden durch Pheromone markiert und können sich durch häufige Nutzung mehr oder weniger permanent etablieren. Auf den Straßen fließt der „Verkehr" in zwei Richtungen: Ameisen, die vom Nest zur Nahrungsquelle unterwegs sind, und umgekehrt. Je reibungsloser der Verkehr fließt, desto mehr Nahrung kann pro Zeiteinheit beschafft und ins Nest transportiert werden. Kommt es zu Engpässen auf den Straßen, müssen die Ameisen das Verkehrsaufkommen dahingehend bewältigen, dass die Versorgung des Nestes mit Nahrung nicht durch Staus unterbrochen wird. Der Mensch stellt in vergleichbaren Situationen (z. B. Einengung der Fahrbahn durch Bauarbeiten) Ampeln auf, sodass jeweils alternierende Gruppen in die eine oder andere Richtung die Engstelle passieren können. Ameisen gehen bei der Lösung des Problems ähnlich vor: statt anhand von verordneten Verkehrsregeln kooperieren sie in einer Weise, die für alle Beteiligten Vorteile bringt. In Verhaltensexperimenten wurden zwischen einem Nest der Schwarzen Wegameise *Lasius niger* und einer Nahrungsquelle zwei Brücken errichtet, die die Arbeiter überqueren mussten: eine Brücke war über die gesamte Länge 10 mm breit, die andere war in der Mitte über eine bestimmte Strecke auf 3 mm eingeengt. Es zeigte sich, dass auf beiden Brücken pro Zeiteinheit sowohl das Verkehrsvolumen als auch die Menge der eingebrachten Nahrung gleich waren – es war also, entgegen aller Erwartungen, an den Engstellen nicht zu Staus gekommen. Es stellte sich heraus, dass die Ameisen eine einfache Regel befolgten, und zwar wichen stets diejenigen Ameisen, die sich dem Beginn der Engstelle näherten, denjenigen Ameisen aus, die ihnen aus dem verengten Bereich entgegenkamen. Bei einer Lücke im Strom der entgegenkommenden Ameisen machten sich die wartenden Ameisen auf den Weg durch die Engstelle. Auf der anderen Seite der Engstelle wiederum wurde ihnen von den dort inzwischen wartenden Ameisen „Vorfahrt“ gewährt. Auf diese Weise gelang es den Ameisen, die Zahl der Kontakte (und den damit verbundenen Zeitverlust) zwischen Individuen, die in entgegengesetzter Richtung unterwegs waren, im Bereich der Engstelle zu reduzieren.

17. Krank – und gesund – durch Insekten? (Medizinische Entomologie)

Weltweit sind Hunderte Millionen Menschen dauerhaft beeinträchtigt durch Krankheiten, die von Insekten und anderen Arthropoden verursacht, bzw. deren Erreger von Insekten übertragen werden, und in jedem Jahr sterben ungefähr drei Millionen Menschen daran. Die häufigsten Überträger sind Vertreter der Zweiflügler (Diptera), vor allem Stechmücken der Gattungen *Anopheles*, *Culex*, *Stegomyia* und *Mansonia*.

Insekten können jedoch auch zur Heilung von Krankheiten beitragen und Vorbilder für die Entwicklung biologischer Methoden, Materialien und Substanzen sein, die in der Medizin Verwendung finden.

Aufgrund ihrer medizinischen Bedeutung waren und sind Insekten ursächlich an den wirtschaftlichen und politischen Entwicklungen beteiligt, welche die menschlichen Gesellschaften geprägt haben bzw. immer noch prägen. Entsprechend nehmen sie einen wichtigen Platz in der Kulturgeschichte des Menschen ein (siehe Kapitel 21). Hier zeigt sich besonders deutlich, wie eng die Ökologie der Insekten und die Ökologie des Menschen miteinander verbunden sind.

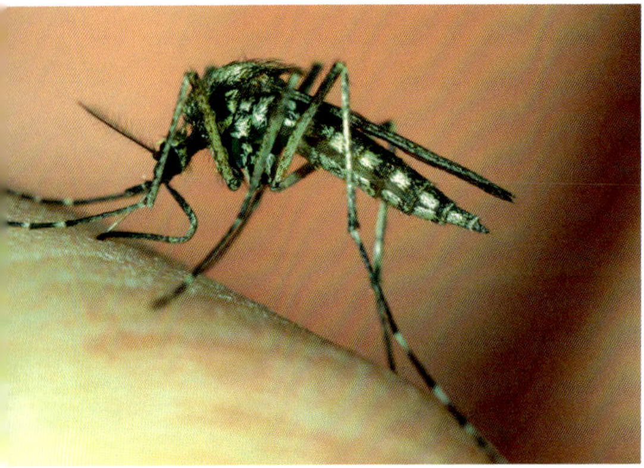

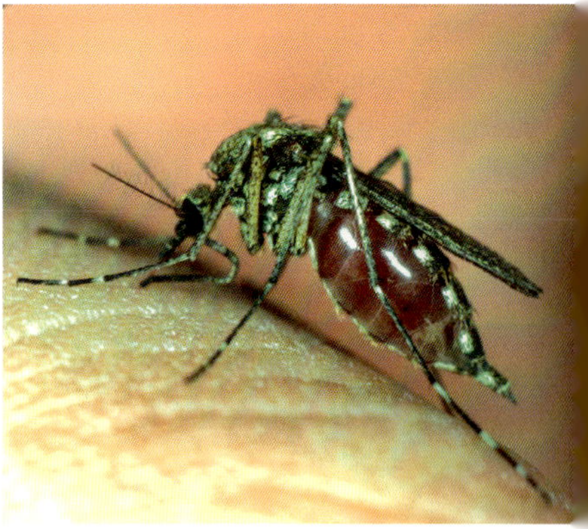

Stechmücken übertragen durch das Besaugen verschiedener Wirte zahlreiche Krankheitserreger. Links: Stechmücke (*Culex* spec.) beim Saugen, rechts: Stechmücke kurz vor dem Ende ihrer Blutmahlzeit

Die häufigsten Krankheiten, deren Erreger von Insekten übertragen werden

Krankheit	Natürliches Vorkommen	Erreger	Überträger	Anzahl Todesfälle pro Jahr
Malaria (Wechselfieber), verschiedene Krankheitsbilder	Tropen und Subtropen der Alten (ins. Afrika) und Neuen Welt	Einzeller (*Plasmodium* Arten)	ca. 40 Arten der Stechmücken-Gattung *Anopheles* (Diptera: Culicidae)	400.000 (davon mehr als 50 % kleine Kinder)
Afrikanische Schlafkrankheit (Trypanosomiasis)	Tropisches Afrika südl. der Sahara	Einzeller (*Trypanosoma brucei*)	Arten der Gattung *Glossina*, Tsetsefliegen (Diptera: Glossinidae)	55.000 Menschen/3 Mio Rinder
Chagas (Amerikanische Trypanosomiasis)	Mittel- und Südamerika	Einzeller (*Trypanosoma cruzi*)	Raubwanze *Triatoma infestans* (Hemiptera: Reduviidae)	15.000
Gelbfieber („Schwarzes Erbrechen")	Tropen und Subtropen Afrikas und Südamerikas	Gelbfieber-Virus	Gelbfiebermücke *Stegomyia aegypti*	30.000
Dengue	Tropen und Subtropen, weltweit, in städtischen Gebieten	Dengue-Virus	Stechmücken-Arten: *Stegomyia aegypti*, *S. albopicta*	22.000 (meist Kinder)
Chikungunya	Afrika, Indien, Südostasien	Chikungunya-Virus	Verschiedene Stechmücken-Arten der Gattungen *Anopheles*, *Stegomyia*, *Culex*, *Mansonia*	ca. 4 % der Erkrankten
Zika Fieber	Afrika	Zika-Virus	Stechmücken-Arten: *Stegomyia aegypti*, *S. albopicta*	ca. 5 % der Erkrankten
West-Nil-Fieber	Tropisches Afrika	West-Nil-Virus	Verschiedene Stechmücken-Arten, u. a. der Gattung *Culex*	ca. 15–40 % der Erkrankten

Warum sterben so viele Menschen an Krankheiten, die von Insekten übertragen werden?

Für die hohe Zahl an Sterbefällen durch insektenübertragene Krankheiten ist eine Reihe von Faktoren verantwortlich, wie schlechte hygienische Bedingungen und Unkenntnis der Infektionswege und -quellen. Die Betroffenen sind meist Menschen in prekären sozioökonomischen Situationen, d. h. sie sind zu arm, um sich Medikamente, so sie es denn gibt, leisten zu können. Entsprechend fehlen der Pharmaindustrie die Anreize für die erforderlichen Investitionen in Forschung und Entwicklung von wirksamen Therapien. Malaria, die häufigste Infektionskrankheit überhaupt, mit ca. 230 Millionen Erkrankungen pro Jahr, und die Afrikanische Schlafkrankheit sind verantwortlich für enorme Einschränkungen der wirtschaftlichen Entwicklung Afrikas. Die Weltgesundheitsorganisation (WHO) hält es für ein realistisches Ziel, Malaria eines Tages weltweit ausrotten zu können. Fortschritte bei der Bekämpfung der Malaria geben Grund zur Hoffnung: ein von der Universität Oxford entwickelter Malaria-Impfstoff erreichte in einer klinischen Studie erstmals die von der WHO geforderte 75 %ige Wirkung.

Werden Erkrankungen, die von Insekten übertragen werden, in Zukunft zunehmen?

Während einige Krankheiten, die in früheren Zeiten eine große Rolle in der Geschichte spielten (siehe Kapitel 21, S. 290, 292) wie z.B. die Pest (übertragen durch Rattenflöhe) oder das Fleckfieber (übertragen durch Kleiderläuse), inzwischen stark zurückgedrängt werden konnten, sind andere auf dem Vormarsch: Dengue, Chikungunya, Zika- und West-Nil-Fieber, ehemals auf die Tropen beschränkt, breiten sich durch internationale Handels- und Reisewege sowie den Klimawandel rasch weltweit aus. 2019 wurde die erste Erkrankung mit dem West-Nil-Virus in Süddeutschland festgestellt, vermutlich übertragen durch eine einheimische *Culex*-Art. Die in Süd- und Südostasien heimische Asiatische Tigermücke, *Stegomyia albopicta* (Diptera: Culicidae), ein Überträger des Chikungunya- , des Dengue- und des Zika-Virus, ist seit 1990 ist Europa dokumentiert; 2007 wurde sie erstmals in Deutschland nachgewiesen.

Warum sollten offene Lebensmittel vor Stubenfliegen geschützt werden?

Stubenfliegen (*Musca domestica*) sind als Kulturfolger räumlich eng mit der unmittelbaren Umgebung des Menschen und seiner Nutztiere verbunden. Sie nehmen flüssige oder verflüssigte Nahrung jeder Art auf, inklusive Ausscheidungen von Menschen und Tieren, und fliegen zwischen den verschiedenen Nahrungsquellen hin und her. Bevor die Nahrung in den Mitteldarm gelangt, wird sie vom Kropf, der als temporäres Nahrungsreservoir dient, in den vorderen Teil des Verdauungstraktes, den Kropf, erbrochen. Der erbrochene Kropfinhalt (mitsamt eventuell aufgenommenen) Krankheitserregern gelangt dabei an die Rüsselspitze und wird als kleines Tröpfchen auf der Unterlage abgesetzt. Bei der Landung gelangen außerdem zuvor aufgenommene, an den Tarsen haftende Bakterien, wie z. B. das Darmbakterium *Escherichia coli*, auf die neue Nahrungsquelle. Zudem defäkieren Stubenfliegen oft, vermutlich bei jeder Landung, und kontaminieren den Landeplatz mit ihren Ausscheidungen.

Ist der Verzehr von Insekten medizinisch unbedenklich?

Jeder Mensch nimmt im Laufe seines Lebens zahlreiche Insekten zu sich, entweder durch unbeabsichtigtes Verschlucken oder durch bewussten Konsum. Vor allem beim Verzehr von rohen Heuschrecken, Käfern und Schaben (wie in vielen Kulturen üblich) kann es dabei zur Aufnahme von Wurmeiern kommen. Diese Eier, z. B. des Schweinekratzers, *Macroacanthorhynchus hirudinaceus*, eines Parasiten des Haus- und Wildschweins, werden vom Schwein mit dem Kot ausgeschieden und von kotfressenden Käferlarven aufgenommen, in denen sie sich zu Infektionsstadien entwickeln. Nach dem Verzehr der Käferlarve bohren sich die infektiösen Stadien in die Dünndarmschleimhaut des Menschen und können zu einer Perforation des Darms führen. Insekten sollten daher niemals roh verzehrt werden (siehe auch Kapitel 20).

Wie hängen eine Finanzkrise und die Ausbreitung einer von Insekten übertragenen Krankheit zusammen?

Ein eindrucksvolles Beispiel, wie die Ökologie des Menschen und die Ökologie von Insekten miteinander verzahnt sind, ergab sich während der globalen Finanzkrise 2008/2009 in Kalifornien. Damals traten in einem Landkreis nördlich von Los Angeles 15-mal so viele Fälle von Infektionen mit dem West-Nil-Fieber auf wie im landesweiten Durchschnitt. Es stellte sich heraus, dass im selben Landkreis überdurchschnittlich viele Häuser von ihren Besitzern verlassen worden waren, offenbar um drohenden Zwangsversteigerungen und Pfändungen zu entgehen. Satellitenbilder der Region, die fast ausschließlich mit Einfamilienhäusern bebaut ist, ergaben, dass viele Swimmingpools offenbar seit längerem nicht gepflegt worden waren, und sich Algen dort stark vermehrt hatten. Die Swimmingpools hatten sich dadurch zu einem geeigneten Habitat für die Mückenart *Culex tarsalis* entwickelt, die nährstoffreiche Gewässer bevorzugt und ein Überträger desjenigen Virus ist, der West-Nil-Fieber verursacht. Durch die rasante Vermehrung der Mücken, die ihrerseits Nahrung für Haussperlinge sind, konnten sich die Vögel ebenfalls außergewöhnlich stark vermehren, und mit bzw. in ihnen das West-Nil-Virus. Durch hohe Populationsdichten von Sperlingen (als Virus-Reservoir) und Mücken (als Überträger) in bewohnten Gebieten erhöhte sich die Wahrscheinlichkeit der Übertragung auf den Menschen.

Gibt es „harmlose" Erkrankungen durch Insekten?

Insekten sind oft Auslöser für psychische Irritationen. Die Betroffenen sind überzeugt, dass der bei ihnen bestehende Juckreiz auf den Befall durch „kleine Tiere", also Insekten, andere Arthropoden oder „Würmer" zurückzuführen ist. Sie sammeln akribisch Haut- und Textilpartikel als „Beweis" für den Befall. Die Diagnose derartiger Fälle „Dermatozoen-Wahns" ist einfach, die Therapie hingegen schwierig, da die Betroffenen ganz offensichtlich unter erheblichem Leidensdruck stehen und von der Tatsache eines Befalls überzeugt sind. Manche investieren viel Zeit und Geld in immer weitere Laboruntersuchungen, die stets die gleichen – negativen – Resultate erbringen. Die psychische Störung kann nur durch behutsame psychotherapeutische Maßnahmen gelindert oder behoben werden.

Bienengift – gefährlich oder natürliches Heilmittel?

Das Gift der Biene, *Apis mellifera*, sowie einiger anderer Hautflügler, wird medizinisch als Apitoxin bezeichnet. Es dient den Bienen zur Verteidigung gegen räuberische Bienen oder andere Insekten. Apitoxin ist eine Mischung aus unterschiedlich großen Eiweißmolekülen: der Hauptbestandteil (50–70 %) ist das sogenannte Melittin, das hauptsächlich für die allergische Wirkung des Gifts verantwortlich ist; außerdem sind Histamin, Dopamin und Noradrenalin im Apitoxin enthalten. Melittin ist ein starkes Allergen, und Bienenstiche sind entsprechend gefährlich für Menschen mit einer Insektengiftallergie. Sie können einen anaphylaktischen Schock auslösen, der zum Atemstillstand und zum Tod führen kann. Beim Menschen und anderen Säugetieren ruft ein Bienenstich lokale Entzündungen hervor, die mit erhöhter Durchblutung einhergehen. Diese Wirkung macht sich die Apitherapie zunutze. Bienengift – gewonnen durch elektrische Reizung der Bienen – ist in Präparaten zur Behandlung von Rheuma, Ischias, Hexenschuß, Sportverletzungen und Kälteschäden enthalten – alles Krankheitsbilder, deren Symptome durch erhöhte Durchblutung gelindert werden können. Bienengift wird außerdem eingesetzt zur Desensibilisierung bei Insektengiftallergien sowie in der Kosmetik. Gespritzt, als Bestandteil einer Gesichtsmaske oder Creme auf die

Haut aufgetragen, soll es die Kollagenbildung anregen und als Alternative zu Botox helfen, die Faltenbildung zu mindern.

Maden in offenen Wunden – unappetitlich oder segensreich?

Schon seit dem 19. Jahrhundert ist bekannt, dass Maden (Fliegenlarven) in offenen Wunden Infektionen verhindern und zur Heilung beitragen können. Mit der Entdeckung der Antibiotika verlor die Madentherapie an Bedeutung und wurde ab den 40er Jahren des 20. Jahrhunderts kaum noch angewandt. Erst durch zunehmende Antibiotika-Resistenzen ab den 1980er Jahren rückte sie erneut in den Fokus medizinischer Forschung. Die Wirkung der Madentherapie beruht auf der Verflüssigung abgestorbenen Gewebes durch das Verdauungssekret der Fliegenmaden. Dieses Verdauungssekret enthält bestimmte Enzyme, Proteasen, die das denaturierte Eiweiß einer Wundnekrose auflösen. Das aufgelöste Gewebe wird in den Verdauungstrakt der Maden eingesogen. Es handelt sich also um eine enzymatische Wundreinigung, die sehr spezifisch ist: Abgestorbenes Gewebe wird fein säuberlich von lebendem Gewebe getrennt. Das Madensekret enthält außerdem Allantoin und Harnstoff, wobei vor allem das Allantoin die Wundheilung befördert, indem es die Bildung von Epithelzellen anregt. Das Madensekret zeigt antimikrobielle Wirkung, d. h. es löst die Zellwand von Bakterien, wie z. B. *Staphylococcus aureus* (einem Erreger von Entzündungen verschiedener Organe und Gewebe), auf. Dadurch kann ein zusätzlicher Einsatz von Antibiotika bei infizierten Wunden zumindest reduziert werden. Indikationen für die Madentherapie sind schlecht heilende Wunden infolge mangelnder Durchblutung oder im Zusammenhang mit Diabetes („offenes Bein"). Die Applikation der auf keimfreiem Medium gezüchteten Maden der Goldfliege *Lucilia sericata* (Calliphoridae) erfolgt durch das Aufbringen

Wundauflage („Bio-Bag") mit Maden der Goldfliege *Lucilia sericata*.

von speziellen Wundauflagen („*Biobags*"), in denen 50–300 Maden in luft- und flüssigkeitsdurchlässigen Beuteln eingeschweißt wurden. Die Pflaster verweilen ca. 3–5 Tage auf der Wunde. Die Behandlung chronischer Wunden mithilfe der Madentherapie ist in vielen Fällen nicht nur wirksamer, sondern auch wirtschaftlicher als die chirurgische Entfernung abgestorbenen Gewebes plus Antibiotika-Therapie, da sie mit einer geringeren Anzahl von Verbandswechseln und stark reduziertem Betreuungsaufwand auskommt.

Können Ameisen bei Operationen eingesetzt werden?

Ein ca. 1.000 Jahre alter, medizinischer Text aus Indien erwähnt den Einsatz von Ameisen-Mandibeln beim Schließen von Wundrändern. Basierend auf dieser Grundlage wurde 2017 von einer Forschergruppe aus Brasilien eine chirurgische Klammer entwickelt, welche die mechanischen und materialtechnischen Eigenschaften der Ameisenmandibel unter Verwendung von Biopolymeren nachahmt. Als Vorbild diente die Ameisenart *Atta laevigata*, eine Blattschneiderameise aus Südamerika, mit großen Mandibeln. Diese dienen dem Abschneiden von Blättern, aber auch der Verteidigung des Nestes:

Schnappkieferameisen (hier: eine Art der Gattung *Odontomachus*, Costa Rica) dienten als Vorbild für die Entwicklung chirurgischer Klammern.

Die Ameisen verbeißen sich in die Körper ihrer Feinde. Der Biss erfolgt über eine Art Schnapp-Mechanismus: Die in Ruheposition leicht offenen Mandibeln werden durch kräftige Muskeln weit gespreizt und schnappen bei Berührung zu. Sie bleiben solange geschlossen, wie Widerstand vorhanden ist. Die analog funktionierende chirurgische Klammer sollte also elastisch, dabei aber zugfest und außerdem resorbierbar sein. Dies wurde durch die Verwendung von Biopolymeren, Proteine (Fibroin) und Polysaccharide (Chitosan, eine Chitinverbindung), erreicht. Wie die Mandibel der Ameise wurden die Innenränder der Klammer leicht gezähnt, um die Wundränder einander optimal anzunähern. Nach der Heilung (und Wegfall des Widerstandes auf die Arme der Klammer) fällt die Klammer ab und kann resorbiert werden.

Wie kann eine Fruchtfliege bei der Therapie von Asthma helfen?

Chronische Entzündungen der Lunge wie Asthma oder Bronchitis sind komplexe Erkrankungen, haben jedoch eine genetische Komponente. Um diese Gene zu identifizieren und ihre Rolle bei der Physiologie und Pathophysiologie der Lunge zu verstehen, sind Untersuchungen an geeigneten Modellorganismen erforderlich. Bei Säugetieren ist dies meist die Maus. Es hat sich jedoch gezeigt, dass diejenigen Gene, die bei der Entstehung von Asthma beim Menschen eine Rolle spielen, auch im Genom der Taufliege *Drosophila* vorhanden sind. Beim Menschen spielen die Epithelzellen der Luftwege eine wichtige Rolle bei der Entstehung von Asthma. Auch die Tracheen von *Drosophila* sind mit einer einschichtigen Epithel-Lage ausgekleidet, und trotz des wesentlich einfacheren Baus ähnelt diese in ihrer Physiologie der Epithelschicht der menschlichen Lunge. *Drosophila* hat gegenüber dem Maus-Modell entscheidende Vorteile: Eine kurze Generationendauer und ein weniger komplex organisiertes Genom erlauben schnellere und vereinfachte experimentelle Verfahren, und versprechen Einsichten in die molekularen Grundlagen der Erkrankung.

Welche Medikamente können wir aus Insekten gewinnen?

Insekten leben oft in extrem verschmutzten und mit Bakterien und Schimmelpilzen belasteten Gewässern und Böden, auf und in Exkrementen und dem Aas anderer Tiere, wobei sie häufig potenziellen Pathogenen ausgesetzt sind. Aus der Hämolymphe vieler Insektenarten konnten kleine Eiweißmoleküle (Peptide) mit antimikrobieller Wirkung isoliert werden. Diese AMPs (= antimikrobielle Pepide) töten die Pathogene ab, indem sie die Durchlässigkeit der Zellmembranen verändern. In Laborversuchen zeigten die AMPs Wirkung bei bestimmten Erregern von Gehirnhautentzündung, diabetischen-Fuß-Geschwüren, Akne, und mehrfach resistenten Stämmen von *Staphylococcus aureus* (MRSA), einem gefährlichen Krankenhauskeim. AMPs wurden bisher bei Vertretern verschiedener Insektenordnungen dokumentiert, z. B. Hautflüglern, Wanzen, Zweiflüglern, Schmetterlingen und Käfern. Besonders vielversprechend ist ein AMP aus der Hämolymphe des Asiatischen Harlekin-Marienkäfers, *Harmonia axyridis* (Coccinellidae), das Harmonin, das im Laborversuch die Erreger von Malaria (*Plasmodium falciparum*) und Tuberkulose (*Mycobacterium tuberculosis*) abtötete. Ob die zellwandzerstörenden Eigenschaften von Harmonin auch auf Tumorzellen wirken, wird derzeit untersucht. AMPs aus Insekten stellen eine gute Alternative zu herkömmlichen Antibiotika dar. Klinische Studien (ermöglicht durch entsprechende Investitionen) müssen zeigen, wie AMPs künftig in der Humanmedizin eingesetzt werden können.

18. Was können wir von Insekten lernen? (Bionik)

Welche unserer technischen Probleme haben Insekten bereits (für sich) gelöst?

Insekten haben viele Probleme, die den Menschen vor große Herausforderungen stellen, bereits für sich gelöst. Sie verwenden ausschließlich nachwachsende Rohstoffe, verbrauchen keine fossilen Brennstoffe, sie nutzen Biopolymere statt Kunststoffe, haben empfindlichste Biosensoren entwickelt und das Problem der Miniaturisierung eines Supercomputers (Insektengehirn) gelöst. Insekten sind in der Lage, voll klimatisierte Bauten zu konstruieren, und bedienen sich akustischer Tarnkappen. Spezielle Oberflächenstrukturen ihres Exoskeletts absorbieren oder reflektieren Sonnenstrahlung, sind wasserabstoßend und verhindern die Ansiedlung von Bakterien. Eine Vielzahl raffinierter Haftstrukturen und -mechanismen erlauben rückstandsfreies Anhaften über und unter Wasser. Dieses enorme Potential an Antworten, die Insekten (und andere Organismen) auf die Anforderungen ihrer Umwelt gefunden haben, für den Menschen durch die Entwicklung technischer Lösungen nutzbar zu machen, ist Gegenstand des Wissenschaftszweigs der Bionik. Diese vergleichsweise junge Wissenschaft verbindet Grundlagenforschung (das Verständnis der Prinzipien, auf denen die beobachteten Phänomene beruhen) mit angewandter Forschung in Zusammenarbeit mit nahezu allen technischen Bereichen.

Die hier ausgewählten Beispiele sind ein winziger Ausschnitt der Möglichkeiten, die sich durch das Lernen von Insekten realisieren lassen.

Wie verhilft ein Wüstenkäfer aus Namibia chilenischen Fischern zu sauberem Trinkwasser?

Der Nebeltrinkerkäfer *Onymacris unguicularis* (Coleoptera: Tenebrionidae) hat durch spezielle Feinstrukturen auf den Flügeldecken die Fähigkeit entwickelt, die Luftfeuchtigkeit des Nebels zu kondensieren (siehe Kapitel 8, S. 97). Die gesammelten Wassertröpfchen werden durch feine Lamellen der Mundöffnung zugeleitet. Dadurch kann der Käfer in der Wüste Namib bei fehlendem Oberflächenwasser überleben. Dasselbe Prinzip (Sammlung

Nebelfängeranlage

der winzigen Wassertröpfchen des Nebels an Oberflächen) bildete die Grundlage für die Entwicklung von „Nebelfängern“, ca. 40 qm große, engmaschig gestrickte Netze aus Polyethylen oder Polypropylen, die quer zur Windrichtung aufgestellt werden. Die kanadische gemeinnützige Umweltorganisation FogQuest setzte diese Nebelfängernetze erstmals vor einigen Jahren am Rande der Atacama Wüste in Chile ein, um ein entlegenes Fischerdorf unabhängig von Wassertransporten zu machen. Durch den Aufbau mehrerer Nebelfängernetze kondensierten pro Nebeltag bis zu 11.000 Liter Wasser. Inzwischen werden Nebelfängernetze auch von anderen Organisationen, wie z. B. der Deutschen Wasserstiftung, weltweit zur Wassergewinnung in ariden Gebieten eingesetzt, u. a. in Guatemala, Peru, in mehreren Ländern Afrikas, in Haiti sowie in Israel, in Yemen und Oman. Neben der Trinkwasserversorgung werden Nebelfänger auch bei Wiederaufforstungsprojekten genutzt.

Detail der Netzstruktur einer Nebelfängeranlage mit Kondensationstropfen.

Wie macht der Flügel einer Zikade medinizinische Implantate sicherer?

Der Einsatz medizinischer Implantate ist trotz hoher hygienischer Standards bei medizinischen Eingriffen immer noch mit Risiken behaftet. An den Grenzflächen zwischen den eingesetzten Materialien (z.B. von Gelenkprothesen, Zahnimplantaten, künstlichen Herzklappen, Herzschrittmachern, Stents, Venenkathetern) und körpereigenem Gewebe können sich sogenannte Biofilme bilden. Biofilme bestehen aus einer dünnen Schleimschicht extrazellulären Materials, in die Bakterien eingebettet sind. Der Schleim schützt die Bakterien vor dem körpereigenen Immunsystem. Bei starker Vermehrung der Bakterien, u.a. Staphylokokken und Streptokokken, kann es zu schweren Infektionen kommen, wie z.B. Knochenhautentzündung. Um das Infektionsrisiko zu reduzieren, ist die Entwicklung antibakteriell wirkender Implantatsoberflächen unabdingbar. Die Entdeckung von antimikrobiell wirkenden Oberflächen der Flügel einer Singzikade (Hemiptera: Cicadidae) gab den Anstoß, derartige Strukturen auf den Oberflächen des Implantat-Metalls Titan nachzubilden. Die Oberfläche der Singzikadenflügel weist regelmäßg angeordnete winzige Säulen, die nur ca. 200 Nanometer hoch sind (1 Nanometer = 1 millionstel Millimeter). Die Zellwände der Bakterien, die auf den Nanosäulen „einsinken“ werden dadurch mechanischen Spannungen ausgesetzt und derart beschädigt, dass das Bakterium abstirbt. Anders als bei einer komplett glatten Titan-Oberfläche konnte bei der nach dem Modell des Zikadenflügels modifizierten Oberfläche ein antibakterieller Effekt bei gram-negativen Bakterien wie *Escherichia coli* festgestellt werden. Bei zusätzlicher Beschichtung mit ebenfalls antimikrobiell wirkenden Silberionen (auf Platin statt Titan als Trägermaterial) wurden auch gram-positive Keime wie *Staphylococcus aureus* abgetötet.

Wie können Insekten zur Energiewende beitragen?

Biologisch inspirierte Oberflächenflächenstrukturen verleihen vielen Materialien Eigenschaften, die zu reduziertem Energieverbrauch führen. So sind die Oberflächen von Insektenflügeln vieler Arten superhydrophob, d.h. so gut wie unbenetzbar (siehe Kapitel 9, S. 118). Die Entwicklung von Textilfasern aus abbaubaren Materialien mit entsprechend strukturierten Nanostrukturen könnte die Herstellung von Produkten im Freizeit- und Outdoorbereich (Kleidung, Zelte) revolutionieren, da auf ökologisch problematische Materialien und Beschichtungen verzichtet werden könnte.

Auch die Photovoltaik kann von der Aufklärung von Oberflächenstrukturen bei Insekten profitieren. Die schwarzsamtenen Flügel der Schwalbenschwanz-Art *Pachlioptera aristolochiae* (Lepidoptera: Papilionidae) absorbieren Sonnenlicht über einen weiten Spektral- und Winkelbereich fast vollständig. Untersuchungen ergaben, dass die Oberfläche der Flügelschuppen von winzigen, unregelmäßigen Poren (Durchmesser ca. 300 nm) durchsetzt sind. Im Vergleich mit glatten Oberflächen ergaben Halbleiter, die nach dem Vorbild der Schuppen hergestellt worden waren, ein 90 % höheres Absorptionsvermögen. Sofern es gelingt, die Nanooberflächen großtechnisch herzustellen, um sie in Dünnschichtsolarzellen zu verwenden, stünde eine kostengünstige Alternative zu kristallinen Solarzellen zu Verfügung.

Das Außenskelett der Insekten – Vorbild für Roboteranzüge?

Das Exoskelett der Insekten (und anderer Arthropoden) bietet – im Vergleich mit dem Endoskelett der Wirbeltiere – größeren Schutz der inneren Organe und eine höhere Stabilität (siehe Kapitel 2, S. 10). Seit langem versucht der Mensch, diese Eigenschaften durch temporäre Außenskelette zu erzielen, wie z. B. durch Schutzschilde, Rüstungen oder Orthesen aus Gips oder Kunststoff. Eine interessante und vielversprechende Neuentwicklung stellen die „tragbaren Exoskelette“ dar. Sie bestehen aus dynamisch miteinander verbundenen orthesenähnlichen Elementen aus Karbonfasern und Gurten, die bei einigen Modellen je nach Bedarf sogar von einem integrierten Motor gestrafft werden können. Die mechanische Beanspruchung des Innenskeletts, vor allem der Wirbelsäule, wird dadurch drastisch reduziert und ermöglicht dem Träger oder der Trägerin, auch schwere Lasten mit weitaus geringerem Kraftaufwand anzuheben und zu transportieren. Die tragbaren Exoskelette sind für den Einsatz in der Industrie, der Landwirtschaft, der Logistik aber auch in der Pflege geeignet. Die tragbaren Exoskelette sind bereits im Handel oder zur Ausleihe erhältlich – für einen Betrag im unteren vierstelligen Bereich kann sich ein Mensch – ein bißchen jedenfalls – wie ein Insekt fühlen.

Eine Weiterentwicklung verspricht die Kombination ähnlicher tragbarer Exoskelette mit Methoden der Künstlichen Intelligenz. Einschränkungen in der Bewegungsfreiheit können durch mechanische und KI-gestützte Roboteranzüge kompensiert werden und – allerdings erst in der Zukunft – Rollatoren und Rollstühle ersetzen. Dennoch wird es wohl einem Menschen nicht gelingen, auch nicht mithilfe eines technisch noch so ausgereiften Roboteranzugs, die gleiche Arbeitsleistung zu erbringen wie eine Blattschneiderameise (siehe Kapitel 16, S. 252).

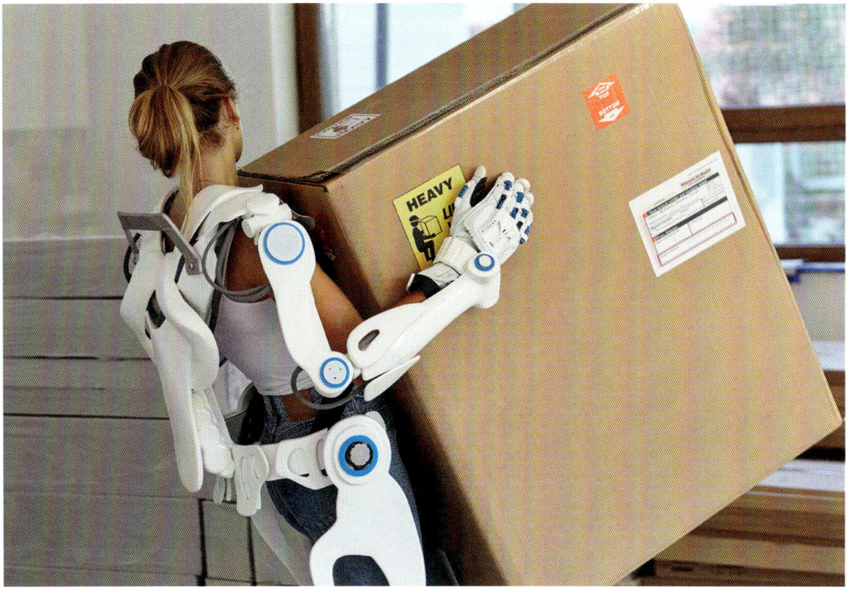

Tragbare Exoskelette („Roboteranzüge“) nach dem Vorbild der Konstruktion des Insektenkörpers. Stützelemente aus Karbonfasern und Gurte reduzieren die Belastung der Wirbelsäule bei hohen Traglasten.

Ist die Architektur der Zukunft von Insekten inspiriert?

Die Anwendbarkeit biologischer Konstruktionen und Prinzipien spielt in der Architektur bereits seit einiger Zeit eine Rolle. So orientiert sich die passive Thermoregulation einiger moderner Gebäude an den Bauten australischer Termiten, dienten Bienenkästen als Vorbild für modulares Wohnen und die Köcher von Köcherfliegen-Larven und den Raupen von Sackträgermotten als Vorbild für minimale und mobile Gehäuse, wie sie in den „*tiny houses*“ verwirklicht sind. Spezielle Oberflächentexturen, die den Strukturen auf den Flügel von Schmetterlingen, z. B. der Kohlbaum-Kaisermotte (siehe Kapitel 15, S. 235) nachempfunden sind, verbessern durch ihre Schallabsorption die Akustik von Gebäuden, und die Gestaltung von Häuserfassaden mit Lamellen, die dem wasserleitenden Lamellen auf dem Panzer des Nebeltrinkerkäfers (siehe Kapitel 8, S. 97) ähneln, bieten Schatten, der mit dem Sonnenstand wandert.

Wie können die Flügeldecken eines Käfers vor Erdbebenschäden schützen?

Die Stabilität von Gebäuden in Gebieten mit erhöhter Erdbebengefahr stellt die Architektur vor große Herausforderungen. Erschütterungen in verschiedenen Richtungen und die damit einhergehenden Scherkräfte führen oft zur Destabilisierung von Strukturen aus herkömmlichen Baumaterialien. *Nosoderma diabolicum*, ein Laufkäfer (Carabidae) aus dem Südwesten der USA, vereint durch eine spezielle Konstruktion seiner Flügeldecken Festigkeit und Biegsamkeit und ist in der Lage, enorm hohe Belastungen auszuhalten, nämlich bis zum 39.000fachen seines Körpergewichts. Bei einem 100 kg schweren Menschen entspräche das 3.900 Tonnen. Die beiden hartschaligen Flügeldecken sind flexibel miteinander verfalzt, sodass sie unter Belastung nicht brechen, sondern die auf sie einwirkenden Kräfte abfedern. In seinem natürlichen Lebensraum dient die spezielle Konstruktion seiner Flügeldecken dem flugunfähigen Käfer dem Schutz vor Feinden und vor Austrocknung. Konstruktionen nach dem Vorbild der Käferflügeldecken sind nicht nur für die Konstruktionen von Gebäuden denkbar, sondern ließen sich auch in der Luft- und Raumfahrt nutzen.

Liefern Insekten ein Vorbild für den natürlichen Sonnenschutz von Gebäuden?

Seit kurzem ist es möglich, das auch bei Insekten reichlich vorkommende Pigment Melanin synthetisch herzustellen. Die Einlagerung von Melanin in Glasfassaden böte einen Schutz vor UV-Strahlung und Überhitzung von Gebäuden. Durch den verstärkten Einsatz neuartiger Materialien aus Biopolymeren (siehe nächste Frage), wird es der Architektur gelingen, eine größere Nachhaltigkeit von Gebäuden zu erreichen.

Wie kann der Mensch mit Insekten kooperieren?

Einen vielversprechenden Ansatz verfolgt eine Arbeitsgruppe („Mediated Matter group“) am Massachussetts Institute of Technology (MIT), die sich mit der Ökologie von Materialien beschäftigt. Das erklärte Ziel der Arbeitsgruppe ist es, vollständig abbaubare Materialien zu entwickeln, bzw. bereits in der Natur vorhandene Materialien, also z. B. Biopolymere wie Cellulose, Chitosan und Pektin, so zu kombinieren, dass sie Kunststoffe vollständig ersetzen können.

Im Projekt „Silk Pavillon“ (Seidenpavillon) werden Möglichkeiten der Kooperation von Menschen und Insekten bei der Konstruktion dreidimensionaler Strukturen untersucht. Oben: Ansicht des vollendeten Seidenpavillons und Begleitausstellung zur Forschung der Mediated Matter Group, am MIT (Massachusetts Institute of Technology), Cambridge, Massachusetts, USA. Unten: Blick durch eine der Öffnungen ins Innere des Pavillons während des Aufbaus durch die Seidenraupen

Eine Raupe des Seidenspinners *Bombyx mori* legt einen Seidenfaden auf die computergenerierte Gerüststruktur.

Für die Errichtung des „Seidenpavillons" wurden lebende Raupen des Seidenspinners mithilfe eines Gerüsts, der Primärstruktur, dazu gebracht, aus ihren Spinnfäden gemeinsam eine kuppelförmige Struktur, zu errichten. Zuerst wurden die Elemente des Gerüsts, 26 polygonale Platten, aus Seidenfäden mithilfe einer 3D-Drucker-artigen Maschine gefertigt und zu einer Kuppel zusammengefügt. Anschließend wurden 6.500 Raupen am unteren Rand der Kuppel ausgebracht, von wo aus sie – durch variierende Beleuchtung und wechselnde Temperatur geleitet – quasi als „biologische 3D-Drucker" das Gewebe der primären Struktur verdichteten. Jede Raupe produzierte dafür einen ca. 1 km langen Seidenfaden. Nach der Verpuppung wurden die Tiere vom Pavillon entfernt und durften sich zu erwachsenen Tieren entwickeln. Die aus ihnen hervorgehenden Schmetterlinge könnten theoretisch 1,5 Millionen Eier produzieren, und die wiederum daraus hervorgehenden Erwachsenen 250 weitere Pavillons produzieren.

Die Idee, Biologie und Technik zu vereinen, ohne dabei die Raupen – wie bei der Seidenproduktion – zu töten, könnte der Architektur wichtige Impulse geben. Die Utopie, dass Mensch und Tier *gemeinsam* etwas erschaffen können, rückt damit in den Bereich des Machbaren.

19. Welche Insektenprodukte sind wichtig für den Menschen?

In unserem Alltag begegnen uns die Produkte von Insekten sehr viel öfter als wir uns dessen bewusst sind. Honig, Wachse, Seide, Lacke, Farbstoffe und chitinbasierte Polymere sind u. a. in Lebensmitteln, Kosmetika, Arzneien, in Textilien und Beschichtungen verschiedener Materialien enthalten. Einige Insektenprodukte haben eine ganz besondere Rolle in der Kulturgeschichte des Menschen gespielt (siehe auch Kapitel 21).

Honig – mehr als ein Brotaufstrich?

Der Grundstoff des Honigs sind zuckerhaltige Flüssigkeiten, entweder Nektar von Pflanzen oder Honigtau, also die Ausscheidungen von Blatt- und Schildläusen. Honig, der hohe Anteile von Honigtau enthält, wird als Waldhonig bezeichnet.

Die Honigproduktion beginnt mit der Aufnahme von Nektar durch die Bienen-Arbeiterinnen. Sie lagern die Flüssigkeit in ihrem blasenförmigen Honigmagen ein, der vor dem eigentlichen Darm liegt, und versetzen sie mit Enzymen aus speziellen Futtersaftdrüsen. Diese spalten langkettige Kohlenhydrate in kurzkettige Kohlenhydrate wie Glukose und Fruktose. Bei der Rückkehr der Sammelbienen in den Bienenstock wird der noch unfertige Honig an Stockbienen weitergegeben, die ihn mehrfach aufnehmen und wieder abgeben. Während dieses Prozesses werden dem Honig weitere Enzyme zugegeben. Dabei entstehen bestimmte Stoffe (Inhibine), die das Wachstum von Hefen und Bakterien hemmen. Die anfangs recht wässerige Flüssigkeit wird während des Reifeprozesses eingedickt; fertiger Honig enthält weniger als 20 % Wasser.

Honig wird nur produziert, wenn der Eintrag der Sammlerbienen den Eigenbedarf für Ernährung des Volkes und der Aufzucht der Brut übersteigt. Der Honig wird zur Bevorratung in Lagerzellen eingelagert, die anschließend mit einem Wachsdeckel verschlossen werden. Die antibakteriellen Eigenschaften des Honigs bleiben nur dann erhalten, wenn der Honig nicht über 40 °C erhitzt wird. Dadurch wird vor allem die Aktivität des Enzyms Glukose-Oxidase gewährleistet, welches das antibakteriell wirksame Wasserstoffperoxid produziert. Es unterdrückt die Vermehrung u. a. der Bakterien *Pseudomonas aeruginea* und *Staphylococcus aureus*, die bei Erkältungskrankheiten, bei Lungenentzündung und bei Sepsis auftreten können und teilweise gegen viele herkömmliche Antibiotika resistent sind.

Neben Nektar enthält Honig auch Pollen. Dieser gelangt entweder direkt mit der Nektaraufnahme in den Honig, oder im Stock bei der Einlagerung, oder sogar erst beim Schleudern durch die gleichzeitige Entleerung der Pollenzellen. Pollen gilt als Nahrungsergänzungsmittel und wird als „*Superfood*" gepriesen: Er enthält essentielle Aminosäuren, Mineralien (v. a. Kalium), verschiedene Vitamine und Antioxidantien. Die Eiweißbestandteile können allerdings auch als Allergene wirken, wodurch Honig für bestimmte Personengruppen nicht oder nur bedingt geeignet ist. Auch Kinder unter 12 Monaten sollten keinen Honig konsumieren, da er als Naturprodukt Sporen des Bakteriums *Clostridium botulinum* enthalten kann. Diese produzieren lebensgefährliche Gifte im Darm der Säuglinge, die noch keinen Schutz gegen die Sporen entwickelt haben.

Honig wurde vermutlich schon in der jüngeren Altsteinzeit bzw. dem Übergang zur Mittelsteinzeit gesammelt und verzehrt. Eine Felsmalerei in einer Höhle bei Valencia (Spanien), deren Entstehung auf den Zeitraum zwischen 10.000 und 6.000 Jahre v. Chr. datiert wird, zeigt ein Mädchen beim Sammeln von Honig aus Nestern wildlebender Bienen. Als Erste domestizierten vermutlich die Ägypter die Honigbiene. Ein 2.500 Jahre altes Relief bildet die Haltung von Bienen in Tonröhren ab. Honig wurde u. a. an die Skarabäen der Pharaonen verfüttert. Nach einer altägyptischen Legende stammt Honig aus den Tränen tugendhafter Pharaonen. Im antiken Griechenland erlebte die Bienenzucht einen Höhepunkt. Honig galt als Luxusprodukt und wurde für die Zubereitung von Speisen und Süßigkeiten verwendet. In Griechenland, dem arabischen Kulturkreis und in Indien war und ist Honig ein Symbol für Fruchtbarkeit und ewige Jugend. Auch heute noch werden z. B. in Griechenland bei Hochzeiten traditionelle Speisen aus Honig, Nüssen und Milch gereicht, und Süßigkeiten an die Hochzeitsgäste verteilt. Honig galt außerdem seit der Antike als Heilmittel: so empfahl bereits der berühmte Arzt Hippokrates (460–370 v. Chr.) Honig für die Behandlung verschiedener Krankheiten, und von dem Mathematiker und Philosophen Pythagoras (570–510 v. Chr.) ist überliefert, dass er täglich Honig verzehrte, da er glaubte, Honig schütze vor Krankheiten.

Auch im Mittelalter, und bis in die Neuzeit, war Honig zum Süßen von Speisen äußerst begehrt. Zucker wurde erst im 19. Jahrhundert mit dem Anbau der Zuckerrübe und der industriellen Zuckerherstellung für alle Bevölkerungsschichten verfügbar. Im Mittelalter entwickelte sich ein eigener Beruf um die Gewinnung von Honig: der Zeidler. Zeidler sammelten Honig von wildlebenden Bienen aus hohlen Baumstämmen; später wurden die entsprechenden Baumstücke herausgeschnitten und im Bereich der Wohnhäuser aufgestellt („Klotzbeute"). Im Laufe der Zeit wurden die Baumstücke durch Körbe ersetzt, die man wildlebenden Bienen als Unterkunft bot. Im 14. Jahrhundert bildete sich in Bayern die Zunft der Zeidler. Sie genoss hohes Ansehen, weil sie – außer Honig – auch als einzige Zunft Wachs lieferte, das für die Kerzenherstellung gebraucht wurde. Der Einsatz von Kerzen spielt in christlichen Gottesdiensten als Symbol für das Licht, das Christus in die Welt gebracht hat, eine zentrale Rolle. Entsprechend unterhielten viele mittelalterliche Klosteranlagen eigene Imkereien.

Bis heute ist „Zeidler" ein weitverbreiteter Nachname, am häufigsten in Deutschland, aber auch in den klassischen Auswandererzielen wie den USA, Kanada, Brasilien und Australien.

Außer als Nahrungs- und Heilmittel fand Honig seit der Antike Verwendung als Konservierungsmittel. Die konservierende Wirkung des Honigs beruht auf seiner austrocknenden Wirkung durch geringen Wassergehalt, seinem niedrigen pH-Wert und den enthaltenen antibiotisch wirkenden Substanzen. Auch heute noch werden im Mittelmeergebiet nicht nur Früchte, sondern auch Gemüse, vor allem Tomaten, in Honig eingelegt und konserviert. Von Alexander dem Großen, dem ebenso berühmten wie umstrittenen König von Makedonien (356–323 v. Chr.) ist überliefert, dass sein Leichnam – in Honig konserviert – in einem Sarkophag von Babylon (wo er bei der Vorbereitung eines Feldzuges zur Einnahme der Arabischen Halbinsel unter mysteriösen Umständen gestorben war) nach Ägypten transportiert und in Alexandria bestattet wurde. Im 1. Jahrhundert v. Chr. wurde der steinerne Sarkophag durch einen gläsernen ersetzt, sodass der Leichnam Alexanders besichtigt werden konnte. Die konservierende Wirkung hielt also offenbar mehr als 250 Jahre an.

Eine für uns etwas bizarr anmutende Verwendung von Honig ist die sogenannte Mellifikation. Dabei handelt es sich um eine (über die reine Konservierung hinausgehende) Mazeration (= Aufweichung von Geweben in Flüssigkeiten) von menschlichen Leichnamen in Honig. In Textsammlungen über die Wirkungen von Arzneimitteln der Traditionellen Chinesischen Medizin werden mellifizierten Leichen Heilwirkungen, z. B. bei Knochenbrüchen, zugeschrieben. Nach dem Bericht eines chinesischen Apothekers aus dem 16. Jahrhunderts sollte der Prozess der Mellifikation bereits zu Lebzeiten beginnen: eine dem Tode nahe Person, die sich der Mellifikation unterziehen wollte, sollte in Honig baden und sich ausschließlich von Honig ernähren. Nach dem Tod sollte der Körper dann für ca. 100 Jahre in einem steinernen Sarkophag in Honig eingelegt werden. Ob die Mellifikation tatsächlich praktiziert wurde, ist nicht belegt.

Warum ist Seide so kostbar?

Zahlreiche Arthropoden-Arten produzieren Seidenfäden, die verschiedenen Funktionen dienen, z.B. bei Spinnen zum Bau ihrer Netze, bei Insekten u.a. zum Anheften auf der Unterlage oder zum Bau temporärer Behausungen (z.B. die Larven der Köcherfliegen, Trichoptera), oder zur Herstellung von Kokons, in denen sich die Larve verpuppt (zahlreiche Schmetterlingsgruppen). Die Seidenfilamente werden in modifizierten Speicheldrüsen (Labialdrüsen) produziert, die mit einer gemeinsamen Öffnung am Unterkiefer (Labium) münden. Diese Seide ist die einzige in der Natur vorkommende Endlosfaser; sie besteht aus Protein, und zwar zu 70–80 % aus Fibroin, das die Filamente bildet, und zu 20–30 % aus Sericin, dem Seidenleim, der die Filamente zusammenhält. Für die kommerzielle Seidenherstellung werden vor allem Raupen des Maulbeerspinners, *Bombyx mori* (Bombycidae) verwendet; auch aus den Raupen von weiteren 15 Arten wird Seide gewonnen, die aber wirtschaftlich kaum Bedeutung haben. Bei der Verpuppung legt die Seidenraupe einen Faden von ca. einem Kilometer Länge in ungefähr 300.000 Windungen um sich herum. Der Kokon ist ungefähr eiförmig, ca. 2,5 cm lang und hat einen Durchmesser von ca. 1,5 cm. Zur Gewinnung der Seide werden die Raupen vor dem Schlüpfen durch heißes Wasser abgetötet, damit der Kokon intakt bleibt. Durch das heiße Wasser lösen sich die Filamente des Kokons voneinander, und jeweils 3–8 Filamente werden zusammen abgewickelt („abgehaspelt“) und ergeben einen Faden. Die Verarbeitung von 3.000 Kokons (das bedeutet 3.000 abgetötete Raupen!) ist nötig, um 250 g Seidenfaden zu erhalten. Um Seidengarne herzustellen, werden mehrere Seidenfäden

Der Seidenspinner *Bombyx mori*, Imago

Puppe des Seidenspinners in geöffnetem Kokon

Seidenspinnereibetrieb in Shanghai, China

Dehnen der Puppenkokons des Seidenspinners *Bombyx mori* durch Aufziehen auf zunehmend größere Bügel

Zusammenfügen der Seidenlagen (jeweils aus einem Kokon gefertigt) zu einer Decke

miteinander verzwirnt. Im Seidenfaden sind die Fibroin-Moleküle parallel angeordnet – der für Seide typische Glanz entsteht bei der Reflexion des Lichts an den unterschiedlichen Schichtungen. Durch verschiedene Webverfahren und Behandlungen werden unterschiedliche Seidenqualitäten erzielt. In den letzten Jahren wurden durch moderne Techniken der Molekularbiologie modifizierte „Seidengene" zwischen verschiedenen Arten transferiert, um neuartige Eigenschaften, wie z. B. fluoreszierende Varianten, zu erhalten.

Die Abbildungen auf Seiten 277/278 zeigen die Herstellung von Seidendecken in Shanghai, China. Die Gewinnung der Kokons erfolgt in riesigen industriellen Zuchtanlagen. Die einzelnen Kokons werden über immer größeren Bügeln gedehnt, bis sie die Größe der geplanten Decke erreicht haben. Hier stapeln vier Frauen vorsichtig Seidenlage auf Seidenlage, bis die gewünschte Dicke erreicht ist. Hochqualitative Decken benötigen nur Steppungen am Außenrand; Decken minderer Qualität bestehen aus versetzt gestapelten kleineren Seidenlagen, benötigen aber Steppungen auf der Fläche.

Seide wurde vor ca. 5.000 Jahren erstmals in China hergestellt und entwickelte sich bald zu einem wichtigen Wirtschaftszweig (siehe Kapitel 21, S. 294f). Noch heute ist China der größte Seidenproduzent (ca. 400.000 t/Jahr), das entspricht ungefähr 60 % der weltweiten Produktion, gefolgt von Indien mit ca. 160.000 t/Jahr). Der drittgößte Seidenproduzent ist Usbekistan mit 18.000 t/Jahr.

Aus der Schilderung der Gewinnung von Seide aus Seidenraupen wird deutlich, dass es sich um einen komplizierten und arbeitsintensiven Prozess handelt, der sowohl technisches Know-how als auch den hohen Einsatz von menschlicher Arbeitskraft erfordert. Es verwundert daher nicht, dass das Luxusgut Seide vor allem in Niedriglohnländern hergestellt wird, um es für die internationalen Märkte überhaupt lukrativ zu machen. In der Vergangenheit gab es immer wieder Versuche, die Seidenproduktion in Europa einzuführen (siehe Kapitel 21, S. 295).

Welche Rolle spielt Seide in der Medizin?

Außer in der Textilherstellung hat Seide vor allem in der Medizin große Bedeutung erlangt. Bevor synthetisches Nahtmaterial entwickelt wurde, wurden chirurgische Nähte mit der Seide des Seidenspinners angelegt. Fibroin Filamente bilden als subkutane Implantate das Gerüst für den Knochenaufbau nach Verletzungen. Sericin, der „Seidenleim", ein gummiartiges Gel, das bei der Seidenproduktion keine Verwendung findet, ist ein wertvoller Grundstoff für verschiedene Anwendungen in der Medizin und in der Kosmetik. Aufgrund seiner Eigenschaften – feuchtigkeitsbindend, antioxidierend, antibakteriell – wird Sericin Produkten zur Hautpflege, die der Hautalterung entgegenwirken sollen, zugesetzt. In Südostasien ist die Einnahme von Sericin-Präparaten zur Heilung von Geschwüren verbreitet, vor allem von Magengeschwüren infolge exzessiven Alkoholkonsums. Im Experiment reduzierte die Einnahme von Sericin die Wahrscheinlichkeit von Darmkrebs bei Mäusen, denen eine krebserregende Substanz verabreicht worden war. Ebenfalls bei Mäusen bot Sericin durch Reduktion der schädlichen UVB-Strahlung einen Schutz vor Hautkrebs. Kommerzielle Anwendungen von Sericin-Aufbereitungen sind vor allem Medien zur Zellkultur. Sericin stimuliert die Vermehrung von Knochen-, Knorpel- und Bindegewebszellen und wird daher bei der Gewebsrekonstruktion eingesetzt, u. a. bei chronischen Wunden und nach Verbrennungen. Dabei konkurriert Sericin nicht mit den regenerierenden Geweben, nach erfolgter Rekonstruktion wird Sericin vollständig abgebaut.

Was verbindet eine Schildlaus mit Caruso?

Ohne die Tätigkeit der Schildlaus *Kerria lacca* (Hemiptera: Kerriidae) hätte der Opernsänger Enrico Caruso (1873–1921) vermutlich nie seinen legendären Ruhm erlangt. Nur durch Schallplatten aus Schellack konnte offenbar die hohe Klangqualität erreicht werden, die seiner Stimme gerecht wurde. Schellack ist eine harzige Substanz, die aus den Ausscheidungen der Lackschildlaus gewonnen wird. Die Weibchen von *Kerria lacca* sind flügellos und leben in Kolonien. Sie saugen Phloemsaft aus der Rinde junger Zweige bestimmter Baum-Arten, wobei sie auch das Harz der Wirtspflanze aufnehmen. Dieses scheiden sie über ein Sekret wieder aus. Die Ausscheidungen bilden an der Oberfläche der Zweige feste Krusten, den Schellack. Die Art ist in Südamerika und Südostasien verbreitet; in der Paläarktis kommt sie in Georgien und Aserbaidschan vor. *Kerria lacca* ist mit der Cochenille-Schildlaus verwandt (siehe unten), und auch ihr Sekret enthält Farbstoffe, die allerdings schwerer zu verarbeiten sind als die der Cochenille-Schildlaus. Sie werden hauptsächlich zum Färben von Leder verwendet. Die Sekrete von 300.000 Tieren ergeben 1 kg Schellack. Vor allem Indien ist ein wichtiger Produzent (18.000 t/Jahr). Zur Herstellung von Schallplatten wurde Schellack bis in die 1940er Jahre, in Deutschland bis Ende der 1950er Jahre eingesetzt, dann wurde das Material von Vinyl abgelöst. Heute findet Schellack bei der Nahrungsmittel- und Kosmetikindustrie Verwendung, und zwar als Überzugsmittel für Süßigkeiten wie Schokolinsen, Kaugummi, dunkle Schokolade, Kaffeebohnen und Zitrusfrüchte, aber auch für Dragees und Nahrungsergänzungsmittel; unter den Kosmetika kann Schellack in Gel-Nagellacken und Haarspray enthalten sein. Alle Waren, die den Zusatzstoff E 904 enthalten, sind daher nicht vegan.

Welches Insekt produziert das perfekte Rot?

Rot, die Farbe des Blutes, der Sonne und des Feuers, wird seit jeher mit heftigen Emotionen assoziiert: Liebe, Leidenschaft, aber auch Wut, Hass und vor allem Macht. Rote Farbstoffe spielen daher in vielen Kulturen eine bedeutende Rolle. In der Natur kommt Rot in Eisen- und Kupferoxiden vor. Unter den Farben tierischer Herkunft nimmt Karmin, oder Karmesin, eine Sonderstellung ein. Karmin ist ein roter Farbstoff, der sich durch hohe Lichtechtheit auszeichnet. Sein Hauptbestandteil ist die Karmesinsäure, ein Anthrachinon. Karmin wird von Schildläusen (Hemiptera: Coccidae) erzeugt und dient den Tieren zur Abwehr von Fressfeinden, insbesondere Ameisen. Die Cochenille-Schildlaus, *Dactylopius coccus*, lebt an Feigenkaktus

Weibchen und Larven der Cochenille Schildlaus *Dactylopius coccus* (Coccidae)

Schildläuse und ihre Wachsausscheidungen an Feigenkaktus (*Opuntia*)

Absammeln der Schildläuse

(*Opuntia*) – Arten. Ihr natürliches Verbreitungsgebiet ist Mittel- und Südamerika. Zur Farbstoffgewinnung werden die Weibchen, die ungefähr halb so groß wie eine Blaubeere sind, von den Pflanzen abgesammelt und getrocknet. Ein Kilogramm dieser getrockneten Schildläuse ergeben 50 g Karmin. Zur Gewinnung von 1.000 g Farbstoff werden mehrere 10.000 Tiere benötigt.

Die getrockneten Schildläuse zur Herstellung von Karminfarbstoff werden in Gläsern verkauft.

Seit der Entwicklung synthetischer Farbstoffe ab der 2. Hälfte des 19. Jahrhunderts nahm die Bedeutung von Karmin stark ab. Es wird allerdings heute noch als roter Farbstoff (als E120 gekennzeichnet) in Lebensmitteln (Süßigkeiten, Quarkspeisen, Fruchtzubereitungen, Tortenguss, früher auch in Campari und Gummibärchen), Kosmetika (z. B. seit der Antike in Lippenstift) und Textilien verwendet. E120 ist nicht vegan und kann Allergien auslösen.

Durch Karminfärbung erzielte Farbnuancen

Der Stoff, aus dem Insekten sind – was ist Chitosan?

Chitosan wird aus Chitin gewonnen, das außer in Insekten auch bei Krebstieren und Pilzen vorkommt. Chitin ist nach Cellulose das zweithäufigste Polymer in der Natur. Chitosan wurde erstmals Mitte des 19. Jahrhunderts hergestellt, indem Chitin mit Kalilauge gekocht wurde. Chitosan ist ein zäher, farbloser Stoff, der unter den Biopolymeren einzigartige Eigenschaften hat: Er ist wasserunlöslich, zeigt eine gute Löslichkeit in Säuren, aber schlechte Löslichkeit im neutralen oder alkalischen pH-Bereich. Aufgrund seiner Eigenschaften findet Chitosan Verwendung in vielen Bereichen. Chitosan wirkt blutstillend und antimikrobiell, und wird in der Medizin z.B. als künstliches Hautgewebe eingesetzt, aber aufgrund der guten Abbaubarkeit auch als degradierbares Füllmaterial in der Orthopädie und der Zahnheilkunde, und Röhrchen aus Chitosan („Schienen“) unterstützen die Nervenregeneration. Chitosan bindet Fette und gilt als „Fettblocker“ in Nahrungsergänzungsmitteln. In der Arzneimittelindustrie wird Chitosan zur Mikroverkapselung von pharmakologischen Wirkstoffen verwendet, um deren gezielte Freisetzung zu gewährleisten. In der Landwirtschaft dient Chitosan der Beschichtung von Saatgut, und in der Papierindustrie der Beschichtung von Kopier- und Fotopapier, aber auch der Beschichtung von Textilien. Technische Anwendungen sind u.a. der Einsatz von Chitosan in Filteranlagen (Luft, Abwasser). Chitosan kann für das Entfernen von Ölen eingesetzt werden. Aufgrund der hohen Wasserrückhaltefähigkeit eignet sich Chitosan als Emulgator, um Naturwachse und -öle wasserverdünnbar zu machen, was deren Trocknungszeit erheblich verkürzt. Bei vielen Anwendungen kann Chitosan Cellulose ersetzen, deren Herstellung ökologisch problematisch ist. Bisher wird Chitosan im industriellen Maßstab aus den Schalen eines Krebstieres, der Eismeerkrabbe *Pandalus borealis*, gewonnen, aber es ist denkbar, dass in Zukunft Insekten als Quelle für die Chitosanherstellung an Bedeutung gewinnen (siehe Kapitel 20).

20. Sind Insekten eine vielversprechende Nahrungsquelle für die Zukunft?

Im Jahr 2050 werden laut einer Prognose der UNO 9,7 Milliarden Menschen auf der Erde leben. Um den enorm wachsenden Bedarf an proteinreichen Lebensmitteln zu decken, ohne den Druck auf die Umwelt durch noch höhere CO_2-Emissionen infolge stetig intensivierter Massentierhaltung zu verstärken, bedarf es alternativer Nahrungsquellen und Technologien. Insekten sind dank der vergleichsweise einfachen Aufzucht vieler Arten, ihres hohen Proteinertrags und ihres geringen CO_2-Abdrucks eine der Optionen.

Werden Insekten das Fleisch auf unseren Tellern ablösen?

Insekten gelten in vielen Kulturen als wertvolle und preiswerte Eiweißquelle und sind regelmäßiger Bestandteil der Nahrung von Millionen Menschen vor allem in Afrika, Asien, Australien und Lateinamerika. Einige Insektenarten sind sogar durch Überbesammlung für Nahrungszwecke vom Aussterben bedroht. Die Gewebe von Insekten sind reich an Proteinen, enthalten aber auch Mineralstoffe wie z. B. Calcium, Phosphor, Magnesium sowie Spurenelemente wie Eisen, Zink, Kupfer und Vitamine der B-Gruppe wie Thiamin, Riboflavin und Niacin. Die Zubereitungsarten sind vielfältig, meist werden die Insekten in Öl gebraten oder frittiert. Der Verzehr von 100 g Insekten entspricht 15–20 % der täg-

Links oben: Das Essen von Insekten ist in vielen Kulturen verbreitet. Unten: Heuschrecken – appetitlich angerichtet.

Vielfältiges Insektenangebot auf einem Markt in Asien.

lich benötigten Energiemenge eines Menschen, und 20–25 % der täglich erforderlichen Proteinmenge. Der tägliche Bedarf an den genannten Spurenelementen wird durch dieselbe Menge mindestens gedeckt. Bei einigen Naturvölkern macht Insektenprotein sogar bis zu 10 % der Menge des jährlich konsumierten tierischen Proteins aus. Besonders beliebt sind die Raupen von Schmetterlingen, wie z. B. des *Mopane*-Falters im südlichen Afrika, Käferlarven, Grillen, Heuschrecken, Larven und adulte Tiere von Singzikaden sowie Termiten und Ameisen, insbesondere Honigtopf-Ameisen. In Südostasien werden die erwachsenen Tiere von Riesenwasserwanzen (Belostomatidae) entweder gebraten und im Ganzen gegessen oder als „Gewürzbeutel" verwendet – das geschlechtsspezifisches Duftdrüsensekret der Männchen verleiht bestimmten Gerichten ein charakteristisches Aroma, das offenbar dem von Gorgonzola ähnelt.

Auch in westlichen Gesellschaften lässt sich ein Trend zur Entomophagie beobachten, der allerdings (noch) eine untergeordnete Rolle bei der Deckung des Grundbedarfs an Nährstoffen spielt, sondern eher den Charakter einer Mode-Erscheinung hat. Das war nicht immer so. Im Jahr 1688 mussten sich die Einwohner der irischen Grafschaft Galwan von Maikäfern ernähren, um eine Hungersnot zu überstehen, und bis zur Biedermeierzeit, also bis Mitte des 19. Jahrhunderts, waren Insekten auch in Mitteleuropa regelmäßiger Bestandteil der Ernährung. So war Maikäfer-Suppe in einigen Regionen Frankreichs und Deutschlands (Hessen) verbreitet. Aus dem Jahr 1925 stammt eine Notiz aus der Fuldaer Zeitung: „*Unsere Studenten essen die Maikäfer ganz roh, ganz wie sie sind und nicht wenige ohne den geringsten Nachteil. In vielen Konditoreien sind sie verzuckert zu haben, und man ißt sie kandiert in Tafeln zum Nachtisch.*" Durch den wirtschaftlichen Aufschwung in der 2. Hälfte des 20. Jahrhunderts, und dem einhergehenden gesteigerten Fleischkonsum gerieten Insekten als Proteinquelle fast völlig in Vergessenheit.

Die Larven des Mehlkäfers („Mehlwürmer") *Tenebrio molitor* sind proteinreich und schmecken leicht nussig.

Der Verzehr roher Insekten ist allerdings medizinisch nicht ganz unbedenklich, da die Gefahr der Übertragung von Parasiten besteht, die auch für Menschen pathogen sind (siehe Kapitel 17, S. 259).

Mit gesundheitlichen Risiken behaftet ist auch der Verzehr einer Käsespezialität aus Sardinien, dem *Casu Marzu*. Der Schafskäse erhält seine spezifische cremige Konsistenz und sein kräftiges Aroma durch die Verdauungsfermente der Larven der Käsefliege, *Piophila casei* (Diptera: Piophilidae), die sich in den Käse-Laiben entwickeln – und mitgegessen werden. Gaumenzeugen berichten von einem „Prickeln" auf der Zunge (vermutlich ausgelöst durch die Verdauungsfermente der Maden) und einem intensiv würzig-scharfen Geschmack. Die Maden sind teilweise resistent gegen Magensäure und können das Magengewebe schädigen. Entsprechend sind Produktion und Vertrieb von Casu Marzu seit 2005 nach EU-Lebensmittelrecht verboten.

Die Zukunft wird zeigen, ob sich Entomophagie auch in westlichen Gesellschaften zu einer echten Alternative zum Fleischkonsum entwickeln wird. Noch empfinden viele Menschen Widerwillen oder gar Ekel bei der Vorstellung, Insekten zu verzehren. Allerdings sei daran erinnert, dass noch vor wenigen Jahren etwa roher Fisch dieselben Emotionen auslöste. Heute jedoch sind Sushi, Ceviche und Poke weit verbreitete und beliebte Speisen. In den USA, wo es regelmäßig zu Massenauftreten von Singzikaden kommt (siehe Kapitel 14, S. 220), scheint sich dieser Imagewandel bereits anzubahnen. Dort werden die Tiere – glutenfrei, reich an Protein, dabei arm an Fett und Kohlehydraten – bereits als Teil einer modernen, gesunden Küche angesehen. Auch in Europa stehen die Zeichen günstig für die Entomophagie. Im Mai 2021 stimmten die Länder der Europäischen Gemeinschaft dem Vorschlag zu, dass getrocknete gelbe Mehlwürmer, also die Larven des Mehlkäfers *Tenebrio molitor* (Coleoptera: Tenebrionidae), künftig als Snack oder Zutat verwendet werden dürfen. Somit hat erstmals ein Insekt in der Europäischen Gemeinschaft die Zulassung als Lebensmittel erhalten.

Können Insekten eine nachhaltigere Produktion von Fleisch gewährleisten?

Neben der direkten Bereicherung des menschlichen Speiseplans stellen Insekten eine alternative Proteinquelle für die Ernährung unserer Nutztiere dar. Um den Bedarf der wachsenden Weltbevölkerung an tierischem Protein auch in Zukunft zu decken, bedarf es der Erschließung neuer Proteinquellen und nachhaltigere Methoden der Tierzucht, v. a. von Schweinen, Geflügel und Fisch. Die Erzeugung konventionell eingesetzter Futtermittel, v. a. Sojamehl, nimmt Ackerland in Anspruch – eine Ausweitung der Produktion ist aufgrund limitierter Ackerfläche nur bedingt möglich. Insekten können jedoch ackerlandunabhängig gezüchtet werden. Vor allem Arten, die sich saprophag, also von totem, organischen Material ernähren, sind in der Lage, Abfälle in hochwertige, d. h. proteinreiche Rohkomponenten für die Futter- und Lebensmittelindustrie zu verwandeln. Insekten gehören ohnehin zum natürlichen Nahrungsspektrum von Fischen, Vögeln und Schweinen. Seit 2017 sind sieben Insektenarten in der EU – vorerst für Fischfutter – zugelassen; ebenso sind die erlaubten Nährsubstrate genau geregelt. Folgende Insekten-Arten wurden als besonders vielversprechend für die Produktion von Futtermitteln identifiziert: Die Schwarze Soldatenfliege, *Hermetia illucens* (Diptera: Stratiomyidae, Waffenfliegen), die Hausfliege, *Musca domestica* (Diptera: Muscidae), der Mehlkäfer, *Tenebrio molitor* (Coleoptera: Tenebrionidae), und die Hausgrille, *Acheta domesticus* (Orthoptera: Gryllidae). Die Zucht dieser Arten ist resourcenschonend, wie die folgenden Beispiele zeigen.

Die Maden der aus tropischen und subtropischen Regionen stammenden Schwarzen Soldatenfliege sind bei Temperaturen über 28 °C Dauerfresser und können ihr Initialgewicht innerhalb von ca. zwei Wochen um das Hundertfache erhöhen. Die Larven

Die Waffenfliege (Stratiomyidae) *Clitellaria ephippium*, Imago. Die Larven einer verwandten Art, der Schwarzen Soldatenfliege, *Hermetia illucens*, gelten als vielversprechende Futterquelle für die Viehzucht.

Larven der Schwarzen Soldatenfliege.

der Hausfliege sind in der Lage, sogar Hühnermist und andere Abfälle zu verwerten. Die Larven des in Europa heimischen Mehlkäfers (die Mehl"würmer") entwickeln sich bei 18–25 °C und sind omnivor, fressen also tierisches und pflanzliches Material und sind damit geeignet, Abfälle aus der Lebensmittelindustrie zu verwerten. Aufgrund ihres Gehalts an antimikrobiellen Peptiden, AMPs (siehe Kapitel 17, S. 263), überleben diese Arten in Substraten mit hoher Keimbelastung (durch Bakterien, Viren, und Pilze). Die AMP-Produktion ist substratabhängig – so konnte gezeigt werden, dass Salmonellen und *E. coli* Bakterien in Hühner- und Rindermist sowie in menschlichen Fäkalien in Anwesenheit von Soldatenfliegenlarven unterdrückt werden. Ein weiterer Vorteil des Einsatzes von Insekten als Tierfutter ist die Tatsache, dass die dafür geeigneten Arten sowohl in Kleinbetrieben als auch im Industriemaßstab gezüchtet werden können. Es ist also eine Frage der Zeit, bis Insektenprotein als Komplementierung oder gar als Alternative zu konventionellen Futtermitteln auch in der Schweine- und Geflügelzucht Anwendung finden wird.

21. Welche Rolle spielen Insekten in Kulturen und Geschichte der Menschen?

Mit dem Einfluss, den Insekten zu jeder Zeit auf die menschliche Kultur ausgeübt haben, beschäftigt sich das Fachgebiet der „kulturellen Entomologie“. Die existierende Literatur dieses Teilgebiets der Insektenkunde – auch in deutscher Sprache – ist sehr umfangreich. Die Datenbank „Insects Incorporated Database of Cultural Entomology“ enthält eine Fülle von Informationen (siehe Anhang, Websites).

Einige charakteristische Verhaltensweisen der Insekten haben mit hoher Wahrscheinlichkeit Erfindungen inspiriert, die sich als wichtige Ereignisse in der Kulturgeschichte des Menschen erweisen sollten. So waren wohl diejenigen Dungkäfer, die eine Dungkugel formen und an einen sicheren Platz durch Rollen transportieren, Vorbild für die Erfindung des Rades vor ca. 3.500 Jahren im Mittleren Osten. Wespen, die aus zerkauter Baumrinde und Speichel ihre filigranen Nester bauen, veranlassten einen Würdenträger am chinesischen Kaiserhof zu Anfang des 2. Jahrhunderts n.Chr. in China, aus Stoffen und Baumrinde das erste Papier der Geschichte herzustellen.

Wo sind Insekten in unserer Alltagskultur präsent?

Nicht nur die fiktive Steinlaus (siehe Kapitel 8, S. 96), sondern zahlreiche Insekten haben Menschen zu jeder Zeit inspiriert. Die dem Menschen in vieler Hinsicht ähnlichen und trotzdem fremden Lebensformen haben Spuren in der Mythologie vieler Völker, in der Symbolik von Religionen, der Philosophie, der Architektur, in der bildenden und darstellenden Kunst, der Literatur, und der Musik hinterlassen. Sogar in unserer Alltagssprache (und nicht nur im Deutschen) sind Insekten gegenwärtig: Wir haben „Schmetterlinge im Bauch“ (wir sind verliebt), wir „strecken unsere Fühler aus“ (wir bemühen uns um etwas) und „glauben, uns laust der Affe“ (wir sind negativ überrascht); ein Musikstück kann ein „Ohrwurm“ sein (wir werden die Melodie nicht mehr los), der „Stachel sitzt tief“ (wir haben eine heftige Kränkung erfahren), wir setzen jemanden „einen Floh ins Ohr“ (wir wecken bei jemandem ein Bedürfnis) und hören „Flöhe husten“ (wir vermuten etwas). Die Clubszene ist voller „Nachtschwärmer“, von denen manche „Fliegen“ tragen und einige eine „Wespentaille“ haben. Wir gehen auf den „Floh“markt, und in Zukunft werden wohl vermehrt „Drohnen“ (nach den Männchen der Bienen) unsere Pakete ausliefern.

Was bedeutet die Biene als Motiv auf antiken Münzen?

Drachmen – Münze mit Bienen-Motiv aus Ephesos, 2. Jahrhundert vor Chr. (202–150 v. Chr). Durchmesser ca. 1 cm. Privatbesitz R. Plarre.

Im Mythos der Antike galten Bienen als Vorbild, nach dem sich das menschliche Verhalten ausrichten sollte. Den Bienen, die arbeitsteilig in einem Staat leben, wurden positive menschliche Eigenschaften zugeschrieben, wie Fleiß, Tapferkeit, Keuschheit, Eintracht und Reinlichkeit. Die Biene war daher eines der heiligen Tiere der Göttin Artemis. Ihre jungfräulichen Priesterinnen wurden als „Honigbienen" bezeichnet. Die Biene wurde offenbar erst im 7. Jahrhundert v. Chr. in den Artemiskult übernommen – sie entstammte ursprünglich dem noch älteren Kult der hethitischen Natur- und Muttergöttin Kubaba, der in Kleinasien und Teilen des heutigen Libanon und Syriens verbreitet war.

Griechische Einwanderer gründeten ca. 560 v. Chr. aus dem Zusammenschluß existierender Ansiedlungen die neue Stadt Ephesos. Ephesos wurde bald zum wichtigsten Zentrum der Griechen in Kleinasien. Dort stand der Tempel der Artemis, eines der sieben Weltwunder der Antike. Zu Ehren von Artemis hatten die Gründer von Ephesos die Biene zum Symbol der neuen Siedlung gewählt. Entsprechend trugen die ersten Münzen aus Ephesos eine Biene in Aufsicht auf der Vorderseite.

Wie veränderte die Pest die Gesellschaftsordnung im Mittelalter?

Ein Bakterium und ein nur wenige Millimeter großes Insekt sind verantwortlich für eine der größten Katastrophen der Menschheitsgeschichte, aber auch für den wirtschaftlichen Aufschwung und die gravierenden gesellschaftlichen Umwälzungen im ausgehenden Mittelalter.

Yersinia pestis, das Pestbakterium, verursacht die Lungen- oder Beulenpest. Wichtigstes Reservoir sind Nager, v. a. Mäuse und Ratten. Überträger sind Flöhe, vor allem die Art *Xenopsylla cheopis* (Siphonaptera). Das Bakterium wird von Tier zu Tier, seltener von Tier zu Mensch, übertragen. *Yersinia pestis* kann an den Mundwerkzeugen der Flöhe ungefähr drei Stunden überleben, außerhalb – besonders auf geeigneten Unterlagen, wie z. B.

Hanfgewebe – bis zu mehreren Stunden oder sogar Tagen. Beim Tod eines infizierten Tieres wechselt der Überträger auf den Menschen, wo er als Ektoparasit Blut saugt. An der Einstichstelle entwickelt sich eine lokale Infektion und ruft eine beulenartige Schwellung hervor. Gelangen die Bakterien in die Blutbahn, wird bei ihrem Absterben ein Sekret freigesetzt, das zu einem toxischen Schock und in vielen Fällen zum Tod führt. Häufiger ist die Übertragung von Mensch zu Mensch durch Tröpfcheninfektion, wodurch zuerst die Lunge in Mitleidenschaft gezogen wird (Lungenpest). Schlechte Hygienebedingungen begünstigen die Übertragung. In Europa ist die Pest heute ausgerottet; in Teilen Afrikas, z. B. Madagaskar sowie in Süd-, Mittel- und Nordamerika treten immer wieder Fälle auf. Bei rechtzeitiger Diagnose ist die Krankheit mit Antibiotika gut behandelbar.

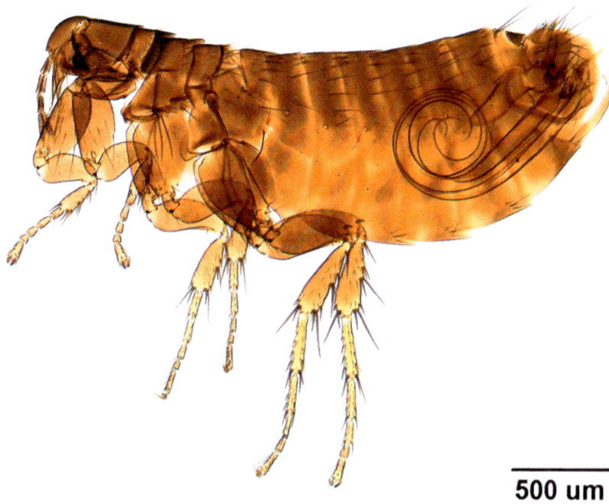

Flöhe (Siphonaptera), hier ein Präparat des Hühnerflohs *Ceratophyllus gallinae*, übertragen die Erreger verschiedener Krankheiten, u.a. der Pest, zwischen Wirbeltierarten, z.B. von Nagern und Vögeln auf den Menschen. Sie sind hinsichtlich ihrer Wirte wenig wählerisch.

In der Mitte des 14. Jahrhunderts jedoch waren der Erreger, die Übertragungswege und Möglichkeiten einer Behandlung der Pest völlig unbekannt. Damals dehnte sich die Pest von China nach Westen aus und erreichte über eine genuesische Handelskolonie auf der Krim im Jahre 1347 den Hafen von Messina (Sizilien). Von dort breitete sich die Krankheit über ganz Europa aus und forderte innerhalb weniger Jahre mehr als 25 Millionen Opfer, was ungefähr einem Drittel der damaligen Bevölkerung Europas entsprach. Dieser enorme Bevölkerungsrückgang hatte tiefgreifende Folgen. Der Mangel an Arbeitskräften in den Städten führte zur Landflucht. Dies zog Veränderungen in der landwirtschaftlichen Praxis, z. B. bei der Düngung oder der Dreifelderwirtschaft nach sich. In den Städten wurden Arbeitskräfte besser entlohnt. Die erhöhte Kaufkraft beförderte das Handwerk und die Manufakturen, die Luxusprodukte herstellten, wie z. B. hochwertige Textilien (u. a. mit Karmin gefärbte Stoffe aus Seide und Wolle). Auch die Kirche verlor an Einfluss, weil die Religion nicht zur Eindämmung der Epidemie hatte beitragen können. Die existentielle Erfahrung der Pest verschob das Weltbild der Menschen in Europa von einer spirituellen, theozentrischen zu einer diesseitig orientierten, anthropozentrischen Geisteshaltung. Die gesteigerte Lebenslust nach der Pest führte zu einem raschen Anstieg der Bevölkerung und zu erhöhter Konsumbereitschaft. Durch den wirtschaftlichen Aufschwung und den Wohlstand, den viele erlangten, war es möglich, mehr Zeit in Bildung und die Entwicklung von Innovationen zu investieren. Die wirtschaftliche Blüte ermöglichte die Gründung von Universitäten. Wissenschaft und Philosophie erlebten einen Aufschwung, und die Hinwendung zu den Lehren antiker Gelehrter bereitete den Boden für die Renaissance, die Zeit des Umbruchs vom Mittelalter zur Neuzeit im 15. und 16. Jahrhundert. Deren innovative Ideen in der Kunst und Philosophie waren prägend für die Entwicklung der neuzeitlichen Gesellschaftsordnung.

Auch in der frühen Neuzeit, im 16. und 17. Jahrhundert, kam es mehrfach zu Pest-Ausbrüchen in Europa, u. a. 1653–1656 und 1679–1680 in Wien, wovon allein der letzte mindestens 12.000 Todesopfer forderte.

Wie beeinflusste das Läuse-Fleckfieber die politische Lage in Europa zu Beginn des 19. Jahrhunderts?

Neben der Pest ist das Läuse-Fleckfieber oder Epidemische Fleckfieber eine der wichtigsten Infektionskrankheiten. Es wird von intrazellulär lebenden, gram-negativen Bakterien der Gattung *Rickettsia* (*R. prowazekii*) verursacht, und durch Läuse, vor allem die Kleiderlaus (*Pediculus humanus humanus*) übertragen. Die Läuse infizieren sich am Blut erkrankter Personen. Die *Rickettsia* Bakterien vermehren sich im Läusedarm und werden mit dem Kot ausgeschieden. Dort bleiben sie bis zu 100 Tagen infektiös. Der Mensch infiziert sich durch Einreiben des Läusekots in die (juckende) Stichstelle oder in die Bindehaut der Augen, aber auch durch das Einatmen von Aerosolen.

Die Kopflaus *Pediculus humanus capitis*. Die nah verwandte Kleiderlaus, *Pediculus humanus humanus*, überträgt den Erreger des Läuse-Fleckfiebers.

Im menschlichen Körper vermehren sich die *Rickettsia* Bakterien vor allem in den Endothelzellen (Epithel auf der Innenseite der Blutgefäße), wobei jedes Organ betroffen sein kann. Symptome sind u.a. hohes Fieber, Atemnot, Entzündungen des Nervensystems und der betroffenen Organe. Ohne Behandlung führt die Krankheit in 50% aller Fälle zum Tod, mit Behandlung (Antibiotika) immerhin noch in ca. 5% der Fälle. Die Übertragung der Krankheit wird durch schlechte hygienische Verhältnisse und enges Zusammenleben begünstigt, wie sie für Kriegssituationen typisch sind. Ausbrüche des epidemischen Fleckfiebers spielten daher in der der Militärhistorie und den damit verbundenen politischem Umwälzungen immer wieder eine Rolle. So erkrankten im Verlauf des napoleonischen Russland-Feldzugs im Jahr 1812 ein Drittel der französischen Soldaten am Fleckfieber und ein Fünftel der „Grande Armée" starb im Verlauf von sechs Monaten an der Krankheit; insgesamt forderte die Seuche ca. 200.000 Todesopfer. Dies führte u.a. zur Niederlage Frankreichs und markierte den Beginn des Endes der französischen Vorherrschaft in Europa. Es folgten die Befreiungskriege, deren Sieger (Russland, Österreich, Preußen) zusammen mit Vertretern weiterer europäischer Staaten auf dem Wiener Kongress (1814–1815) die Neuordnung Europas organisierten. Im Zuge der Befreiungskriege, vor allem seit der gewonnenen Völkerschlacht bei Leipzig im Jahr 1813, die die französische Herrschaft in Preußen beendete, entwickelte sich eine antifranzösische, national-orientierte Haltung, die dem deutschen Nationalismus des 19. und 20. Jahrhunderts den Boden bereitete.

Welche Rolle spielte Gelbfieber in der Geschichte der Neuen Welt?

Auch in der Neuen Welt wurde dem Machtanspruch Napoleons von einer insekten-vermittelten Infektionskrankheit Einhalt geboten, dem Gelbfieber. Typische Symptome sind Fieber und Hepatitis. Die Krankheit wird vom Gelbfieber-Virus verursacht, einem Virus aus der Gruppe der Flaviviren, zu denen auch die Erreger des Dengue- und des West-Nil-Fiebers gehören. Überträger sind Stechmücken (*Stegomyia aegypti* und andere Arten); sie übertragen die Viren beim Stich von Mensch zu Mensch. Gelbfieber hat seinen Ursprung in Afrika und gelangte durch die Verschleppung von Sklaven durch die Europäer ab dem 16. Jahrhundert in die Neue Welt. Dort, v.a. in der Karibik, wurden die Sklaven für die Arbeit auf den Zuckerrohrplantagen der französischen Kolonialherren eingesetzt. Unter den Sklaven befanden sich auch mit Gelbfieber infizierte Personen. Mit den Sklaventransporten reisten auch Stechmücken und deren Larven. Mitte des 17. Jahrhunderts gab es erste Gelbfieber-Epidemien in der Karibik, vor allem auf Hispaniola und Guadeloupe. Inspiriert von den Idealen der Französischen Revolution und befördert durch Ausbeutung durch die Zuckerbarone kam es zu mehreren Aufständen, die von den Truppen Napoleons niedergeschlagen wurden, bevor es den Aufständischen 1804 gelang, die französischen Truppen, die bereits durch Gelbfieber geschwächt waren, aus dem damaligen Saint-Domingue, dem westlichen Teil von Hispaniola, zu vertreiben. Angesichts der Dezimierung seiner Truppen und der politischen Unruhen in Europa sah sich Napoleon im Jahr 1803 gezwungen, ein großes Gebiet im Südosten Nordamerikas an die Vereinigten Staaten von Amerika zu verkaufen. Diese „*Louisiana Purchase*" gilt als das größte Grundstücksgeschäft der Geschichte; es betraf einen breiten Streifen Land vom heutigen Louisiana im Süden über die Staaten des Mittleren Westens bis in die Randgebiete einiger Provinzen Kanadas und verdoppelte das Gebiet der Vereinigten Staaten.

Gelbfieber grassierte bis zum Ende des 19. Jahrhunderts auf dem amerikanischen Kontinent, immer wieder kam es zu Epidemien, zuletzt 1878 entlang des Mississippi, bei dem 20.000 Tote zu verzeichnen waren. Auch der Bau des Panamakanals wurde durch Gelbfieber-Ausbrüche verzögert. Das Bauprojekt wurde 1881 unter Leitung des Franzosen Ferdinand de Lesseps, dem Erbauer des Suez-Kanals, initiiert, konnte aber erst von 1904–1914 unter amerikanischer Ägide realisiert werden.

Obwohl inzwischen eine effektive Impfung existiert, erkranken jährlich immer noch ca. 200.000 Menschen an Gelbfieber, von denen ca. 30.000 sterben.

Wie trugen Insekten zum Aufbau internationaler Handelsbeziehungen bei?

Insektenprodukte, wie z. B. Seide und Karmesin, waren und sind teilweise immer noch begehrte Handelsobjekte. Die Herstellung von Seide begann ca. 3.000 Jahre v. Chr. in Indien und China. Während in Indien vor allem Wildseide (Seidenfäden der Raupen von Arten der Gattung *Antheraea*) produziert wurde, stammte die chinesische Seide von dort domestizierten Seidenspinner-Art *Bombyx mori*. In China diente Seide der Herstellung von Gewändern, als Saiten für Musikinstrumente und zeitweise als Zahlungsmittel. China hielt für lange Zeit das Seidenmonopol, da die Ausfuhr von Raupen oder Eiern des Seidenspinners bei Todesstrafe verboten war. Die Ausfuhr von Seide aus China expandierte, und das begehrte Produkt gelangte ca. 100 v. Chr. erstmals in den Mittelmeerraum, nach Rom und Byzanz. Im antiken Rom war Seide bereits ein begehrtes Luxusprodukt, und ist es bis heute geblieben. Erst 500 n.Chr. gelang es, Eier des Seidenspinners samt dem Wissen um die Seidenraupen-Zucht nach Europa, ins östliche Mittelmeergebiet zu bringen. Im Mittelalter gelangte die Nährpflanze der Seidenspinner-Raupen, der Weiße Maulbeerbaum (*Morus alba*), nach Italien und von dort aus in viele Regionen Europas. Bedeutende Seidenindustrien entwickelten sich in vielen europäischen Städten während des 17.–19. Jahrhunderts, z.B. in Zürich und Lyon. Ein bedeutendes Zentrum der Seidenproduktion in Deutschland war Krefeld. In Berlin und Brandenburg förderte besonders Friedrich II (1712–1786) die Seidenraupenzucht, die sich allerdings als wenig rentabel erwies und bald nach seinem Tod eingestellt wurde. Obwohl kein kommerzieller Erfolg, hatte der Versuch der Etablierung dieses Industriezweiges positive Auswirkungen: die ins Land geholten Experten brachten neue Ideen und Fertigkeiten mit, die für einen Aufschwung in den entsprechenden Gemeinden sorgten.

Im Mittelalter und bis in die Neuzeit war das Tragen von Kleidung aus Seide Adligen und höheren Ständen vorbehalten. Aus China gelangte die Seide zuerst über den Seeweg nach Europa, und zwar über Sri Lanka, und von dort zu Häfen am Roten Meer, von wo aus sie mit Kamelkarawanen zum Nil, und weiter mit dem Schiff nach Alexandria transportiert wurde. Römische Händler brachten die Seide dann schließlich ins heutige Italien. In der Regel dauerte es ungefähr 18 Monate, bis die Seide die italienischen Häfen erreichte. Der Handel über den Landweg, die berühmte Seidenstraße, wurde erst ab dem 2. Jahrhundert n.Chr. verstärkt, als China begann, mit den Königreichen Zentralasiens Handelsbeziehungen anzuknüpfen. Die eigentliche „Seidenstraße“ bestand aus einem Netz von Karawanenrouten, die sich – je nach politischer Lage – immer wieder verschoben. Wichtige Stationen und Umschlagplätze waren Herat (im heutigen Afghanistan), Samarkand (im heutigen Usbekistan) und Isfahan (im heutigen Iran). Die Seidenstraße verband als Fernhandelsweg den Mittelmeerraum über Zentralasien mit Ostasien. In westlicher Richtung wurden außer Seide vor allem Gewürze, Porzellan, Aromastoffe, Arzneien und Pelze transportiert, in östlicher Richtung vorwiegend Wolle, Gold und Silber. Neben den Handelswaren kam es durch die Reisenden aus beiden Richtungen zu einem kulturellen Austausch und zur Ausbreitung von Ideen und Religionen, vor allem des Islam. Fernreisende trugen allerdings auch zur Verbreitung von Krankheiten bei. Die wohl folgenreichste Epidemie war die Pest, die in der Mitte des 14. Jahrhunderts über die Krim eingeschleppt worden war (siehe oben).

Auch die Handelsbeziehungen Europas mit der Neuen Welt wurden durch ein Insektenprodukt befördert: das Karmin. Zur Gewinnung des roten Farbstoffs war die Cochenille-Schildlaus von der indigenen Bevölkerung seit langer Zeit kultiviert worden, vorwiegend in kleinen Familienunternehmen. Mit der Ankunft der spanischen Eroberer im 16. Jahrhundert und dem gewaltigen Bedarf der Europäer an rotem Farbstoff entwickelte sich Karmin nach Gold und Silber zum drittwichtigsten Exportgut Mexikos. Fast 300 Jahre lang, bis zur Entwicklung synthetischer Farben, blieb Karmin die wichtigste Quelle roten Pigments.

Ab Anfang des 19. Jahrhunderts wurden Schildläuse auf den Kanarischen Inseln eingebürgert, wo sich in der Folge die Farbstoffproduktion zu einem bedeutenden Erwerbszweig entwickelte. Sie werden dort auch heute noch, allerdings in kleinem Umfang, auf Lanzarote und Teneriffa kultiviert.

Die Handelswege, über die Insektenprodukte von Ostasien und Süd- und Mittelamerika nach Europa gelangten, spielen seit der Antike bzw. seit dem 16. Jahrhundert eine wichtige Rolle für den wirtschaftlichen Aufschwung in Europa. Die Bedeutung der Seidenstraße wirkt bis heute nach: seit 2013 wird auf Betreiben Chinas für die „Neue Seidenstraße" die Verkehrsinfrastruktur auf den nördlich gelegenen Landwegen und den südlich gelegenen Seewegen ausgebaut. Seide ist auch heute noch eines der wichtigsten Exportgüter Chinas: im Jahr 2009 exportierte die Volksrepublik Seide im Wert von 776 Millionen US$ ins Ausland, v. a. nach Italien, Indien und Japan. Insekten bzw. ihre Produkte können daher als frühe Wegbereiter der Globalisierung bezeichnet werden.

Wem nützt eine Insekten-Uhr?

Die Beobachtung, dass Insekten-Arten ihre artspezifischen Gesänge zu unterschiedlichen Tageszeiten äußern, wird in einigen Kulturkreisen mit traditionellen Aktivitäten in Beziehung gesetzt. Im Hochland Papua Neu Guineas richten sich die Bewohner von Tabare Sine auch heute noch nach dem Einsetzen der Gesänge verschiedener Singzikaden-Arten der Gattung *Cosmopsaltria*. Die Gesänge markieren die Zeiten für das Frühstück und die Vorbereitung der Werkzeuge für die Garten- und Feldarbeit, für die Ruhezeit am Mittag (Zeit der Tageshöchsttemperatur), die Rückkehr von der Feldarbeit (am späten Nachmittag), die Zeit, wenn die Beutetiere (Kletter-Kuskuse) ihre Verstecke verlassen (= Beginn der Jagdzeit, einsetzende Dämmerung), und die günstigste Zeit für die Jagd, d. h. wenn die Beutetiere ihre Verstecke verlassen haben und sich im Wald aufhalten (Einbruch der Dunkelheit).

Welche Bedeutung hat die Zikade als Symbol in der Mythologie vieler Kulturen?

Zikaden, genauer, Arten der Singzikaden (Cicadidae), gelten seit der Antike dank ihrer markanten Gesänge als Symbole für Kunst und Musik. Aufgrund ihrer Entwicklung – die Larve lebt mehrere Jahre verborgen in der Erde, und häutet sich über der Erde zum erwachsenen Tier – und aufgrund ihres allgegenwärtigen Gesangs steht sie auch für Wiedergeburt und Unsterblichkeit. Nachbildungen von Zikaden aus Keramik oder Glas wurden daher oft als Grabbeigaben verwendet. In den antiken Kulturen des Mittelmeergebiets, vor allem in der Vorstellungswelt der Griechen, ist die Zikade gleichbedeutend mit der Seele, die sich aus ihrem Körper befreit (= das Abstreifen der Larvenhaut). – In China wurden seit der Han-Dynastie (208–220 v. Chr.) sogenannte „Zungenzikaden" verwendet: Nachbildungen von Zikaden, meist aus Jade, wurden auf die Zunge von Verstorbenen gelegt, als Symbol der Hoffnug auf Wiedergeburt und des Aufstiegs des Geistes oder der Seele. Auch heute noch sind Zikaden aus Jade beliebte Schmuckan-

Beigaben für ein römisches Grab einer jungen Frau, die vor ihrer Hochzeit verstarb, 1. Jahrhundert n.Chr., darunter eine Zikade aus Glas, ca. 10 cm. Altes Museum Berlin.

Rezenter Schmuckanhänger aus Jade, Darstellung einer Singzikade, ca. 3 cm, China. Privatbesitz R. Plarre.

hänger in östlichen wie in westlichen Kulturkreisen. Wer durch die Provence in Südfrankreich reist, kommt an Zikadendarstellungen und -nachbildungen jeglicher Art nicht vorbei. Zikaden liefern Motive für zahlreiche Gedichte und Lieder. Dieser moderne „Zikadenkult" geht zurück auf der Verwendung der Zikade als Emblem eines Dichterkreises, des „Félibrige", den der Literaturnobelpreisträger Frédéric Mistral (1830–1914) gegründet hatte, um die Sprache und Kultur der Provence zu pflegen und zu erhalten. Auch in Japan spielt die Zikade immer noch eine zentrale Rolle in der Kultur. In der Dichtung gilt sie als Symbol für den Klang des Sommers und ist daher in vielen Haiku-Gedichten präsent.

Mittagsstille.
Das Schrillen der Zikaden
dringt ein in die Felsen.

Dieses Gedicht des berühmtesten Haiku-Dichters Bashô (1644–1694) gehört zum Kanon klassischer Haikus, die heute noch jedes Schulkind in Japan kennen muss.

Wurden und werden Insekten für militärische Zwecke benutzt?

In starkem Gegensatz zu den künstlerischen und poetischen Strömungen, die sich verschiedener Insekten bedienen, steht der Einsatz von Insekten für militärische Zwecke.

Kriegerische Auseinandersetzungen zwischen verschiedenen Interessengruppen, seien es Stämme oder Staaten, haben seit jeher den Verlauf der Geschichte mehr oder weniger geprägt. Insekten wurden seit der Antike zum Angriff oder zur Verteidigung genutzt. Schon aus der Römerzeit ist überliefert, dass Bienenkörbe von Festungsanlagen auf die Belagerer geworfen wurden oder mit Katapulten in die feindlichen Reihen geschossen wurden. Auch diente offenbar vergifteter Honig dazu, Soldaten kampfunfähig zu machen. Die Eigenschaften vieler Insekten-Arten als Blutsauger, als potenzielle Schädlinge an Kulturpflanzen und als Überträger von Krankheiten wurden (und werden?) zum Zweck der Folter und zur entomologischen Kriegführung durch den Menschen missbraucht, wie vielfache Berichte aus fast allen Epochen belegen (siehe Anhang: Weiterführende Literatur). Eines der harmloseren Beispiele ist der Kartoffelkäfer, der im Zuge der Truppenbewegungen des 1. Weltkriegs aus Nordamerika nach Europa eingeschleppt wurde. Er verbreitete sich schnell und erreichte hohe Populationsdichten. In der Folge, vor allem zu Zeiten des 2. Weltkriegs, beschuldigten die Kriegsparteien einander gegenseitig, Kartoffelkäfer zur Vernichtung der Ernten eingesetzt zu haben. Zivilisten wurden zur Schädlingskontrolle herangezogen und mussten die Käfer per Hand von den Kartoffelfeldern absammeln.

Auch in der Zukunft werden Insekten mit hoher Wahrscheinlichkeit eine Rolle in der Verteidigung und bei Konflikten spielen. So können z. B. Bienen auf das Aufspüren von Sprengstoff trainiert werden. Eine Behörde des Verteidigungsministeriums der USA, die DARPA (Defense Advanced Research Project Agency), experimentiert mit Insekten-*Cyborgs*, Schaben und Käferarten unterschiedlichster Größe (zwischen 1 mm und 12 cm), die als Aufklärer bei Katastrophen, aber auch als unauffällige Spione bei Konflikten eingesetzt werden können. Die Tiere werden dazu mit Mikroprozessoren, Funkempfängern und Kameras ausgestattet. Flugkommandos werden von Computern aus gesteuert, und ein Mikrogenerator wandelt die Flügelbewegungen der Käfer in die benötigte elektrische Energie um.

Der Kartoffelkäfer *Leptinotarsa decemlineata* (Chrysomelidae) war Gegenstand propagandistischer Kampagnen in den beiden Weltkriegen sowie während des Kalten Krieges.

22. Was haben Insekten in Zukunft zu erwarten? (Prognosen, Naturschutz)

Welche Faktoren liegen dem Artensterben der Insekten zugrunde?

Die Ergebnisse des ersten globalen Berichts des Weltbiodiversitätsrates IPBES (veröffentlicht 2019) dokumentieren einen drastischen Verlust an Biodiversität. Ausgehend von Informationen bei anderen Tiergruppen, z. B. Schnecken, halten es einige Autoren für wahrscheinlich, dass seit der Industrialisierung 5–10 % aller Insektenarten ausgestorben sind. Geht man von einer geschätzten Gesamtartenzahl von 5,5 Millionen aus, wären das 250.000–500.000 Arten. Laut der IPBES Studie sind in den kommenden Jahrzehnten weitere 500.000 Arten vom Aussterben bedroht, falls keine Gegenmaßnahmen ergriffen werden.

Angesichts dieser Bedrohung hat ein internationales Wissenschaftlerteam eine „Warnung an die Menschheit" zum Insektensterben verfasst. Die Gründe, die dem beobachteten Insektensterben zugrunde liegen, sind demnach: der Verlust von Lebensräumen, Umweltverschmutzung durch Pestizide, Düngemittel, Industrie (Chemikalien, Feinstaub, Schwermetalle), das Auftreten von gebietsfremden Arten, die mit einheimischen Arten konkurrieren, Klimawandel, Ausbeutung der natürlichen Bestände durch nichtnachhaltige Nutzung wildlebender Insekten für Nahrung, Dekorationszwecke und für den medizinischen Gebrauch, sowie Aussterben infolge ökologischer Abhängigkeit von anderen, ebenfalls vom Aussterben bedrohten Organismen (z. B. Ektoparasiten, Gallbildner, pflanzenspezifische Herbivoren).

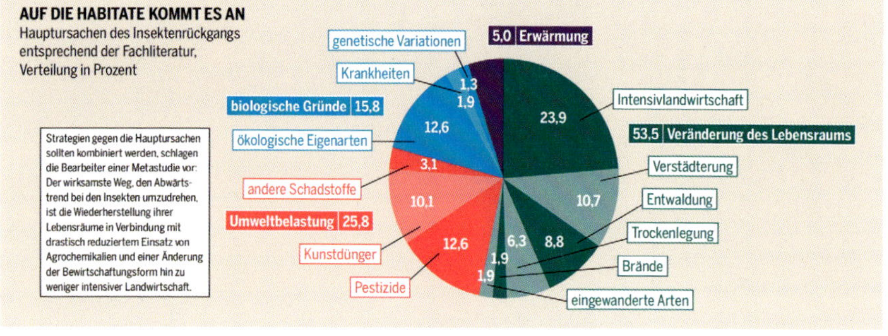

Die Hauptursachen des Insektenrückgangs (in Prozent) nach Auswertung der Fachliteratur (aus: Insektenatlas 2020, siehe Anhang).

Welche Auswirkungen hat der Klimawandel?

Die Einflüsse, die der Klimawandel auf Insekten hat, sind vielschichtig und betreffen sowohl die einzelnen Arten (z. B. durch Veränderung der Körpergröße, des jahreszeitlichen Auftretens und der Verbreitung) als auch die Ökosysteme, denen sie angehören (etwa durch veränderte Beziehungen in Nahrungsnetzen).

Zwei Beispiele verdeutlichen, welche Auswirkungen alleine der Faktor Temperaturerhöhung auf bestimmte Insekten hat, und welche Folgeerscheinungen für das entsprechende Ökosystem damit verbunden sind.

Beispiel 1: Insekten der Hochgebirge
Die Maximaltemperatur, d. h. die Temperatur, die ein Organismus tolerieren kann, bevor lebenswichtige Funktionen ausfallen, variiert zwischen den Insekten-Arten. Die meisten Arten, die im Tiefland vorkommen, und solche mit einer natürlichen Verbreitung über mehrere Höhenstufen, tolerieren im allgemeinen höhere Temperaturen besser als Arten, die an Lebensräume in großen Höhen angepasst sind. Bei einer kontinuierlichen Erwärmung weichen diejenigen Arten mit geringer Wärmetoleranz in höhere Lagen aus oder verschieben ihre Areale polwärts. Dies funktioniert so lange, bis die Lebensgrundlagen (z. B. Nahrungsverfügbarkeit) nicht mehr gegeben sind. In Europa sind vor allem diejenigen Arten betroffen, die auf alpine und hochalpine Bereiche beschränkt sind. Sie haben zunehmend geringe Ausweichmöglichkeiten. Entsprechend sind zahlreiche dieser Arten akut gefährdet bzw. vom Aussterben bedroht.

Beispiel 2: der Bergkiefern-Käfer in Kanada
Durch anhaltende Hitze und Trockenheit werden v. a. Nadelbäume geschwächt. Sie sind in der Folge anfälliger für Borkenkäferbefall, und durch die erhöhte Temperatur wird die Entwicklung der Käfer beschleunigt. In milden Wintern überleben mehr Larven und Puppen als in kalten Wintern, was im Folgejahr zu einem weiteren Anstieg der Populationsdichte führt. In großen, zusammenhängenden Waldgebieten, wie z. B. den Kiefernwäldern im Westen Kanadas, hat der Massenbefall durch den Bergkiefernkäfer *Dendroctonus ponderosae* (Curculionidae: Scolytinae) zum Absterben riesiger Kiefern-

Der Borkenkäfer *Ips typographus* („Buchdrucker"), ein bedeutender Forstschädling an Fichten

bestände, einem wichtigen Exportgut des Landes, geführt. Die fehlende Verdunstung von Wasser über die Nadeln, die normalerweise in Wäldern für Abkühlung sorgt, führte zu weiterer Erwärmung – in Kanada stieg die Temperatur im Sommer um ein Grad Celsius. Die Borkenkäfer verstärken daher die Effekte des Klimawandels in den betroffenen Gebieten. Es ist anzunehmen, dass ähnliche Auswirkungen auch andere Arten betreffen, die jedoch – da nicht von wirtschaftlicher Bedeutung – nicht hinreichend dokumentiert sind. Auch in Deutschland kam es in den heißen und trockenen Sommern der letzten Jahre, besonders des Jahres 2018, zu einer außergewöhnlichen starken Vermehrung verschiedener Borkenkäfer-Arten.

Was bedeutet das Insektensterben für den Menschen?

Sterben Arten aus, verlieren wir nicht einfach nur einen Teil der Biodiversität, sondern auch sämtliche Funktionen, die diese Arten in den verschiedenen Ökosystemen erfüllt haben. Besonders schmerzlich empfinden wir das bei Arten, die in Agrarökosystemen als Bestäuber, als biologische Schädlingskontrolleure, als Zersetzer von Dung und Aas Dienstleistungen für uns verrichten. Fehlen sie, sind unsere Ernährungssicherheit und unsere Gesundheit gefährdet.

Die – geschätzten – finanziellen Kosten des Ausfalls dieser Ökosystem-Dienstleistungen wären immens: Alleine für Bestäubungsdienste entsprächen sie pro Jahr weltweit 235–577 Milliarden US$ (nach Angaben einer Studie des Weltbiodiversitätsrates IPBES aus dem Jahr 2019).

Was bedeutet das Insektensterben für die Evolution?

Die Verluste durch das Aussterben von Arten gehen jedoch weit über die Bedeutung für den Menschen hinaus. Jede Art bildet ihre ganz eigene ökologische Nische, d.h. sie geht vielfältige Beziehungen mit ihrer belebten und unbelebten Umwelt ein (Kapitel 5, S. 52). Ändern sich die Parameter dieser Nischen unter natürlichen Bedingungen, reagiert die Art im Rahmen ihrer evolutiven Entwicklung. Auch dabei kann es zum Aussterben von Arten kommen.

Erst der Mensch hat die Naturräume jedoch so drastisch und in so kurzer Zeit verändert, dass keine Evolution mehr stattfinden kann. Wir zerstören dadurch unwiederbringlich alle Möglichkeiten, die durch den ausgestorbenen Organismus in seiner weiteren Entwicklung hätten realisiert werden können.

Kann das Artensterben gestoppt werden?

Ein wichtiger erster Schritt ist die Sensibilisierung für das Phänomen des gravierenden Verlusts an Insektenvielfalt. Auftakt dazu gab die inzwischen berühmt gewordene „Krefelder Studie", die aufgrund von Untersuchungen des Krefelder Entomologischen Vereins im Jahr 2017 zeigte, dass die Biomasse von Fluginsekten aus über 60 Naturschutzgebieten über einen Zeitraum von 27 Jahren (1989–2016) um mehr als 75 % zurückgegangen ist. Der zweite Schritt ist die Identifizierung derjenigen Faktoren, die für das Artensterben verantwortlich sind (siehe oben). Der nächste und entscheidende Schritt, um das Artensterben zu beenden, ist die Entwicklung von Handlungsoptionen. Diese schließen die Errichtung von Schutzgebieten, die Renaturierung von artenreichen Lebensräumen (wie Wäldern, Feuchtgebieten, Graslandschaften) sowie den Aufbau von Zuchtprogrammen für besonders gefährdete Arten ein. In Mitteleuropa ist vor allem die intensive landwirtschaftliche Nutzung für den Artenrückgang verantwortlich. Dringendstes Gebot ist daher die Ökologisierung der Landwirtschaft. Extensive Weidehaltung, die Wiederherstellung strukturreicher Landschaften, die Eindämmung bzw. der Verzicht auf Düngemittel und Pestizide sind Maßnahmen, die durch die gemeinsame Agrarpolitik der Europäischen Union (GAP) unterstützt werden müssen. In Zukunft sollte sich die Landwirtschaft weniger an der Steigerung der Produktivität orientieren (müssen), als vielmehr an den Gemeinwohlleistungen für Biodiversität und Umwelt. Die Zivilgesellschaft kann diesen Prozeß mit Kauf- und Konsumentscheidungen fördern. Laut einer 2020 in der Zeitschrift *Nature* veröffentlichten globalen Modellierungsstudie gibt es Anlass zur Hoffnung, dass – sollten die oben genannten Maßnahmen tatsächlich umgesetzt werden (können) – schon in ca. 30 Jahren der Rückgang der Artenvielfalt nicht nur gestoppt, sondern sogar rückgängig gemacht werden könnte. Die Europäische Union ist allerdings nur einer der Partner im Kampf gegen den weltweiten Biodiversitätsverlust. Wie weit der Weg noch ist, zeigt die aktuelle Situation in den Tropen und Subtropen.

Intensive Landnutzung und Monokulturen verhindern die Entstehung und Aufrechterhaltung artenreicher Lebensgemeinschaften.

Extensive Beweidung (hier in Siebenbürgen, Rumänien) begünstigt artenreiche Staudenfluren.

Grünbrücken (hier über die A8 in Baden-Württemberg) verbinden Biotope.

Vegetationsarme Gärten bieten weder Nahrung noch Lebensraum für Insekten und andere Tiere – sie sind faktisch tote Flächen.

Naturgärten bieten Lebensräume für viele Insektenarten.

Sind tropische Regenwälder als Lebensraum von Insekten noch zu retten?

Einer der wichtigsten Treiber des Verlusts der Artenvielfalt auf globaler Ebene ist die Abholzung der Wälder in den Tropen und Subtropen, also in Regionen, die einen großen Artenreichtum beherbergen. In Brasilien, Indonesien oder Malaysia werden die Regenwälder seit langem und immer noch in einem gigantischen Ausmaß vernichtet. In Brasilien wurden im Amazonas-Gebiet seit 1990 bereits mehr als 400.000 km^2 Regenwald gerodet, eine Fläche größer als Deutschland. Allein im Jahr 2020 waren es 11.000 km^2. Das entspricht einer Fläche, die 4-mal so groß ist wie das Saarland. Das bedeutet, dass pro Minute das Flächenäquvalent von drei Fußballfeldern Wald zerstört wird, und alleine im Jahr 2020 ca. 600 Millionen Bäume verschwanden. Die Tendenz ist steigend: In einem einzigen Monat, vom 1.–28. Mai 2021, wurde eine Fläche von 1.180 km^2 abgeholzt (zum Vergleich: das Bundesland Berlin umfasst eine Fläche von 834 km^2), 41 % mehr als im Vergleichsmonat des Vorjahres.

In Indonesien wurde im Jahr 2012 sogar doppelt so viel Regenwald vernichtet wie in Brasilien, vor allem Tieflandregenwälder auf den Inseln Borneo und Sumatra. Die so „gewonnene" Fläche wird zur Anlage von Ölpalmenplantagen genutzt. Palmöl, neben Raps- und Sojaöl, ist ein bedeutender Rohstoffe für die Lebensmittelindustrie sowie für die Herstellung von Biodiesel. Wichtige Importeure für Palmöl sind China, Indien, aber auch die Europäische Union. Immerhin hat die EU 2019 Palmöl als „nicht-nachhaltigen Rohstoff" eingestuft und beschlossen, dass Palmöl bis zum Jahr 2030 nicht mehr in europäischem Biodiesel enthalten sein soll. Es besteht jedoch die dringende Gefahr, dass bis dahin die Tieflandregenwälder Indonesiens unwiederbringlich zerstört sein werden.

Es ist sicher, dass dieser drastische Verlust an Lebensraum ebenso drastische Auswirkungen auf die Insektenfauna der entsprechenden Gebiete hat – viele Arten werden ausgestorben sein, bevor sie überhaupt die Chance hatten, wahrgenommen und dokumentiert zu werden.

23. Direkt gefragt: Was wünschen sich Insekten von uns Menschen?

Meint Ihr diese Frage ernst? Viele Eurer Leute haben schon viele kluge Artikel und sogar Bücher darüber geschrieben, was getan werden muss, damit wir alle leben und uns wohlfühlen können. Trotzdem handelt Ihr nicht danach, jedenfalls nicht in dem Maße, wie es nötig wäre. Wir erläutern aber gerne die wichtigsten Punkte nochmal für Euch. Also:

Erhaltet die Naturlandschaften!

Baut nicht so viele Straßen! Schon einfache Forststraßen sind für Ameisen ein Hindernis, geschweige denn Autobahnen. Wenn es gar nicht anders geht, plant eine insektenfreundliche Begrünung der Mittel- und Randstreifen mit ein. – Fahrt lieber mit der Bahn – naturbelassene Bahndämme finden wir prima. – Gestaltet bitte auch Eure Landschaft insektenfreundlich. Riesige Rapsfelder sehen zwar phantastisch aus, aber Insekten brauchen auch außerhalb deren Blüte Nahrung. Überlaßt die Brachflächen in Euren Städten sich selber, gestaltet nicht alles durch. Betreibt extensive Weidewirtschaft und lasst die Medikamente weg. Die Rinder werden es Euch danken, und naturbelassene, saftige Kuhfladen sind eine wichtige Nahrungsquelle für viele Käfer und Fliegen, ganz zu schweigen von der Vielfalt der Pflanzenarten, die Ihr dadurch erhaltet. Mäht Eure Wiesen und Weiden am besten gar nicht – jede Mahd kostet viele von uns das Leben, weil uns plötzlich Nahrung, Schatten, Schutz und Plätze für die Ablage unserer Eier fehlen. – Räumt die Wälder nicht auf: Totholz ist sehr begehrt bei Insekten. Wir finden dort Nah-

Gottesanbeterin *Mantis religiosa* (Mantidae)

rung, Unterschlupf und Nistmöglichkeiten. Verwendet Dünger sparsam: Magerwiesen unterstützen die Vielfalt von Pflanzen und die darauf spezialisierten Insektenarten. Verwendet auch keine „Pflanzenschutzmittel“ – diese Gifte sind für die meisten von uns tödlich. Verzichtet bitte auch auf „Unkrautvertilgungsmittel“ – sie vernichten für uns lebenswichtige Wildkräuter und stören uns bei der Orientierung.

Macht nicht soviel Dreck!

Verbessert die Sauberkeit der Luft. Luftverschmutzung und hohe Ozonwerte verderben uns den Appetit. Wie am Tabakschwärmer nachgewiesen wurde (siehe Kapitel 7, S. 86f), ist der Duft von zuvor bevorzugten Blüten für den Schmetterling nicht mehr attraktiv, wenn er durch Ozon verändert worden war. Verschmutzte Luft erschwert uns auch die Partnersuche, weil wir die Duftstoffe dann schlechter riechen können. Stoppt den Ausstoß von immer mehr Kohlendioxid! Ihr habt gelernt, dass viele von uns ihr Verhalten nach den Kohlendioxid-Konzentrationen ausrichten, die für uns unseren Stoffwechsel optimal sind. Diese Signale gehen verloren, wenn zuviel Kohlendioxid in der Luft ist. Zu hohe Feinstaubbelastung ist nicht nur

Haargras-Zirpe *Praganus hofferi* (Cicadellidae)

für Eure Lungen schlecht – die Partikel verstopfen auch unsere Tracheen. Versucht, so plastikfrei wie möglich zu leben. Die winzigen Teilchen, die beim Abrieb von Plastik entstehen, gelangen in die Gewässer. Dort werden sie von wasserlebenden Insektenarten aufgenommen und gelangen über das Nahrungsnetz in Wirbeltiere, auch in Speisefische, und damit in Euren Körper. Macht die Nacht nicht (immer) zum Tag! Es ist fast überall viel zu hell für uns. Wir brauchen den natürlichen Verlauf der Tages- und Jahreszeiten dringend als Zeitgeber für unsere Entwicklung. Außerdem verwechseln einige von uns Eure Lampen mit dem Mond und verlieren die Orientierung.

Ladet uns in Eure Gärten ein!

Die Wildnis fängt im Vorgarten an. Pflanzt einheimische Wildpflanzen und achtet darauf, dass das ganze Jahr etwas blüht. Einfache Blüten sind besser für uns als gefüllte; so kommen wir besser an Pollen und Nektar. Gärtnert nach dem *New German Style* , d. h. legt einen artenreichen Naturgarten an, mit Stauden, Gräsern und Zwiebelblumen. Kauft die Pflanzen für Euren Garten im Fachhandel; Billigpflanzen sind oft mit Kunstdünger schnell aufgezogen und enthalten Pestizide, die uns gefährlich werden können.

Achtet darauf, dass Ihr genügend Wildkräuter stehen lasst, und legt ein paar Wasserstellen an. Feuchten Lehm können wir als Baumaterial gut gebrauchen. „Insektenhotels“ sind zwar prima, aber ein verwilderter Garten mit vielen verschiedenen Pflanzen, ein paar Stapeln Totholz, und vielleicht einem Tümpel ist uns noch lieber. Je wohler wir uns bei Euch fühlen, desto mehr Vögel, Frösche und Igel werdet Ihr im Garten haben. Und legt bitte, bitte, keine Schottergärten an – die sind so langweilig für uns; wir können dort nicht überleben. Statt Gabionen aufzustellen pflanzt lieber Hecken: dort können auch Vögel nisten. Verzichtet auf Laubbläser – vom Lärm und der verschwendeten Energie abgesehen, werden kleine Tiere durch den Luftstrom meterweit durch die Luft geschleudert und sterben. Die Laubstreu ist ein wichtiger Lebensraum für viele Arten. Wenn Ihr das Laub unbedingt entfernen müsst, macht es bitte behutsam, oder lasst etwas für uns in einer Ecke übrig. Verwendet bitte keine Flammenwerfer, um die Ritzen zwischen Pflastersteinen von „Bewuchs“ zu säubern – schaut lieber einmal genau hin: Dort leben viele kleine Lebewesen; außerdem dienen diese bewachsenen Fugen als Filter für Schadstoffe, die dann nicht ins Grundwasser gelangen.

Respektiert kleine Tiere genauso wie große!

Wenn Ihr dieses Buch aufmerksam gelesen habt, dann wisst Ihr jetzt, dass wir Großartiges leisten, für unser eigenes Überleben, klar, aber auch Ihr profitiert davon. Ihr redet doch so gerne über Geld. Denkt einfach mal dran, was wir für Euch leisten (lest nochmal in Kapitel 12 nach). Stellt Euch nur mal vor, viele von uns wären nicht mehr da – was würde Euch nicht alles fehlen! Schokolade zum Beispiel. Auch die Kakaopflanze wird nämlich von einigen von uns (einigen Bartmücken-Arten; Ceratopogonidae) bestäubt. Durchtrennt die Wespen, die auf Eure Terrassen kommen, bitte nicht mit der Gabel – beobachtet lieber, wie fleißig und geschickt die Kiefer arbeiten, um ein Stückchen Kuchen oder ein Bröckchen vom Grillfleisch abzubeißen, und wie hart die Wespe schuftet, um das Nahrungspaket dann in ihr Nest zu transportieren und ihre Nachkommen zu versorgen. Eine 2 g schwere Wespe kann bis zu 50 % ihres Körpergewichts transportieren. – Gießt bitte kein heißes Wasser auf Ansammlungen von Feuerwanzen – sie sind völlig harmlos! Und wenn Euch die Silberfischchen im Badezimmer stören – macht sauber und lüftet, dann verschwinden sie von alleine.

Ihr könnt viel von uns lernen!

Einige von Euch kommen so langsam darauf, dass Ihr viel von uns lernen könnt – wie man nachhaltig lebt und seine Umwelt nicht zerstört. Wir können Euch auch zeigen, wie komplexe Strukturen auf kleinsten Raum untergebracht werden können: die Miniaturisierung, die wir perfekt beherrschen, ist vielleicht interessant für Eure Computer und Speichermedien. Wir bringen Euch auf Ideen, wie Ihr innovative Materialien und alternative Energiequellen entwickeln könnt. Und vielleicht werdet Ihr irgendwann von den Ameisen unter uns sogar lernen, Staus auf Euren Straßen zu vermeiden (viel Hoffnung haben wir da allerdings nicht).

Rüsselkäfer *Entimus imperialis* (Curculionidae)

Begreift uns als Partner!

Wenn Ihr ganz mutig seid, könnt Ihr Euch vielleicht dazu durchringen, uns als Partner zu sehen, und nicht nur als Dienstleister oder Ideengeber. Wir könnten zusammen etwas schaffen: der Seidenpavillon ist schon mal ein guter Anfang. Da geht sicher noch mehr.

Und am allerwichtigsten: Informiert Euch!

Informiert Euch über die Lebensweise von Insekten und nehmt Euch die Zeit, uns zu beobachten. Ihr werdet fasziniert von uns sein und uns schätzen lernen. Vielleicht sogar lieben. Und was man liebt, das versucht man zu schützen. Ist es nicht so?

Zwergzikade *Japananus hyalinus* (Cicadellidae)

Dank und Bildnachweis

Für all die Unterstützung, die wir beim Verfassen des Buches und der Zusammenstellung der Abbildungen erfahren haben, danken wir allen Freunden und Kollegen sehr herzlich.

Für Hinweise, konstruktive Kritik, Bestimmungen und technische Unterstützung danken wir folgenden Personen (in alphabetischer Reihenfolge):

Sandra Arens, Berlin, Manfred Asche, Berlin, Viktor Baranov, München, Konstantin Bäse, Oranienbaum-Wörlitz, Stephan Blank, Müncheberg, Carsten Brauckmann, Clausthal-Zellerfeld, Peter Bräunig, Laufen, Peter Cranston, Canberra, Jürgen Deckert, Berlin, Günter Degen, Panketal, David Engels, Posen, Jens Esser, Berlin, Johannes Frisch, Berlin, Elke Gröning, Clausthal-Zellerfeld, Rainer Heiß, Jena, Karl-Hinrich Kielhorn, Berlin, Günter Köhler, Jena, Andrew Liston, Müncheberg, Gesche Schultes-Schmoll, Berlin, Axel Schultes, Berlin, Ingrid Krueger, Berlin, Petra Keßling, Berlin, Gernot Kunz, Graz, Bernhard Klausnitzer, Dresden, Frank Menzel, Müncheberg, Roland Mühlethaler, Berlin, Claus Orendt, Leipzig, Pedro Oromi, La Laguna, Teneriffe, Hermann Parzinger, Berlin, Luca Picciau, Turin, Rüdiger Plarre, Berlin, Christoph Saure, Berlin, Wolfgang Schawaller, Stuttgart, Gerhard Scholtz, Berlin, Andreas Stark, Halle, Andreas Taeger, Müncheberg, Manfred Uhlig, Berlin, Fabia Wagner, Berlin, Andreas Wessel, Berlin, Joachim Ziegler, Berlin.

Für die zur Verfügung gestellten Photos und Zeichnungen danken wir zahlreichen Personen und Institutionen (siehe Bildnachweis).

Die Lautaufnahmen stellte dankenswerterweise Karl-Heinz Frommolt, Tierstimmen-Archiv (TSA) des Museums für Naturkunde Berlin (www.tierstimmenarchiv.de), zur Verfügung.

Ganz besonderer Dank gebührt unseren Partnern für die tatkräftige, vor allem aber emotionale Unterstützung und Geduld während des Schreibens und der Auswahl der Bilder.

Für die Anregung zu diesem Buch und für die stets freundliche und konstruktive Begleitung des Projekts von der Idee bis zum fertigen Buch danken wir Katharina Johann, Denis Busch, Katrin Rampp und Gerhard Stahl.

Bildnachweis

Photos:
Ekkehard Wachmann, Berlin: S. 8, 9, 13, 16 (Mitte, unten), 19 (oben links, Mitte, unten), 20, 21 (oben rechts, links), 23, 27, 29, 42, 55 (2–4, 6–8), 56 (9–15), 57, 58, 59 (2–5, 8), 67, 69, 70, 71, 72, 79, 80, 81, 94 (oben), 96, 103 (unten links, rechts), 109, 111, 113, 114, 116, 118, 122, 128, 129, 130, 131, 135, 136 (oben), 142, 143, 144, 146, 147, 150 (unten), 151, 153, 154 (oben, Mitte), 155 (unten), 156, 158 (unten), 159, 160 (unten), 163 (oben), 164, 166, 167, 172, 175, 178,

179, 183, 184, 185, 189, 191, 192, 193 (oben), 194, 195, 196, 197, 198, 199 (oben), 204, 205, 206, 207, 208, 212, 214, 215, 216, 220, 222 (oben), 224, 225, 226, 227, 228, 229, 230, 231, 232, 233 (Mitte, unten), 234, 236, 240, 243 (oben), 244 (oben), 245, 248, 256, 288 (oben), 299, 301, 307, 311.
Ingrid Altmann, Furth im Wald: S. 59 (1,7)
Antikensammlung (Altes Museum, Stiftung Preußischer Kulturbesitz), Berlin (www.smb.museum): S. 297 (Photo: Johannes Laurentius)
Fa. Biomonde (www.biomonde.com): S. 261
Biosphärenreservat Thüringerwald (www.biosphaerenreservat-thueringerwald.de): S. 37 (unten)
Bundesanstalt für Materialforschung (BAM), Berlin (www.bam.de): S. 247
Juan Cazorla Godoy, Lanzarote (@juancazorla – Instagram): S. 281, 282
Jürgen Deckert, Berlin: S. 26, 48 (unten), 98,99, 150 (oben), 155 (oben), 222 (unten), 244 (unten)
Ines Drescher, Berlin: S. 277 (unten), 278
Jesse Eiben, California University of Pennsylvania, U.S.A.: S. 101
Nigel Franks, University of Bristol, England: S. 88
Roberto García-Roa, Valencia, Spanien (www.robertogarciaroa.com): S. 119
Ewald Gerhardt, Berlin: S. 19 (oben, rechts), 94 (unten)
Marina Gerhardt, Berlin: S. 37 (oben)
Guillermo Gomes, University of Sao Paulo, Brasilien: S. 39
Jan Hamrsky, Beroun, Tschechien (www.lifeinfreshwater.net): S. 25
Frank Hecker, Panten/OT Hammer (www.naturfoto-hecker.com): S. 7, 110, 126, 154 (unten), 193 (unten), 292
Hannelore Hoch, Museum für Naturkunde Berlin (www.museumfuernaturkunde.berlin): S. 66, 103 (oben), 133 (oben), 138, 149, 171, 253 (oben), 286, 310
iStockphoto: S. 269, 284 (unten)
Institut für Biologie der Humboldt-Universität zu Berlin, Vergleichende Zoologie (www.biologie.hu-berlin.de/Vergleichende Zoologie): S. 31
Gernot Kunz, Graz (www.gernot.kunzweb.net): S. 55 (1), 59 (6), 91, 112, 136 (unten), 158 (oben), 168, 170, 181, 182, 209, 233 (oben), 243, 250, 251, 253 (unten), 262, 303, 308
Christian Kutzscher, Senckenberg Deutsches Entomologisches Institut, Müncheberg (www.senckenberg.de/SDEI): S. 291
William P. Mull†, ehemals Volcano, Hawaii, U.S.A.: S. 133 (unten)
Herbert Nickel, Göttingen (www.herbertnickel,de): S. 304 (oben)
Albert Orr, Currimundi, Queensland, Australien (agorr@bigpond.com): S. 105
Mediated Matter Group (Massachussetts Institute of Technology), Cambridge, U.S.A. (www.media.mit.edu), S. 271, 272 (Photo: Andy Ryan)
Pixabay: S. 276 (unten)
Rüdiger Plarre, Berlin: S. 290, 298
Henri Savina, Toulouse, Frankreich: S. 148

Thomas Schmitt, Senckenberg Deutsches Entomologisches Institut, Müncheberg (www.senckenberg.de/SDEI): S. 53, 64, 199
Museum für Naturkunde Berlin, Lehrsammlung: S. 56 (16)
Bernhard Schurian, Berlin (www.schurian.com): S. 21 (unten)
Ulf Soltau, Berlin (www.ulfsoltau.com): S. 305 (oben)
Martin Stollberg, Stuttgart (www.martinstollberg.de): S. 304 (unten)
Deutsche Wasserstiftung (www.wasserstiftung.de): S. 266
Wikipedia: S. 127, 276 (oben), 277 (oben), 284 (oben), 285, 288 (unten), 305 (unten)
Urs Wyss, Kiel (www.entofilm.com): S. 16 (oben), 160 (oben), 163 (unten), 169 (unten), 210
Wolfgang Zessin, Jasnitz: S. 48 (oben)

Zeichnungen/Grafiken
Für die Überlassung der zeichnerischen Rekonstruktionen fossiler Insekten danken wir
Elke Gröning, Clausthal-Zellerfeld (www.mulchart-nature.de): S. 28, 41, 45, 46; S. 41 (nach Grimaldi und Engel, 2005, verändert)

Grafik S. 300, aus: Insektenatlas 2020 (S. 15) (Hrsg.: Heinrich-Böll-Stiftung, BUND, Le Monde diplomatique)

Alle anderen Zeichnungen: Hannelore Hoch
S. 11: Nach Weber, H. (1966) Grundriss der Insektenkunde, Gustav Fischer Verlag, Fig. 23: verändert
S. 12, 76: Nach Seifert, G. (1995) Entomologisches Praktikum, Thieme (verändert)
S. 43, 44, 109 (rechts) Nach Gullan, P.J. & P.S. Cranston (2014). The Insects. An Outline of Entomology, Wiley Blackwell: verändert
S. 71 (unten): Nach Klowden, M.J. (2002), Physiological Systems in Insects, Academic Press (Elsevier Science): verändert
S. 78: Nach R. Wehner & W. Gehring (1990) Zoologie, Thieme und Encyclopedia of Insects (2009), Academic Press (Elsevier Science), verändert
S. 141: Nach Neue große Tier-Enzyklopädie, Urania Tierreich, Band 4: Insekten. Fackel Verlag, und Seifert, verändert

Übersicht über die Insektenordnungen

Collembola (Springschwänze)
Diplura (Doppelschwänze)
Protura (Beintastler)
Archaeognatha (Felsenspringer)
Zygentoma (Silberfischchen)
Ephemeroptera (Eintagsfliegen)
Odonata (Libellen)
Plecoptera (Steinfliegen)
Dermaptera (Ohrwürmer)
Zoraptera (Bodenläuse)
Orthoptera (Geradflügler)
Embioptera (Tarsenspinner)
Phasmatodea (Stabheuschrecken)
Grylloblattodea (Grillenschaben)
Mantophasmatodea (Fersenläufer, Gladiatorschrecken)
Mantodea (Gottesanbeterinnen)
Blattodea (Schaben und Termiten)
Psocodea (Pflanzen- und Tierläuse)
Thysanoptera (Fransenflügler)
Hemiptera oder Rhynchota (Schnabelkerfe)
Neuroptera (Netzflügler)
Megaloptera (Schlammfliegen)
Raphidioptera (Kamelhalsfliegen)
Coleoptera (Käfer)
Strepsiptera (Fächerflügler)
Diptera (Zweiflügler)
Mecoptera (Schnabelfliegen)
Siphonaptera (Flöhe)
Trichoptera (Köcherfliegen)
Lepidoptera (Schmetterlinge)
Hymenoptera (Hautflügler)

Ordnung mit ungeklärter systematischer Stellung (*incertae sedis*): Petroplura (s. S. 97). Einzige Familie: Petridae (nec „Petroidea“: Wikipedia; Unterfamilie: Petrivora). Einzige Art: *Petrophaga lorioti* von Bülow, 1976.

Register Insektennamen

Register der Insektennamen (fett gedruckte Zahlen verweisen auf Abbildungen)

Glossar

In Klammern: Kapitel, in dem der Begriff im Kontext vorkommt

Abdomen: Hinterleib; der dritte Hauptabschnitt des Körpers, neben Kopf und Brust. Das Abdomen besteht aus 11 Segmenten. Es enthält die Verdauungs- und Geschlechtsorgane (2).

Abdominalsegment: Jedes Segment des Abdomens setzt sich aus einem Bauchteil (Sternit) und einem Rückenteil (Tergit) zusammen. Die Segmente sind durch eine membranöse Haut verbunden (2).

adult: Erwachsen, geschlechtsreif (siehe Imago) (2, 14)

Aedeagus: Männliches Kopulationsorgan, Penis (13)

Antenne: Fühler oder Antennen sind das vorderste Gliedmaßenpaar des Kopfes, das mit Sinnesorganen ausgestattet ist. Die Zahl der Antennenglieder variiert zwischen den Insektengruppen (2, 7).

Aorta: Vorderer Abschnitt des Rücken- oder Dorsalgefäßes (Herz) (3)

aposematisch: Auffällig gefärbt (Warnfarbe) (15)

aquatisch: Im Wasser lebend

Areal: Verbreitungsgebiet einer Art oder von mehreren miteinander verwandten Arten (8)

Biomasse: Uneinheitlich verwendeter Begriff, meist das Gewicht (Frisch- oder Trockengewicht) einer bestimmten Menge von Organismen, entweder der gleichen Art (z. B. die Biomasse einer Population), eines Ökosystems (z. B. die Biomasse aller Pflanzen und Tiere eines Waldes)

Brust: Siehe Thorax (2)

Cantharidin: Von verschiedenen Käfergruppen erzeugtes Reiz- und Nervengift, dient als Wehrsekret oder als Lockpheromon (Pheromon: siehe dort) (13).

carnivor: Fleischfressend (11, 12)

cf.: Abgeleitet von *confer* (= lateinisch für „vergleiche"!). Die Abkürzung wird verwendet, um nicht sicher bestimmte Arten zu kennzeichnen und wird vor den Art- oder Gattungsnamen gesetzt.

Chitin: Chemisch ein Polysaccharid, Hauptbestandteil der Cuticula (siehe dort) (2)

Chorion: Vom Follikelepithel (siehe dort) abgeschiedene Eihülle, bestehend aus Cuticula (13)

Coecum (auch Caecum) (Mehrzahl: Coeca oder Caeca). Schlauchförmige, blind endende Ausstülpung des Mitteldarms (3)

Colon: Abschnitt des Hinterdarms, zwischen Ileum und Rectum (3)

Corpora allata: Paarige Hormondrüsen in der Schlundregion, sezernieren das Juvenilhormon (siehe dort) (14)

Corpora cardiaca: Paarige Hormondrüsen hinter dem Oberschlundganglion, vermitteln die Bildung des Häutungshormons Ecdyson (siehe dort) (14).

Cuticula (auch Kutikula): Nichtzellige Abscheidung der Epidermiszellen (2)

Deutocerebrum: Teil des Gehirns (Cerebralganglions, Oberschlundganglions), (siehe auch Proto- und Tritocerebrum) (7)

Diapause: Hormonell oder genetisch bedingte Entwicklungsverzögerung zur Überdauerung ungünstiger Bedingungen (z.B. Winterruhe). (Siehe auch Quieszenz) (3)
Dimorphismus: Vorkommen zweier verschiedener Merkmalsausprägungen innerhalb einer Art. Der Unterschied zwischen Männchen und Weibchen in der Gestalt (z.B. Größe oder Flügellänge) oder Färbung wird als Sexualdimorphismus (siehe dort) bezeichnet.
dorsal: Auf der Rückenseite gelegen oder zum Rücken gerichtet (Gegensatz ventral)
Drohne (auch Drohn): Männliches Tier bei staatenbildenden Bienen (13)
Duftdrüsen: Hautdrüsen, deren Sekrete verschiedene Funktionen erfüllen, z.B. Festigung des sozialen Zusammenhaltes oder Feindabwehr (10)
Ecdyson: Hormon, das die Häutungsvorgänge während der Entwicklung steuert (Gegenspieler: Juvenilhormon, siehe dort) (14)
Endosymbiont: Ein Organismus, der im Körper oder in Zellen eines anderen Organismus lebt und mit diesem in wechselseitiger Beziehung steht (bei Insekten meist Bakterien oder Pilze im Darm oder in speziellen Organen) (12)
Epidermis: Oberflächenepithel (2)
Epipharynx: Anhang der Kopfkapsel oberhalb der Mundöffnung; der Epipharynx liegt dem Hypopharynx gegenüber (3).
Eusozialität: Sozialverhalten in Form von Staatenbildung bei Insekten, gekennzeichnet durch Arbeitsteilung, Kooperation bei der Aufzucht des Nachwuchses und überlappende Generationen (16)
Exuvie: Beim Wachstumsprozess abgestreifte Chitinhülle (2)
Familie: Taxonomische Kategorie (siehe Taxonomie) oberhalb der Gattung. Familiennamen tragen die Endung „-idae“. Eine Familie kann in Unterfamilien (Endung „-inae“) und diese in Tribus (Endung:„ini“) unterteilt sein (5).
Femur: Oberschenkel; der dritte Beinabschnitt nach der Hüfte (Coxa) und dem Schenkelring (Trochanter) (11)
Fettkörper: Wichtigstes Stoffwechselorgan der Insekten, aus lockerem Gewebe bestehend, synthetisiert und speichert Reservestoffe (3).
Fliegen: Als „Fliegen“ werden umgangssprachlich die Angehörigen unterschiedlicher Insekten-Ordnungen bezeichnet: eine Teilgruppe der Zweiflügler (Diptera), zu der auch die Echten Fliegen (Muscidae) gehören, aber auch mit den Diptera nicht näher verwandte Ordnungen wie die Eintagsfliegen (Ephemeroptera), Steinfliegen (Plecoptera), Schlammfliegen (Megaloptera), Köcherfliegen (Trichoptera).
Follikel: Hülle der heranreifenden Eizelle, gebildet durch das Follikelepithel (13)
Fühler: Siehe Antennen
Gallen: Bildungen von Pflanzengeweben und teilweise kompliziert gebauten Pflanzenorganen, die u. a. durch Insekten unterschiedlicher Ordnungen hervorgerufen werden (11, 12).
Ganglion: (*Pl.* Ganglien): Konzentration der Zellkörper von Nervenzellen (7)

Gattung (Genus, *Pl.* Genera): In der Taxonomie die Kategorie oberhalb der Art. Sie umfasst wenigstens eine Art oder eine Gruppe von Arten, die untereinander näher verwandt sind als mit Arten anderer Gattungen. Da die Zuordnung oft nach äußeren Ähnlichkeiten erfolgt, trifft das jedoch nicht immer zu. Verwandtschaftsgruppen innerhalb von Gattungen können in Untergattungen (Subgenera) untergliedert sein (5).

Habitus: Der Gesamteindruck, die äußere Erscheinung des Körpers in Form und Haltung

Hämolymphe: „Blut" der Insekten; Gesamtheit der Lympheflüssigkeit und der darin enthaltenen Zellen (Hämozyten) (3)

Halsschild (Pronotum): Oberer, dorsaler Teil des Prothorax (siehe dort)

Halteren: Zu „Schwingkölbchen" abgewandeltes hinteres Flügelpaar der Dipteren (Zweiflügler) (9)

Hemimetabolie: Unvollkommene Verwandlung (Metamorphose: siehe dort). Bei Arten mit hemimetaboler Entwicklung erfolgt keine Verpuppung mit tiefgreifendem Körperumbau. Das Aussehen der Larve nähert sich mit jeder Häutung immer mehr dem der Imago (siehe dort) (14).

Herbivorie: Verzehr ganzer Pflanzen oder Pflanzenteile (siehe auch phytophag) (11)

Holometabolie: Vollständige Verwandlung (Metamorphose: siehe dort). Bei Arten mit holometaboler Entwicklung ist zwischen den Larvenstadien und der Imago ein Puppenstadium eingeschaltet, währenddessen ein grundlegender Umbau der Körpergestalt erfolgt (14).

Honigtau: Zuckerhaltige Ausscheidung pflanzensaftsaugender Insekten, wie z.B. Zikaden und Blattläusen (11)

Hüfte (Coxa): Das basale Glied des Beines (2)

Hypopharynx: Membranöse Struktur innerhalb der Kopfkapsel, unterhalb der Mundöffnung, kann wie eine Zunge bewegt werden (3).

Ileum: Abschnitt des Hinterdarms, zwischen Colon und Pylorus (3)

Imaginalscheiben: Durch Einstülpung des Epithels der Larven holometaboler Insekten entstehende Epitheltaschen, aus denen während der Metamorphose die Organe (Flügel, Geschlechtsorgane, Augen, Antennen, Beine) der Imago hervorgehen (14).

Imago (*Pl.* Imagines): Das adulte (erwachsene) und geschlechtsreife Insekt (14)

Ingluvies: Erweiterung des hinteren Ösophagus (siehe dort) (3)

Johnstonsches Organ: Sinnesorgan im 2. Glied (Pedicellus) der Geißelantenne, registriert die Auslenkung der Antennengeißel (7).

Juvenilhormon: Gegenspieler des Häutungshormons Ecdyson, reguliert die Ausbildung der Larvenmerkmale (14).

Komplexauge (Facettenauge): Aus mehreren Einzelaugen (Ommatidien) zusammengesetztes Auge. Die Anzahl der Einzelaugen ist bei den Arten unterschiedlich (2, 7).

Kutikula: Siehe Cuticula

Labiomaxillarkomplex: Saugrüsselapparat der Bienen; Unterkiefer (Maxille) und Unterlippe (Labium) bilden eine funktionelle Einheit, die zum Auflecken und Ansaugen von flüssiger Nahrung (Nektar) dient (11).

Labium : Unterlippe, unpaar, gebildet aus dem Gliedmaßenpaar des hintersten Kopfsegmentes, das mittig verschmolzen ist und den Mundvorraum nach hinten bzw. unten abschließt (11).

Labrum: Oberlippe, unpaare Platte, die den Mundvorraum nach vorne abschließt (11).

Larve: Jugendstadium, das keine ausgereiften äußeren Geschlechtsorgane und keine voll ausgebildeten Flügel besitzt. Die einzelnen Larvenstadien sind durch Häutungen voneinander getrennt. Die Zahl der Häutungen variiert zwischen den Insektengruppen (14).

lateral: Zur Seite hin gelegen, seitlich

Laus (*Pl.* Läuse): Als „Läuse" werden umgangssprachlich Angehörige verschiedener, nicht näher miteinander verwandter Ordnungen bezeichnet, z. B. Blattläuse (Hemiptera: Aphidina), Bodenläuse (Zoraptera), Pflanzen- und Tierläuse (Psocodea), Steinläuse (Petroplura).

Malpighische Gefäße: Die „Nieren" der Insekten; Epithelschläuche mit exkretorischer und osmoregulatorischer Funktion, münden in den Pylorus (siehe dort).

Mandibel: Oberkiefer, paarig, eingliedrig, kann unterschiedliche Funktionen erfüllen und entsprechend vielgestaltig sein, z. B. Kauwerkzeug, oder Stechborste (11).

Maxille: Unterkiefer, paarig, unterschiedliche Ausprägung je nach Funktion (11)

Membran: Schwach sklerotisierter Cuticulabereich, dehn- und biegbar (2)

Mesonotum: Rückenschild des Mesothorax (siehe dort)

Mesothorax: Mittleres bzw. zweites Brustsegment, das das zweite Beinpaar trägt

Metamorphose: Umwandlung der Gestalt während der Individualentwicklung. Siehe auch Hemimetabolie, Holometabolie (14)

Metathorax: Hinteres, drittes Segment des Brustabschnitts, das die Hinterbeine trägt.

Mikropyle: Ausbuchtung in der äußeren Eischale, durch der das Spermium in die Eizelle gelangt (13).

Mikrovilli: Fingerförmige Ausstülpungen der Zellmembran (3)

monophag: Sich nur von einer Futterpflanzenart oder nahe verwandten Artengruppe von Wirtspflanzen einer Gattung ernährend (11)

Neozoon (*Pl.* Neozoen): Eine Tierart, die in den letzten 500 Jahren (genauer: seit dem Kontakt Europas mit der Neuen Welt durch Kolumbus im Jahr 1492) mit Hilfe des Menschen in ein Gebiet entweder passiv und unbewusst eingeschleppt oder aktiv eingebracht wurde und erfolgreich Populationen etabliert hat, d. h. seit mehreren Generationen im neuen Gebiet überlebt (8).

Nomenklatur: Wissenschaftliche Benennung der Arten, die bestimmten, internationalen Regeln folgt, festgelegt in den „Internationalen Regeln der Zoologischen Nomenklatur" (5).

Nymphe: Bezeichnung für die Larve der Hemimetabola (siehe dort) (14)

Ocellus: (*Pl.* Ocellen) Punktaugen, oder Einzelaugen, der Insekten und anderer Gliederfüßer (Arthropoden) (7)
Ösophagus: Abschnitt des Vorderdarms, zwischen Pharynx und Ingluvies (3)
oligophag: Bezeichnung für eine Ernährungsweise, bei der nur wenige Tier- oder Pflanzentaxa verzehrt werden, die miteinander näher verwandt sind (siehe auch monophag und polyphag) (11).
Ommatidium: (*Pl.* Ommatidien) Einzelaugen, aus denen die Facettenaugen der Insekten und anderer Arthropoden (Gliederfüßer) zusammengesetzt sind (7).
omnivor: Allesfressend, sich sowohl von pflanzlicher als auch tierischer Kost ernährend (11)
Oothek: Eipaket, von eiweißhaltigem Sekret umgeben; das Sekret erhärtet und bildet eine feste und artspezifisch geformte Hülle; v.a. bei Schaben (Blattodea) und Fangschrecken (Mantodea) (13).
Ostium: (*Pl.* Ostien) Eine Reihe von lateral angeordneten, paarigen Spalten im Dorsalgefäß (Herz), durch die Hämolymphe aus der Leibeshöhle in das Dorsalgefäß eintritt (3).
Ovarium: Organ der Eibildung beim Weibchen, bestehend aus einer (bei unterschiedlichen Arten variablen) Anzahl von Ei-Schläuchen (Ovariolen) (13)
Ovariole: Einzelner Ei-Schlauch des Ovariums (13)
Ovidukt: Ausführgang des Ovariums (13)
Ovipositor: Eiablageröhre, gebildet von den Extremitäten des 8. und 9. Abdominalsegments des Weibchens (13)
Ovoviviparie: Wörtlich „Ei-Lebendgeburt", d.h. die Eier verbleiben so lange im Körper der Mutter, bis die Embryonalentwicklung weitgehend abgeschlossen ist. Die Larven schlüpfen bei oder unmittelbar nach der Ablage der Eier (13).
Palpus (*Pl.* Palpen)**:** Sinnesorgantragende Anhänge z.B. an den Mundwerkzeugen (Maxille, Labium) (11)
Paranotum (*Pl.* Paranota): Seitliche Hautduplikaturen der Rückenschilde (Tergite) ursprünglich aller drei Thoraxsegmente (2)
Parasit: Organismus, der von seinem Wirt lebt, ohne ihn in der Regel zu töten (11).
Parasitoid: Organismus, der von seinem Wirt lebt und ihn am Ende seiner Entwicklung tötet (11).
Parthenogenese: Auch Jungfernzeugung; eingeschlechtliche Fortpflanzung, bei der sich die Eizelle ohne Befruchtung durch ein Spermium entwickelt (13).
Pedicellus: Zweites Glied der Geißelantenne (7)
peritrophische Membran: lockeres Netz aus Chitinfäden (Fibrillen), die in eine Proteinmatrix eingelagert sind. Die pM wird im Vorderdarm gebildet und umhüllt die Nahrungspartikel im Mitteldarm, vor allem bei Arten, die feste Nahrung zu sich nehmen (3).
Pharynx: Vorderdarmabschnitt, zwischen Mundöffnung und Ösophagus (3)

Pheromon: Chemischer Botenstoff zur Übertragung von Informationen zwischen Individuen einer Art (10)

physikalische Kieme: Luftvorrat, der in Form einer Luftblase oder -schicht das Atmen unter Wasser ermöglicht, da der verbrauchte Sauerstoff aus dem Wasser nachdiffundiert (3).

phytophag: Sich von Pflanzen ernährend; siehe auch Herbivorie (11)

Pilzkörper: Paarig organisierte, pilzförmige Struktur im Gehirn von Insekten; Riechzentrum, auch beteiligt an der Verarbeitung von Sinneseindrücken, an Lernprozessen und Gedächtnisleistungen (7)

Plastron: Feine, wasserabweisende Cuticulastrukturen auf der Körperoberfläche vieler wasserlebender Insektenarten zur Aufrechterhaltung eines Luftfilms. Der Nachschub der Atemluft erfolgt durch Diffusion aus dem umgebenden Wasser. Plastronatmer müssen nicht notwendigerweise zum Luftholen an die Wasseroberfläche kommen (3).

Polymorphismus: Das Auftreten mehrerer Varianten eines Merkmals oder eines Gens (Allele) bei Individuen derselben Art

polyphag: Sich von vielen verschiedenen Nahrungsquellen ernährend; Arten mit breitem Nahrungsspektrum sind polyphag (11).

Population: Eine Gruppe von Individuen derselben Art, die in einem bestimmten geografischen Gebiet vorkommen, sich untereinander fortpflanzen und über mehrere Generationen genetisch verbunden sind (5).

Pronotum: Rückenschild des 1. Thoraxsegments (Prothorax)

Prothorax: Das erste (vordere) der drei Thoraxsegmente; trägt das erste Beinpaar.

Protocerebrum: Teil des Gehirns (Cerebralganglions, Oberschlundganglion), (siehe auch Deuto- und Tritocerebrum) (7)

Proventriculus: Kaumagen, Abschnitt des Vorderdarms, mit Cuticula ausgekleidet; bei Arten, die feste Nahrung zu sich nehmen, von kräftiger Muskulatur umgeben (3)

Puppe: Entwicklungsstadium der Holometabola (Endopterygota) zwischen der Puppen- und der Imaginalhäutung (14)

Pylorus: Abschnitt des Hinterdarms, in den die Malpighi-Gefäße münden (3)

pyrophil: Arten, die sich in ihrer Lebensweise an Feuer als Umweltfaktor angepasst haben und von Feuer profitieren (12).

Quieszenz: Verminderte Stoffwechselaktivität infolge ungünstiger Umweltbedingungen, meist niedriger Temperaturen (siehe auch Diapause) (3)

Receptaculum seminis: Sackartige Ausstülpung des weiblichen Genitaltrakts als Reservoir für das Sperma des Männchens (13)

Rectum: Enddarm**,** Abschnitt des Hinterdarms, zwischen Colon und After (3)

Relikt: Eine Art, die ehemals weit verbreitet war, heute aber nur noch auf sehr begrenztem Raum vorkommt.

rezent: In der Gegenwart lebend

Ribaga'sches Organ: Begattungstasche ohne Öffnung nach außen auf der Bauchseite des Hinterleibs der

Plattwanzen (Cimicidae) – Weibchen (z. B. bei der Bettwanze, *Cimex lectularius*)
Rostrum: Stechrüssel (11)
Scapus: Erstes Glied der Geißelantenne (7)
Schwingkölbchen: siehe Halteren
Scolopidium (auch Skolopidium): sensorische Einheit von Sinnesorganen zur Wahrnehmung von Verformungen der Cuticula, die z. B. durch eigene Bewegungen, aber auch durch Schall und Vibrationen verursacht werden (7).
Sensillum: (*Pl.* Sensilla) Sinneszelle oder Komplex von Sinneszellen, die der Wahrnehmung unterschiedlicher Reize (mechanisch, chemisch, akustisch) dienen (7).
Seta: (*Pl.* Setae) Haar- oder fadenförmige, oft stark chitinisierte Auswüchse der Cuticula (2, 7)
Sexualdimorphismus: Äußerliche Unterschiede (z. B. in Größe, Färbung) zwischen den Geschlechtern derselben Art
Sklerit: Harte Bereiche der Cuticula (2)
Spermatophore: Spermienpaket, von einer Sekrethülle umgeben, die von Drüsen im männlichen Genitaltrakt gebildet wird (13).
Spermatophylax: Proteinhaltiger Anhang an der Spermatophore von Langfühlerschrecken (Ensifera) (13)
Spermatheca: Siehe Receptaculum seminis (13)
Stemmata: Einzelaugen der Larven, seitlich am Kopf gelegen (3)
Sternit (oder Sternum): Bauchschild eines Segmentes
Stigma (*Pl.* Stigmata): Atemöffnung (3)
Stridulation: Form der Lauterzeugung durch Reiben zweier gegeneinander beweglicher harter Cuticulabereiche, z. B. der Flügel oder der Beine. Das Stridulieren dient v. a. der innerartlichen Kommunikation (10).
Tarsus: Fuß; der letzte Abschnitt des Beines nach der Schiene (Tibia). Der Tarsus besteht aus bis zu 5 Gliedern. Das letzte Tarsenglied trägt eine Kralle.
Tergit: Rückenschild eines Segmentes
terrestrisch: Landlebend
Thorax: Brust. Abschnitt des Körpers zwischen Kopf und Hinterleib, aus drei Segmenten bestehend (Prothorax, Mesothorax und Metathorax (2)
Tibia (*Pl.* Tibien): Schiene, der vierte Beinabschnitt zwischen Femur und Tarsus
Tracheen: Röhrenförmiges Atmungssystem der Insekten (3)
Tribus (*Pl.* Tribus): Eine Rangstufe (Kategorie) in der Taxonomie, zwischen der Kategorie „Gattung“ und der Kategorie „Familie“. Tribus tragen die Endung „-ini“ (siehe Familie).
Tritocerebrum: Teil des Gehirns (Cerebralganglion, Oberschlundganglions), (siehe auch Proto- und Deuterocerebrum) (7)
Triungulinus: „Dreiklauer“, Larve des ersten Stadiums der Ölkäfer (Meloidae), deren Fuß (Tarsus) an der Spitze drei Klauen trägt (9).
trogloxen: Arten, die zufällig in Höhlen angetroffen werden, aber keine echten Höhlenbewohner sind (8).
troglophil: Fakultative Höhlenbesiedler; Individuen oder Populationen von Arten, die einen Teil ihres Lebens in Höhlen verbringen (8).

troglobiont: Obligatorische Höhlenbesiedler; an den Höhlenlebensraum gebundene Organismen, vollenden ihren gesamten Lebenszyklus in unterirdischen Habitaten (8).

Trophallaxis: Mund-zu-Mund-Weitergabe von erbrochener Nahrung zwischen zwei Individuen der gleichen oder unterschiedlicher Arten (16)

Trophobiose: Beziehung zwischen zwei Individuen unterschiedler Arten durch Nahrungsangebot und „Gegenleistung". Beispiel: Ameisen nutzen den von Blattläusen ausgeschiedenen Honigtau als Nahrung und bieten den Blattläusen Schutz vor Fressfeinden (11).

Turbanauge: Oberer, deutlich abgesetzter und turbanartig geformter Teil des Komplexauges bei den Männchen vieler Eintagsfliegen-Arten (Ephemeroptera), spezialisiert auf Wahrnehmung von UV-Licht (13)

Valvula cardiaca: Ringfalte des Darmepithels am Ende des Vorderdarms (3)

Valvula pylorica: Ringfalte des Darmepithels zwischen Pylorus und Ileum (3)

Valvula rectalis: Ringfalte des Darmepithels zwischen Colon und Rectum (3)

Viviparie: Lebendgeburt, d. h. die Larven schlüpfen noch im Körper der Mutter aus den Eiern (13).

ventral: Auf der Bauchseite gelegen oder zur Bauchseite gerichtet

Wehrdrüsen: Siehe Duftdrüsen

xylobiont: Holzbewohnend (12)

xylophag: Sich von Holz ernährend (11)

zoophag: Sich von Tieren ernährend (11)

Zygote: Zelle, die durch die Verschmelzung von einer männlichen (Spermium) und einer weiblichen Keimzelle (Ei) entsteht (13).

Literatur zum Einstieg in die Insektenkunde

Wir haben Informationen aus so vielen Quellen bezogen, dass es unmöglich ist, alle zu nennen. Die Literatur zu jedem einzelnen der in diesem Buch berührten Themen ist sehr umfangreich. Die hier genannten Titel sind eine kleine Auswahl.

In deutscher Sprache

Arndt, I. & Tautz, J. (2020). Honigbienen – geheimnisvolle Waldbewohner. Knesebeck.

Bellmann, H. & Honomichl, K., 2007. Jacobs/Renner – Biologie und Ökologie der Insekten: ein Taschenlexikon. Spektrum Akademischer Verlag.

Berenbaum, M.R. (2004). Blutsauger, Staatsgründer, Seidenfabrikanten. Die zwiespältige Beziehung von Mensch und Insekt. Elsevier Spektrum Akademischer Verlag.

Deckert, J. & Wachmann, E. (2020). Die Wanzen Deutschlands. Entdecken – Beobachten – Bestimmen. Quelle & Meyer Verlag Wiebelsheim.

Eisenbeis, G. & Wichard, W. (2013). Atlas zur Biologie der Bodenarthropoden. Springer Spektrum.

Foitzik, S. & Fritsche, O. (2019). Weltmacht auf 6 Beinen. Das verborgene Leben der Ameisen. Rowohlt.

Frisch, K. (1957). Erinnerungen eines Biologen. Springer Verlag Berlin-Heidelberg (antiquarisch)

Hölldobler, B. & Wilson, E.O. (2001). Ameisen: Die Entdeckung einer faszinierenden Welt. Piper.

Hölldobler, B. & Wilson, E.O. (2009). Der Superorganismus. Der Erfolg von Ameisen, Bienen, Wespen und Termiten. Springer Spektrum.

Möller, G., Grube, R. & Wachmann, E. (2006). Der Fauna Käferführer I. Käfer in und am Wald (Fauna Naturführer Band 2). Fauna Verlag, Nottuln.

Mühlethaler, R., Holzinger, W., Nickel, H. & Wachmann, E. (2019). Die Zikaden Deutschlands, Österreichs und der Schweiz. Entdecken – Beobachten – Bestimmen. Quelle & Meyer Verlag Wiebelsheim.

Ohl, M. (2018). Stachel und Staat. Eine leidenschaftliche Naturgeschichte von Bienen, Wespen und Ameisen. Droemer.

Schmitt, M. (2022). Insektenwunderwelt - Einstieg in die Entomologie. Springer Verlag (Springer Nature).

Strümpel, H. (2010). Die Zikaden. Die Neue Brehm-Bücherei. Westarp Wissenschaften.

Tautz, J. & Steen, D. (2017). Die Honigfabrik: Die Wunderwelt der Biene – eine Betriebsbesichtigung. Gütersloher Verlagshaus.

Urania Tierreich: Band Insekten (verschiedenen Ausgaben, antiquarisch). Urania Verlag.

Wichard, W., Arens, W. & Eisenbeis, G. (2013). Atlas zur Biologie der Wasserinsekten. Springer Spektrum.

Reihen

„Naturkunden“: Bände über Käfer, Fliegen, Schmetterlinge. Matthes & Seitz Berlin

Bestimmungsbücher für einzelne Insektengruppen sind im Quelle & Meyer Verlag erschienen.

In englischer Sprache

Gullan, P.J. & Cranston, P.S. (2014) The Insects. An Outline of Entomology (5. Edition). Wiley Blackwell

Eisner, T. (2003). For Love of Insects. Harvard University Press.

Grimaldi, D. & Engel, M.S. (2005). Evolution of the Insects. Cambridge University Pres.

Butler Greenfield, A. (2006): The Perfect Red. Empire, Espionage and the Quest for the Color of Desire. HarperCollins Publishers.

Lockwood, J.A. (2009). Six-legged soldiers. Using Insects as Weapons of War. – Oxford University Press. 377 p.

Websites

Organisationen

www.dgaae.de

Homepage der Deutschen Gesellschaft für allgemeine und angewandte Entomologie (DGaaE). Informationen über entomologische Arbeitskreise, Tagungen, das Insekt des Jahres. Die DGaaE-Nachrichten (unter „Publikationen“) enthalten Informationen zu aktuellen Forschungsprojekten.

www.nabu.de

Homepage des Naturschutzbundes Deutschlands. Bestimmungshilfen, aktuelle Themen, Monitoring, Tipps (z. B. „Insekten im Garten“)

Taxonomie, Artenzahlen

www.catalogueoflife.org

Umfangreichstes globales Artenregister aller Organismen, führt Informationen über bekannte Arten aus Spezialdatenbanken zusammen. Die COL Checkliste wird monatlich aktualisiert.

Insekten in der Landwirtschaft

www.boell.de/Insektenatlas

Der Insektenatlas ist ein Kooperationsprojekt der Heinrich-Böll-Stiftung, dem Bund für Umwelt und Naturschutz Deutschland (BUND) und Le Monde Diplomatique. Informationen zu unterschiedlichen Aspekten (Wissenschaft, Politik) zum Thema „Insekten in der Landwirtschaft“ auf globaler Ebene

Sehen, was ein Insekt sieht

www.empiricalimages.com

Die Software der „Quantitative Color Pattern Analysis“ (QCPA) berücksichtigt die physiologischen Eigenschaften verschiedener visueller Systeme und generiert Bilder, die zeigen, wie Tiere einander in ihrem natürlichen Lebensraum wahrnehmen.

Insektengruppen

www.cicadamania.com

Umfangreiche Informationen zur Biologie (incl. Tonaufnahmen, Videos) zu Singzikaden (Hemiptera: Cicadidae).

www.kerbtier.de

Sehr guter Überblick über die Käferfauna Deutschlands (Photos, Bestimmungshilfen, Artenzahlen, Natur- und Artenschutz)

www.kaefer-der-Welt.de
Photos von Käfern, geordnet nach geographischen Regionen

Insekten als Proteinquelle der Zukunft

www.fao.org/edible insects
Homepage der Food and Agriculture Organization (FAO) der Vereinten Nationen

Bionik

www.biokon.de
Homepage des Bionik Kompetenz Netzes. Beispiele für technische Lösungen nach biologischen Vorbildern (auch Insekten)

Biotechnologie

www.insekten-biotechnologie.de
Homepage des LOEWE Zentrums für Insektenbiotechnologie und Bioressourcen

Nachhaltige Architektur

www.mediatedmattergroup.com; www.oxman.com (Silk Pavillon)

Kulturelle Entomologie

www.culturalentomology.org („Insects Incorporated Database of Cultural Entomology")

Autoren

Prof. Dr. Hannelore Hoch studierte in Marburg Biologie, Geologie und Paläontologie und habilitierte sich an der Universität Hamburg. Seit 1994 lehrt und forscht sie über Taxonomie, Systematik und Evolutionsbiologie von Insekten am Museum für Naturkunde, Humboldt-Universität zu Berlin. Im Rahmen ihrer Untersuchungen über die Evolution und das Verhalten von Höhlenzikaden verbrachte sie längere Zeit am Bishop Museum und der Universität von Hawaii in Manoa, Honolulu, auf den Kanarischen Inseln und in Australien.

Prof. Dr. Ekkehard Wachmann studierte Biologie und Biochemie in Hamburg, Kiel und in Tübingen, wo er den Hauptteil seines Studiums mit der Promotion 1965/66 beendete. Nach einer kurzen Zeit als Assistent am Zoologischen Institut der Universität in Freiburg/Brsg. lehrte und forschte er von 1967 bis 2003 am Zoologischen Institut der Freien Universität Berlin und publizierte zahlreiche Schriften über den ultrastrukturellen Bau und die Entwicklung von Komplexaugen diverser Insektenarten.

Bis weit über seine Pensionierung hinaus hat er zusammen mit anderen Autoren zahlreiche Bücher zu diversen Insektengruppen veröffentlicht.

Alle Fragen im Überblick

1. Zwei Fragen zuvor
- Warum spielen Insekten eine große Rolle in unserem Leben?
- Warum sind Aussagen, die auf alle Insekten gleichermaßen zutreffen, kaum möglich?

2. Was ist ein Insekt? (Anatomie)
- Was ist das Besondere an Insekten und was unterscheidet sie von anderen Gliederfüßern (Arthropoden)?
- Was ist ein Außenskelett und was bedeutet es für Insekten?
- Wie wachsen Insekten?
- Wie sieht die Körpergrundgestalt aller Insekten aus?
- Warum sehen eine Blattlaus, ein Käfer und ein Schmetterling so unterschiedlich aus?
- Warum haben manche Insekten Flügel und manche nicht?
- Wie kommt die Färbung zustande?

3. Wie funktioniert ein Insektenorganismus ? (Physiologie)
- Wie atmen Insekten?
- Können Insekten unter Wasser atmen?
- Warum sind Insekten so klein?
- Warum gab es in früheren Erdzeitaltern größere Insekten?
- Warum ist das Blut von Insekten nicht rot?
- Wie funktioniert der Blutkreislauf bei Insekten?
- Wie oft schlägt ein Insektenherz?
- Wie funktioniert die Verdauung bei Insekten?
- Haben Insekten Nieren?
- Wie regulieren Insekten ihre Körpertemperatur?
- Wie überleben Insekten im Winter?
- Können Insekten schwitzen?

4. Woher kommen die Insekten? (Evolution)
- Wer sind die nächsten Verwandten der Insekten?
- Wann gab es die ersten Insekten?
- Lebte die Stammart im Wasser oder an Land?
- Was waren die wichtigsten Meilensteine in der Evolution der Insekten?
- Wie hat sich die Insektenfauna im Laufe der Erdgeschichte verändert?
- Wo gibt es Fossillagerstätten für Insekten?

5. *Wieviele Insektenarten gibt es?* (Systematik, Taxonomie)

- Was bedeuten Taxonomie, Systematik und Nomenklatur?
- Was ist eine Art?
- Was versteht man unter einer ökologischen Nische?
- Was ist eine Population?
- Was versteht man in der Systematik unter „Familie“, „Ordnung“ und „Klasse“?
- Wieviele Insektenarten sind bisher beschrieben worden?
- Wieviele Insektenarten existieren tatsächlich auf der Erde?
- Wie kommt es zu diesen unterschiedlichen Schätzungen?
- Wo kommen die meisten bekannten Insektenarten vor, und wo gibt es noch viele zu entdecken?
- Welche Ordnungen sind besonders artenreich?
- Wie wird die Vielfalt dokumentiert?
- Von der Naturalienkammer zum modernen Forschungsinstrument – wie kamen die großen Insektensammlungen zustande?

6. *Warum gibt es so viele Insektenarten?* (Diversität)

7. *Wie nehmen Insekten ihre Umwelt wahr?* (Sinne, Kognition)

- Wie sind Insektenaugen gebaut?
- Wie nehmen Insekten Licht auch ohne Augen wahr?
- Wie und was sehen Insekten?/Sehen Insekten dasselbe wie der Mensch?
- Können Insekten Farben sehen?
- Was sehen Insekten, was Menschen nicht sehen können?
- Warum fliegen Insekten nachts um Straßenlaternen?
- Wie nehmen Insekten mechanische Reize wahr?
- Mit welchen Organen hören Insekten?
- Wie registrieren Insekten Feuchtigkeit und Umgebungstemperatur?
- Können Insekten elektrische Ladung wahrnehmen?
- Mit welchen Organen riechen Insekten?
- Sind Insekten (Fein-)Schmecker?
- Wie sieht das Nervensystem von Insekten aus?
- Haben Insekten ein Gehirn?
- Wie verarbeiten Insekten die vielfältigen Sinneseindrücke?
- Wie treffen Insekten Entscheidungen?
- Wie reagieren Insekten auf Stress?
- Können Insekten lernen?
- Sind Ameisen gute Lehrerinnen?
- Schlafen Insekten eigentlich?

8. *Wo leben Insekten?* (Biogeographie, Ökologie)

- Was bedeuten die Begriffe Habitat, Biotop, Biozönose, Ökosystem?
- Wie groß sind die Verbreitungsgebiete?
- Was sind Endemiten?
- Welchen Einfluss hat der Mensch auf die Verbreitung von Insekten?
- Was sind Neozoen?
- Ist die Bausubstanz unserer Innenstädte durch Insekten gefährdet?
- Wie kommen Insekten in der Wüste zurecht?
- Welches Insekt lebt an der einsamsten Pflanze der Welt?
- Welche Insekten lieben Kälte?
- Wieso sind selbst noch Geröllhalden im Hochgebirge für Insekten attraktiv?
- Wie überleben Insekten in dauerdunklen Höhlen?
- Was haben Insekten in Erdölpfützen zu suchen?
- Warum leben so wenige Insektenarten im Meer?
- Wie erreichen Insekten abgelegene Inseln mitten im Ozean?

9. *Wie bewegen sich Insekten?* (Lokomotion)

- Wie koordinieren Insekten ihre 6 Beine?
- Wie bewegen sich Raupen und Maden?
- Wer sind die Insektenweltmeister im Hoch- und Weitsprung?
- Warum kann die Fliege an der Decke laufen?
- Wie bewegen sich Insekten im Wasser?
- Wie schaffen es Insekten, über das Wasser zu laufen?
- Wie fliegen Insekten?
- Welche Insekten „stehen“ in der Luft?
- Fliegen Insekten auch bei Regen?
- Gibt es Fallschirmspringer unter den Insekten?
- Wie schnell fliegen Insekten?
- Wie weit können Insekten fliegen?
- Benutzen Insekten Verkehrsmittel?

10. *Wie kommunizieren Insekten?* (Bioakustik, Pheromone, Verhalten)

- Was ist Kommunikation und wie kommt sie zustande?
- Mit wem und zu welchem Zweck kommunizieren Insekten?
- Welche Signale spielen in der Kommunikation der Insekten eine Rolle?
- Was bedeuten die Leuchtsignale der „Glühwürmchen“?
- Trommeln, Zirpen, Fauchen, Pfeifen, Singen – wie produzieren Insekten akustische Signale?
- Wie singen Singzikaden?
- Was sind „stumme“ Gesänge?
- Wie kann man am Zirpen einer Grille die Temperatur bestimmen?

- Duften und Schnuppern – wie funktioniert chemische Kommunikation bei Insekten?
- Warum tanzt die Honigbiene?

11. Wie ernähren sich Insekten? (Nahrung, Nahrungserwerb)

- Wie sehen die Mundwerkzeuge von Insekten aus?
- Wie beißen und kauen Insekten?
- Wie lecken Insekten flüssige Nahrung auf?
- Wie trinken Insekten Blut und Pflanzensaft?
- Was fressen Insekten am liebsten?
- Wieviel fressen Insekten?
- Sind vegane Insekten wählerisch?
- Welche Jagdmethoden wenden räuberische Insekten an?
- Fressen Insekten auch Wirbeltiere?
- Halten Insekten Diät?
- Leben und sterben lassen – wie schädigen Parasiten und Parasitoide ihre Insekten-Wirte?
- Wie lange können Insekten ohne Nahrung auskommen?
- Betreiben Insekten Ackerbau?
- Halten sich Ameisen Nutztiere?
- Welche Insekten haben einen besonders extravaganten Geschmack?
- Warum ernähren sich Dungkäfer besonders nachhaltig?

12. Insekten und Pflanzen – eine ganz besondere Beziehung?

- Wie wird der Rohstoff Holz von Insekten genutzt?
- Wie entstehen Pflanzengallen?
- Insekten und carnivore Pflanzen – Beute oder Partner?
- Wie schützen sich Pflanzen durch Insekten-Bodyguards?
- Welche Rolle spielen Insekten bei der Reproduktion von Pflanzen?
- Warum sterben Hummeln unter Linden?
- Wie überwinden Insekten die Abwehrmechanismen von Pflanzen?

13. Wie funktioniert die Fortpflanzung bei Insekten? (Reproduktion)

- Wie kommen die Geschlechtszellen zusammen?
- Machen Insekten Hochzeitsgeschenke?
- Wie oft paaren sich Insekten und wie lange dauert die Paarung?
- Was ist eine traumatische Insemination?
- Wie sehen Insekteneier aus?
- Wieviele Eier legen Insekten?
- Wie und wo erfolgt die Eiablage?
- Welche Insekten sind lebendgebährend?

- Was passiert nach der Befruchtung im Ei?

14. *Wie wird aus dem Ei ein erwachsenes Tier?* (Entwicklung)

- Wie befreit sich die Larve aus dem Ei?
- Wie verläuft die Entwicklung zum erwachsenen Tier?
- Was sind Raupen, Maden, Engerlinge?
- Was passiert während der Puppen"ruhe"?
- Wovon hängt es ab, ob die nächste Häutung eine Larve, eine Puppe oder ein erwachsenes Tier hervorbringt?
- Wie alt können Insekten werden?

15. *Wie verteidigen sich Insekten?*

- Welche Verstecke nutzen Insekten?
- Was ist „Kuckucksspeichel"?
- Hilft Schauspielern bei der Verteidigung?
- Für welche Insekten ist Flucht die beste Verteidigung?
- Licht am Ende des Tunnels – wie entkommen Insekten scheinbar ausweglosen Situationen?
- Wie tarnen sich Insekten?
- Mit welchen Signalen erschrecken Insekten potentielle Fressfeinde?
- Täuschend ähnlich – wer ist gefährlich, wer ist harmlos?
- Wie durchkreuzen Insekten das Beute-Ortungssystem ihre Feinde?
- Benutzen Insekten chemische und biologische Waffen?
- Wieso tragen manche Insekten Sprengstoffrucksäcke?
- Können Insekten ihre Feinde manipulieren?
- Wie funktioniert die „Waffe" des Bombardierkäfers?
- Widerlegt der Bombardierkäfer die Evolutionstheorie?

16. *Verfügen Insekten über Sozialkompetenzen?*
(Brutfürsorge, Insektenstaaten)

- Was bedeutet „sozial" bei Insekten?
- Wie äußert sich subsoziales Verhalten bei Insekten?
- Warum sind eusoziale Insekten ökologisch so erfolgreich?
- Starke Mütter, kooperative Schwestern – wie sind Insektenstaaten organisiert?
- Was versteht man unter einem „Superorganismus"?
- Was leistet ein Superorganismus?
- Warum halten Ameisen Sklaven?
- Wie schaffen sich Insekten eine gemeinsame Infrastruktur?
- Wie verhindern Ameisen Verkehrsstaus auf ihren Straßen?

17. Krank – und gesund – durch Insekten?

- Warum sterben so viele Menschen an Krankheiten, die von Insekten übertragen werden?
- Werden Erkrankungen, die von Insekten übertragen werden, in Zukunft zunehmen?
- Warum sollten Lebensmittel vor Stubenfliegen geschützt werden?
- Ist der Verzehr von Insekten medizinisch unbedenklich?
- Wie hängen Finanzkrise und die Ausbreitung einer von Insekten übertragenen Krankheit zusammen?
- Gibt es „harmlose" Erkrankungen durch Insekten?
- Bienengift – gefährlich oder natürliches Heilmittel?
- Maden in offenen Wunden – unappetitlich oder segensreich?
- Können Ameisen bei Operationen eingesetzt werden?
- Wie kann eine Fruchtfliege bei der Therapie von Asthma helfen?
- Welche Medikamente können wir aus Insekten gewinnen?

18. Was können wir von Insekten lernen?

- Welche unserer technischen Probleme haben Insekten bereits (für sich) gelöst?
- Wie verhilft ein Wüstenkäfer aus Namibia chilenischen Fischern zu sauberem Trinkwasser?
- Wie macht der Flügel einer Zikade medizinische Implantate sicherer?
- Wie können Insekten zur Energiewende beitragen?
- Das Außenskelett der Insekten – Vorbild für Roboteranzüge?
- Ist die Architektur der Zukunft von Insekten inspiriert?
- Wie können die Flügeldecken eines Käfers vor Erdbebenschäden schützen?
- Liefern Insekten ein Vorbild für den natürlichen Sonnenschutz von Gebäuden?
- Wie kann der Mensch mit Insekten kooperieren?

19. Welche Insektenprodukte sind wichtig für den Menschen?

- Honig – mehr als ein Brotaufstrich?
- Warum ist Seide so kostbar?
- Welche Rolle spielt Seide in der Medizin?
- Was verbindet eine Schildlaus mit Caruso?
- Welches Insekt produziert das perfekte Rot?
- Der Stoff, aus dem Insekten sind – was ist Chitosan?

20. Sind Insekten eine vielversprechende Proteinquelle für die Zukunft?

- Werden Insekten das Fleisch auf unseren Tellern ablösen?
- Können Insekten eine nachhaltigere Produktion von Fleisch gewährleisten?

21. Welche Rolle spielen Insekten in den Kulturen und der Geschichte des Menschen?

- Wo sind Insekten in unserer Alltagskultur präsent?
- Was bedeutet die Biene auf antiken Münzen?
- Wie veränderte die Pest die Gesellschaftsordnung im Mittelalter?
- Wie beeinflusste das Läuse-Fleckfieber die politische Lage in Europa zu Beginn des 19. Jahrhunderts?
- Welche Rolle spielte Gelbfieber in der Geschichte der Neuen Welt?
- Wie trugen Insekten zum Aufbau internationaler Handelsbeziehungen bei?
- Wem nützt eine Insekten-Uhr?
- Welche Bedeutung hat die Zikade als Symbol in der Mythologie vieler Kulturen?
- Wurden und werden Insekten für militärische Zwecke benutzt?

22. Was haben Insekten in Zukunft zu erwarten?

- Welche Faktoren liegen dem Artensterben der Insekten zugrunde?
- Welche Auswirkungen hat der Klimawandel?
- Was bedeutet das Insektensterben für den Menschen?
- Was bedeutet das Insektensterben für die Evolution?
- Kann das Artensterben gestoppt werden?
- Sind tropische Regenwälder als Lebensraum von Insekten noch zu retten?

23. Direkt gefragt: Was wünschen sich Insekten von uns Menschen?

Blüten, Samen und Früchte:

Was Sie schon immer fragen wollten

Das Aussehen und Verhalten unserer heimischen Pflanzenwelt wirft viele Fragen auf – und die Antworten darauf stecken voller Überraschungen. Wie viele Blütenpflanzen gibt es auf der Welt? Warum wechseln Blüten ihre Farben? Wie tickt eine Blumenuhr? Warum weint der Korallenbaum? Welche ist die größte Beere? Und warum werden „Falsche Fuffziger“ Blüten genannt? Veit Martin Dörken und Hilke Steinecke geben in diesem Buch erschöpfende Antworten auf 222 Fragen rund um das Thema Blüten – Samen – Früchte.

Veit M. Dörken/ Hilke Steinecke

Blüten, Samen und Früchte:
Was Sie schon immer fragen wollten

222 Antworten für Neugierige

240 S., 295 farb. Abb., geb., 14,8 x 21 cm

ISBN 978-3-494-01876-8
Best.-Nr.: 494-01876 **€ 24,95**

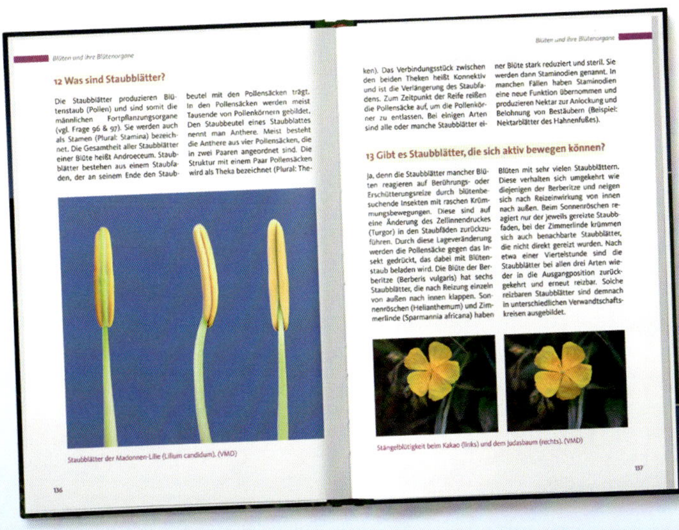

Blüten und ihre Blütenorgane

12 Was sind Staubblätter?

Die Staubblätter produzieren Blütenstaub (Pollen) und sind somit die männlichen Fortpflanzungsorgane (vgl. Frage 96 & 97). Sie werden auch als Stamen (Plural: Stamina) bezeichnet. Die Gesamtheit aller Staubblätter einer Blüte heißt Androeceum. Staubblätter bestehen aus einem Staubfaden, der an seinem Ende den Staubbeutel mit den Pollensäcken trägt. In den Pollensäcken werden meist Tausende von Pollenkörnern gebildet. Den Staubbeutel eines Staubblattes nennt man Anthere. Meist besteht die Anthere aus vier Pollensäcken, die in zwei Paaren angeordnet sind. Die Struktur mit einem Paar Pollensäcken wird als Theka bezeichnet (Plural: Theken). Das Verbindungsstück zwischen den beiden Theken heißt Konnektiv und ist die Verlängerung des Staubfadens. Zum Zeitpunkt der Reife reißen die Pollensäcke auf, um die Pollenkörner zu entlassen. Bei einigen Arten sind alle oder manche Staubblätter einer Blüte stark reduziert und steril. Sie werden dann Staminodien genannt. In manchen Fällen haben Staminodien eine neue Funktion übernommen und produzieren Nektar zur Anlockung und Belohnung von Bestäubern (Beispiel: Nektarblätter des Hahnenfußes).

Staubblätter der Madonnen-Lilie (Lilium candidum). (VMD)

136

Blüten und ihre Blütenorgane

13 Gibt es Staubblätter, die sich aktiv bewegen können?

Ja, denn die Staubblätter mancher Blüten reagieren auf Berührungs- oder Erschütterungsreize durch blütenbesuchende Insekten mit raschen Krümmungsbewegungen. Diese sind auf eine Änderung des Zellinnendruckes (Turgor) in den Staubfäden zurückzuführen. Durch diese Lageveränderung werden die Pollensäcke gegen das Insekt gedrückt, das dabei mit Blütenstaub beladen wird. Die Blüte der Berberitze (Berberis vulgaris) hat sechs Staubblätter, die nach Reizung einzeln von außen nach innen klappen. Sonnenröschen (Helianthemum) und Zimmerlinde (Sparmannia africana) haben Blüten mit sehr vielen Staubblättern. Diese verhalten sich umgekehrt wie diejenigen der Berberitze und neigen sich nach Reizeinwirkung von innen nach außen. Beim Sonnenröschen reagiert nur der jeweils gereizte Staubbfaden, bei der Zimmerlinde krümmen sich auch benachbarte Staubblätter, die nicht direkt gereizt wurden. Nach etwa einer Viertelstunde sind die Staubblätter bei allen drei Arten wieder in die Ausgangposition zurückgekehrt und erneut reizbar. Solche reizbaren Staubblätter sind demnach in unterschiedlichen Verwandtschaftskreisen ausgebildet.

Stängelblütigkeit beim Kakao (links) und dem Judasbaum (rechts). (VMD)

137

Quelle & Meyer Verlag GmbH & Co. • Industriepark 3 • 56291 Wiebelsheim
Tel.: 06766/903-140 • Fax: -320 E-Mail: vertrieb@quelle-meyer.de • **www.quelle-meyer.de**

Bäume:

Was Sie schon immer fragen wollten

Wie viele Baumarten und Bäume gibt es weltweit? Haben Bäume ein Gedächtnis? Was ist Drehwuchs? Können die Wurzeln unterschiedlicher Bäume miteinander verwachsen? Und wann ist ein Baum ein Naturdenkmal? Eike Jablonski – Präsident der Deutschen Dendrologischen Gesellschaft – hat in diesem Buch 222 spannende Fragen rund um das Thema Bäume zusammengetragen, so, wie sie ihm und dem Fachautorenteam dieses Buches im Laufe ihrer langjährigen Praxis immer wieder gestellt werden.

Eike Jablonski (Hg.)

Bäume: Was Sie schon immer fragen wollten

222 Antworten für Neugierige

ca. 300 S., ca. 330 farb. Abb., geb., 14,8 x 21 cm

ISBN 978-3-494-01919-2
Best.-Nr.: 494-01919

€ 24,95

5. Haben Bäume ein Gedächtnis?

dass in den Nachfolgejahren in diesen Jahrringen zwar weniger Wasser geleitet werden kann als in den breiteren aus der Zeit davor, aber das Emboliериsiko (Gefahr von Lufteintritt und damit Reißen des Wasserfadens, siehe Frage 20) ist verringert, wenn weiterer Trockenstress auftritt. Damit ist die Wasserleitung für einige (bis zu 20) Jahre sicherer und somit besser an Trockenheit angepasst als zuvor.

Blattanatomie: Blätter im Schatten der eigenen Baumkrone haben einen deutlich anderen inneren Aufbau, sind größer und dünner als Blätter aus der Lichtkrone: sie sind speziell an Schatten angepasst durch die Lichtmenge während ihrer Anlage (im Vorjahr in den Knospen) und während des Austreibens. Dadurch können sie im Schatten mehr Zucker produzieren, als wenn Lichtblätter demselben Schatten ausgesetzt sind. Andererseits können sie bei plötzlicher Besonnung regelrecht verbrennen, da sie daran nicht angepasst sind. Umgekehrt kommen sonnenangepasste Blätter mit der starken Einstrahlung gut zurecht und verkümmern, wenn sie plötzlich wochenlang ganztägig in starken Schatten gelangen. Solche Anpassungen und damit Informationsspeicherungen können an allen Pflanzenorganen erfolgen (neben Blättern auch an Ästen, Stamm und Wurzeln) und laufen fortwährend automatisch ab durch die oben beschriebenen und weitere Prozesse.

AR

70-jähriger Eichenstammquerschnitt mit Verletzung im Alter 20 und Bedrängung seit 30 Jahren

128

2. Was bedeuten Blätter, Rinde und Wurzeln für den Baum?

Wurzeln

Können die Wurzeln unterschiedlicher Bäume miteinander verwachsen?

Ja, das kommt in der Tat gar nicht selten vor. Wurzeln zweier verschiedener Bäume, die sich vielleicht einmal gekreuzt haben, werden mit der Zeit immer dicker und kommen in Kontakt. Wenn sie dann weiter in die Dicke wachsen, werden sie förmlich aneinandergepresst. Dieser Druck führt schließlich dazu, dass die Wurzelrinde verdrängt wird und sie miteinander verwachsen. Das bedeutet, dass tatsächlich ihre Leitungsbahnen miteinander verschmelzen und sie gemeinsam weiterwachsen. Dies geschieht meist nur bei Wurzeln von Bäumen derselben Art. Ob das auch bei nah verwandten Baumarten derselben Gattung möglich ist, ist weitgehend unbekannt. In einem Reinbestand können so über 40% der Bäume verbunden sein.

Man sieht dies sogar manchmal oberirdisch. Gelegentlich findet man im Wald überwallende Baumstubben. Der Baum wurde gefällt und auf dem Stubben bildet sich ein ringförmiger Wulst, der ganz allmählich versucht, diese große Wunde zu verschließen. Woher sollte dafür über mehrere Jahre die Energie kommen, wenn der Baum doch gefällt wurde? So viele Reserven kann das Wurzelsystem auch nicht speichern, dass es allein mehrere Jahre überleben könnte. Diese Energie wird also von den Nachbarbäumen über Wurzelverwachsungen geliefert.

Was bedeutet dies für die Bäume? Zunächst einmal natürlich etwas mehr Stabilität, wenn sich die Wurzeln gegenseitig festhalten. Da die Wurzeln aber richtig miteinander verwachsen sind, werden auch Wasser und darin gelöste Stoffe ausgetauscht. Dies können Nährstoffe sein. Auf diese Weise können miteinander verwachsene Bäume schneller wachsen und erlangen einen Konkurrenzvorteil. Andere Stoffe wiederum, die in einem Baum zu einem bestimmten Zweck gebildet werden, können auch im anderen eine

Fast vollständig überwallter Stubben

129

QM
Quelle & Meyer Verlag GmbH & Co. • Industriepark 3 • 56291 Wiebelsheim
Tel.: 06766/903-140 • Fax: -320 E-Mail: vertrieb@quelle-meyer.de • www.quelle-meyer.de